口岸检验检疫查验手册系列丛书

进境新鲜水果
口岸检验检疫查验手册

主 编 赵汗青 李建光

中国质检出版社
中国标准出版社
北 京

图书在版编目(CIP)数据

进境新鲜水果口岸检验检疫查验手册/赵汗青,
李建光主编.—北京:中国标准出版社,2016.11
ISBN 978-7-5066-8252-7

Ⅰ.①进… Ⅱ.①赵… ②李… Ⅲ.①水果—国境
检疫—卫生检疫—中国—手册 Ⅳ.①S412-62

中国版本图书馆 CIP 数据核字(2016)第 086794 号

中国质检出版社
中国标准出版社 出版发行
北京市朝阳区和平里西街甲 2 号(100029)
北京市西城区三里河北街 16 号(100045)
网址:www.spc.net.cn
总编室:(010)68533533 发行中心:(010)51780238
读者服务部:(010)68523946
中国标准出版社秦皇岛印刷厂印刷
各地新华书店经销
*
开本 787×1092 1/16 印张 20 字数 554 千字
2016 年 11 月第一版 2016 年 11 月第一次印刷
*
定价 98.00 元

编 委 会

主　　编：赵汗青　李建光

编 写 人 员：（按姓氏笔划为序）

前　言

　　从国外进口水果,已经成为调剂、丰富国内水果供需的"新常态",每年都有来自世界各地的数百万吨"洋水果"进入寻常百姓家。进口水果贸易发展迅速,从国外进口新鲜水果的种类、来源国越来越多,随之而来的危险性有害生物传入国内的风险也在加大。新鲜水果是携带外来有害生物的重要载体。2015年,全国各口岸检验检疫部门共从进口水果中截获有害生物872种、69070次,其中检疫性有害生物48种、1888次。根据国内口岸近年来对进境新鲜水果疫情截获统计情况看,有害生物的类群主要是各种昆虫,截获疫情的主要方式是依靠口岸通过现场查验发现。因此,口岸现场查验环节在进境新鲜水果检疫中极为关键。另外,在水果上使用的农药种类超过200种,安全风险也不容忽视。可以说,对进口水果的把关,直接关系到我国消费者的健康和农林产业及生态系统的安全。

　　国家质检总局近年来在开辟进口水果来源、丰富国内水果和市场方面做了大量工作。与此同时,国家质检总局高度重视进口水果的质量安全、严防外来有害生物入侵,依法出台、实施了多项保障措施,如水果检疫准入制度、进境水果指定口岸制度等,力求让进口水果进得来,同时保证有害生物和有毒有害物质能在入境把关时检得出、检得准、检得快。为此,各口岸检验检疫部门在检测仪器配备、检测水平提升、查验能力加强等方面投入了大量人力、物力、财力,确保进口水果安全。

　　近年来,各口岸检验检疫部门在国家质检总局领导下,进境水果安全把关工作成效斐然,但在现场查验模式上仍存在一些不足,主要体现在:一是进境水果可能携带的有害生物种类不明,可能携带的部位不清,查验缺乏针对性。造成查验环节没有重点,降低了截获有害生物的可能性,同时在截获有害生物时因种类不清而导致处理不力,甚至可能造成重要有害生物因未做处理而造成疫情扩散。近年来外来有害生物入侵我国的事例不断,尽管原因复杂,但与检疫把关能力尚有不足有着不可分割的关系。二是进境水果的农药残留检测缺乏针对性。迫于检测时限和检测能力,目前对进境水果的农药残留检测项目多局限在六六六、DDT、甲胺磷等项目,这些在我国已禁用多年的农药,试图从用药相对更规范、安全性更好的国外水果中检出,可能性很低并且没有必要。而国外实际使用农药种类的针对性检测目前开展有限。三是无论进境水果来自哪个国家(地区)、什么种类,因不了解可能携带疫情,都被动等待实验室检测结果,造成一些携带疫情风险很低的水果在口岸查验后仍需等待较长时间方能放行,降低了检疫放行效率,也加大了企业的成本,削弱了商品流通效率。四是现场查验放行后的监管无重点,货主在未获得检验检疫结果前擅自将货物销售、使用情况时有发生。上述四个问题,一是反映出把关能力不足,二是反映出监管能力不到位。产生问题的原因主要有四方面,一是传统工作模式已不能满足现状;二是缺乏前瞻性研究机制,对进境水果检验检疫工作面临的新局面、新问题研究、分析不够深入；三是人力、物力等客观因素的限制；四是目前的工作方式所造成的问题具有隐蔽性、延时性，一线缺乏改进的动力。

根据国家规划，我国人均新鲜水果年均消费量将由 2011 年的 28.5 kg 增加到 2020 年的 60 kg。由于国内土地、水资源有限，未来增加的水果消费量很大部分要依赖进口。不断增加的进口量和检验检疫部门人力资源不足的矛盾日益凸显，亟需在口岸把关能力方面进一步提升，尤其是现场查验能力。

基于我国目前允许进境新鲜水果的种类以及同我国签署输华水果植物检疫要求的贸易国家相关资料，依托国家质检总局科研计划项目《进境水果检验检疫模式创新研究》(2013IK266)，编者对获得我国检疫准入的 35 个国家的 44 种进境水果可能携带的数千种有害生物进行了评估，共筛选出关注的有害生物 356 种。确定某国（地区）某种水果关注有害生物原则为：一是列入双边议定书的中方关注有害生物；二是未列入议定书，但根据文献资料记载，该有害生物在产地国家（地区）有发生记录，且属于我国进境植物检疫性有害生物。编者对 356 种关注的有害生物进行了形态特征和处理方法描述，并配以精选插图 345 幅。其中文字部分除来自参考文献所列书面外，其余内容均来自各国有关专业网站。图片除部分为编者自行拍摄外，采用网络的图片均注明出处。同时，编者对有毒有害物质提出针对性检测建议，并提出具体的风险管理措施以及现场查验方法和处理方法，最终编写了《进境新鲜水果口岸检验检疫查验手册》。

编写本书目的，一是立足一线实际需求，实现针对性查验，确定进境水果可能携带的我国关注的有害生物种类、为害部位和症状，实施针对性查验，提升查验效率和把关能力；二是对有毒有害物质实现针对性检测，使检测更科学、合理；三是确定可在现场放行的种类。在风险可控的前提下对在口岸直接可以做出检疫合格判定的水果种类放行，缩短检验检疫工作周期，同时给企业减轻负担；四是对不同进境种类实施差异化监管，有效提升监管效率。

本书的编者，有多年口岸进口水果查验、检测以及管理实践经验，在通过大量扎实基础工作和翔实资料基础上，结合工作实践心得，编著了本书，以利于提升口岸检验检疫一线人员对进境新鲜水果的把关能力。本书图文并茂，可供国内检验检疫部门和出境水果生产基地的生产技术部门参考。同时，这本书的出版也拉开了我们出版《口岸检验检疫查验系列丛书》的序幕。该系列丛书，旨在增强检验检疫现场查验的规范性、可操作性，改变过去检验检疫书籍偏法律法规、偏实验室检测，而缺乏针对现场查验操作层面的不足。丛书将陆续推出针对种苗、粮食、活动物、旅客携带物等现场查验操作及检疫处理等分册。借此机会，谨向关心、帮助本书出版和长期关心、支持进出境动植物检验检疫工作的各界同仁表示衷心的感谢！

由于作者经验、水平有限，书中难免存在疏漏和错误之处，欢迎广大读者提出宝贵意见，并予批评指正。

编　者
2016 年 10 月

目　录

① 进境菲律宾水果现场查验

1.1 植物检疫要求

目前产自菲律宾的香蕉、菠萝、木瓜和芒果获得我国的检疫准入资格。其中双方就芒果签署了双边议定书,根据议定书内容,中方制定了菲律宾输华芒果植物检疫要求。

1.1.1 菲律宾香蕉、菠萝和木瓜

香蕉、菠萝和木瓜属于中菲传统贸易,未签署双边协议。对于来自菲律宾产的香蕉、菠萝和木瓜按照国家质检总局 2005 年第 68 号令《进境水果检验检疫监督管理办法》(见附录)执行。

1.1.2 菲律宾芒果

中菲签署了菲律宾芒果输华植物检疫要求议定书。

1) 水果名称

芒果(*Mangifera indica* L.),英文名称:Mangoes。

2) 允许产地

菲律宾全境。输华芒果须在菲律宾检验检疫部门批准并经国家质检总局认可的热处理设施进行处理(认可热处理设施见国家质检总局网站)。

3) 有关证书内容要求

菲律宾检验检疫部门对热水处理合格的芒果出具植物检疫证书,并注明热水处理技术指标及处理设施名称或注册号。证书附加声明栏中注明:The consignment is in compliance with requirements described in the Protocol of Phytosanitary Requirements for the Export of Mango from Philippines to China and is free from live quarantine pests concern to China.

4) 包装要求

输华芒果应使用未用过的、干净卫生的材料包装。

包装箱上应用中文或英文注明水果名称、产地、包装厂(含热处理设施)名称或代码。

5) 关注的检疫性有害生物

菲律宾实蝇(*Bactrocera philippinensis*)、芒果实蝇(*Bactrocera occipitalis*)、芒果果肉象甲(*Sternochecus frigidus*)等中方关注的检疫性有害生物。

6) 特殊要求

输华芒果在出口前须经过热水处理。处理前,应对果实温度探针及水温温度探针进行校正。每个热水处理设施至少设 4 个果肉温度探针,2 个热水温度探针。热水处理技术指标为:芒果中心果肉温度达 46℃ 或以上,持续 15min。热水温度为 48℃。热水处理时,水果须浸泡在水面 10cm 以下。整个热水处理过程不少于 2h。

7) 不合格处理

a) 如不符合第 3 条规定的,则该批货物不得接受报检。

b）如该批芒果来自未经中方认可的设施进行处理的,则该批货物作退货、转口或销毁处理。

c）如截获第 5 条规定的活的检疫性有害生物,该批货物作退货、转口或销毁处理。

d）如截获其他中方关注的检疫性有害生物,无有效除害处理方法的,作退货、转口或销毁措施。

e）其他不合格情况按照进境水果一般检验检疫程序处理。

8）依据

a）《中华人民共和国国家质量监督检验检疫总局和菲律宾共和国农业部关于菲律宾芒果输华植物卫生条件的议定书》（2006 年 12 月 13 日签署）。

b）《关于菲律宾芒果进境植物检疫补充要求的通知》（国质检动函〔2007〕378 号）。

1.2 进境菲律宾水果现场查验与处理

1.2.1 携带有害生物一览表

见表 1-1。

表 1-1 进境菲律宾水果携带有害生物一览表

水果种类	关注有害生物	为害部位	可能携带的其他有害生物
香蕉	香蕉肾盾蚧、香蕉灰粉蚧、新菠萝灰粉蚧、黑丝盾蚧、七角星蜡蚧	果皮	灰暗圆盾蚧、红肾圆盾蚧、东方肾圆盾蚧、椰圆盾蚧、黑褐圆盾蚧、红褐圆盾蚧、菠萝洁粉蚧、芭蕉蚧、黄片盾蚧、香蕉交脉蚜、荔蝽
	果实蝇	果肉	芒果半轮线虫、花生根结线虫
	香蕉细菌性枯萎病菌、香蕉黑条叶斑病菌	果皮、果肉	香蕉束顶病毒、可可球色单隔孢、香蕉刺盘孢、赤霉属、齐整小核菌
菠萝	新菠萝灰粉蚧	果皮	剑股芒蝇、果实露尾甲属、甘薯长喙壳、菠萝白盾蚧、菠萝洁粉蚧、腰果刺果夜蛾、橘腺刺粉蚧、黑盔蚧、突叶并盾蚧、拟长尾粉蚧、橘矢尖盾蚧
	瓜实蝇	果肉	
	—	果皮、果肉	樟疫霉、茄绵疫病菌、棕榈疫霉、毛色二孢、甘薯长喙壳、奇异长喙壳、丁香假单胞菌金鱼草致病变种、芒果半轮线虫
		包装箱	葱蓟马、腐食酪螨、罗氏草
芒果	螺旋粉虱、刺盾蚧	果皮	灰暗圆盾蚧、吴刺粉虱、红肾圆盾蚧、黄圆蚧、东方肾圆盾蚧、椰圆盾蚧、剑股芒蝇、干果斑螟、芒果绿绵蚧、黑褐圆盾蚧、红褐圆盾蚧、芒果蛀果螟、菠萝洁粉蚧、腰果刺果夜蛾、橘腺刺粉蚧、棉铃实夜蛾、芭蕉蚧、长棘炎盾蚧、黑丝盾蚧、长蛎盾蚧、木槿曼粉蚧、橘鳞粉蚧、黑盔蚧、糠片盾蚧、黄片盾蚧、桑白盾蚧、棕榈蓟马、葱蓟马、侧多食跗线螨
	瓜实蝇、橘小实蝇、芒果实蝇、菲律宾果实蝇、南瓜实蝇、芒果果核象甲、芒果果肉象甲、芒果果实象甲	果肉	黄猩猩果蝇、芒果半轮线虫
	—	果皮、果肉	棕榈疫霉、可可花瘿病菌、芒果痂囊腔菌

表1-1(续)

水果种类	关注有害生物	为害部位	可能携带的其他有害生物
木瓜	南瓜实蝇	果肉	—
	—	果皮、果肉	木瓜环斑病毒、辣椒疫霉、樟疫霉
	—	果皮	椰圆盾蚧、椰圆盾蚧

1.2.2　关注有害生物的现场查验方法与处理

1.2.2.1　香蕉

1.2.2.1.1　香蕉肾盾蚧(*Aonidiella comperei* McKenzie)

现场查验:检查果表。香蕉肾盾蚧的雌介壳圆形,扁平,光滑,黄色,透过介壳可见黄褐色虫体,直径1.5mm～1.75mm,脆弱,蜕皮位于中央。雄介壳卵圆形,浅黄色,蜕皮偏离中央(见图1-1)。查验时仔细检查香蕉果实表面,当发现黄色圆形介壳且虫体为肾形时,采样送实验室检测。

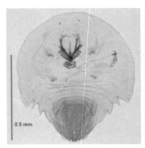

　　（a）形态特征　　　　　　　　（b）为害状

图1-1　香蕉肾盾蚧及其为害状(陈志粦　摄)

处理:对发现疑似香蕉肾盾蚧的货物,要加强对货物在实验室检测期间的监管,防止货主动货。如果检测结果为香蕉肾盾蚧,做熏蒸除害处理;无处理条件的,对该批香蕉实施退货或销毁处理。

1.2.2.1.2　果实蝇属(*Bactrocera* Macquart)

现场查验:现场查验时注意包装箱内及果表有无实蝇成虫,仔细剖果检查有无实蝇幼虫,发现幼虫可继续饲用待其羽化为成虫鉴定。果实蝇成虫第5背板有一对亮斑,各背板分离。体长4mm～7mm(见图1-2)。幼虫蛆形,体长通常短于13mm。无口前齿,有副板,端前齿很小或缺失。

(a)瓜实蝇(*B. cucurbitae*)　(b)香蕉实蝇(*B. musae*)　(c)橘小实蝇(*B. dorsalis*)　(d)芒果实蝇(*B. occipitalis*)

图1-2　菲律宾香蕉产区的4种果实蝇①

---

　　①　除橘小实蝇赵汗青摄外,其他图分别源自:http://www.nbair.res.in/insectpests/Bactrocera-cucurbitae.php、http://www.ces.csiro.au/aicn/name_s/b_617.htm、http://www.spc.int/lrd/species/bactrocera-occipitalis-bezzi。

处理:发现虫果时,用药剂熏蒸或湿热等方法进行灭虫处理;无处理条件的,对该批香蕉实施退货或销毁处理。

1.2.2.1.3 香蕉灰粉蚧(*Dysmicoccus alazon* Williams)

现场查验:检查果表。该虫主要寄生在茎和叶上,但英国曾在果实上截获,我国深圳口岸也曾在从菲律宾进境的香蕉上截获。雌成虫虫体椭圆形,长约 3.0mm(见图 1-3)。触角8 节。足细长,后足腿节和胫节上有许多透明孔。体毛在背面细小,腹面较长。查验时仔细检查香蕉果实,如发现虫体被有白蜡粉且体缘具有 17 对蜡丝等香蕉灰粉蚧具有的特征时,取样送实验室检测;若为若虫,也直接取样送实验室检测。

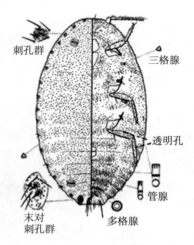

刺孔群
三格腺
透明孔
管腺
末对刺孔群
多格腺

图 1-3 香蕉灰粉蚧雌成虫形态特征图(仿陈乃中)

处理:对发现疑似香蕉灰粉蚧的货物,要加强对货物在实验室检测期间的监管,防止货主动货。如果检测结果为香蕉灰粉蚧,做熏蒸除害处理;无处理条件的,对该批香蕉实施退货或销毁处理。

1.2.2.1.4 黑丝盾蚧[*Ischnaspis longirostris*(Signoret)]

现场查验:检查果表。该虫常群集寄生于叶片,偶尔危害嫩梢及果实。雌介壳窄且长,长为宽的 8 倍左右,呈线状,长可达 3mm,黑褐色至黑色,光亮。蜕皮黄色,位于前端。雌成虫体细长,前面腹节最宽(见图 1-4)。用肉眼或借助手持放大镜仔细观察香蕉果实,如发现介壳为光亮黑色、细长、蜕皮黄色时,采样送实验室检测。

图 1-4 黑丝盾蚧雌介壳①

---

① 图源自:http://www.nbair.res.in/insectpests/Ischnaspis-longirostris.php。

　　处理:对发现疑似黑丝盾蚧的货物,要加强对货物在实验室检测期间的监管,防止货主动货。如果检测结果为黑丝盾蚧,做熏蒸除害处理;无处理条件的,对该批香蕉实施退货或销毁措施。

1.2.2.1.5　七角星蜡蚧[*Vinsonia stellifera*(Westwood)]

　　现场查验:仔细观察植物及植物产品上有无蜡蚧危害的症状;是否覆盖黑色的烟煤菌;是否有蜜露分泌,粘手的感觉。如有上述症状采取针对性取样送检。该虫雌成虫体被盖有半透明至白色的蜡板,背中高凸,蜡板四周有六或七个蜡角,形如星状(见图1-5)。雌成虫粉色到红紫色,随年龄增长而变暗。雌蜡壳长3.0mm～5.0mm。虫体近圆形,长1.0mm～1.4mm。七角星蜡蚧由于其星状蜡壳很容易被辨别出来。它与蜡蚧属的其他蚧虫也易区分,前者触角间的体缘毛多于1对,后者仅1对。

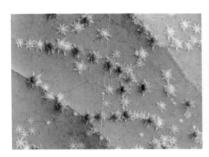

(a) 七角星蜡蚧　　　　　　　(b) 放大图

图1-5　七角星蜡蚧①

　　处理:对发现疑似七角星蜡蚧的货物,要加强对货物在实验室检测期间的监管,防止货主动货。如果检测结果为七角星蜡蚧,做熏蒸除害处理;无处理条件的,对该批香蕉实施退货或销毁处理。

1.2.2.1.6　香蕉黑条叶斑病菌(*Mycosphaerella fijiesis* Morelet)、香蕉细菌性枯萎病菌[*Burkholderia solanacearum*(E. F. Smith)Yabuuchi et al.]

　　鉴于从长江以北口岸进境的香蕉均销往非香蕉种植地的北方地区,并且主要在冬季进境,这两种病害从北方口岸传入并定殖的可能性较低,对无明显病症的香蕉,针对香蕉黑条叶斑病菌和香蕉细菌性枯萎病菌的检测采用抽检即可。

　　现场查验:染病香蕉果实的症状是果实畸形,变黑皱缩或质地变硬,果肉变色腐烂、干腐等。在查验时重点观察有无上述症状,对疑似香蕉进行采样、送检。

　　处理:对发现疑似两种检疫性病害的香蕉,要加强对货物在实验室检测期间的监管,防止货主动货。如果检测结果为阳性,对该批香蕉实施退货或销毁处理。

1.2.2.1.7　新菠萝灰粉蚧(*Dysmicoccus neobrevipes* Beaidesley)

　　现场查验:检查果表。该虫雌成虫体卵形至阔卵形,灰色,足黄褐色。体被有蜡粉,周缘有17对蜡丝,末对最长,可达体长的1/3～1/2(见图1-6)。现场查验时仔细检查果实表面,如发现虫体被有白蜡粉且体缘具有17对蜡丝时,进行取样送检。本种与菠萝灰粉蚧[*Dysmicoccus brevipes*(Cockerell)]相近,区别在于本种肛环前无成丛背毛,尾瓣腹面硬化区长形。

---

　　①　图分别源自:http://www.sel.barc.usda.gov/scalekeys/SoftScales/key/Soft_scales/Media/Html/Species/46Vins_stellifera/1Vins_stelliferaDesc.html、http://www.forestryimages.org/browse/detail.cfm? imgnum=5169063。

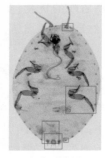

（a）外观图　　　　　　　　（b）形态图

图 1-6　新菠萝灰粉蚧雌成虫（陈志粦　摄）

处理：对发现疑似新菠萝灰粉蚧的货物，要加强对货物在实验室检测期间的监管，防止货主动货。如果鉴定结果为新菠萝灰粉蚧的，做熏蒸除害处理，无处理条件的，对该批香蕉实施退货或销毁处理。

1.2.2.2　菠萝

1.2.2.2.1　新菠萝灰粉蚧

参见 1.2.2.1.7。

1.2.2.2.2　瓜实蝇［*Bactrocera cucurbitae*（Coquillett）］

现场查验：现场查验时注意包装箱内及果表有无实蝇成虫。仔细剖果检查有无实蝇幼虫，发现幼虫可继续饲养待其羽化为成虫鉴定。成虫中颜板黄色，下部两侧有 1 对黑色斑点。中胸盾片黄褐色至红褐色，横缝后具 3 个黄色纵条，居中的 1 条较短小，两侧条终止于翅内鬃。小盾片黄色，基部有一红褐色至暗褐色狭横带。肩胛、背侧胛及横缝前每侧 1 小斑、中侧板后部的 1/3、腹侧板上部的一半圆形斑及上、下侧背片均为黄色。体、翅长 4.2mm～7.1mm（见图 1-7）。幼虫蛆形，乳黄色，3 龄期体长 9.0mm～11.0mm。

处理：发现虫果时，用药剂熏蒸或湿热等方法进行灭虫处理；无处理条件的，对该批菠萝实施退货或销毁处理。

图 1-7　瓜实蝇成虫（西双版纳检验检疫局　摄）

1.2.2.3　芒果

1.2.2.3.1　螺旋粉虱(*Aleurodicus disperses* Russell)

现场查验:检查果表及包装材料。成虫体黄色,翅白色,被覆白色蜡粉[见图1-8(a)]。体长约2.0 mm。成虫腹部两侧具有蜡粉分泌器,初羽化时不分泌蜡粉,随成虫日龄的增加蜡粉分泌量增多。雄虫腹部末端有铗状交尾握器。雌雄个体均具有两种形态,即前翅有翅斑型和前翅无翅斑型。前翅有翅斑的个体明显较前翅无翅斑的大。成虫产卵时,边产卵边移动并分泌蜡粉,其移动轨迹多为产卵轨迹,典型的产卵轨迹为螺旋状[见图1-8(b)]。

 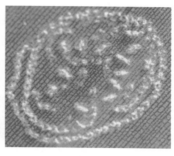

(a) 成虫　　　　　　　　　　　(b) 螺旋状产卵轨迹

图1-8　螺旋粉虱①

处理:螺旋粉虱具有较高的潜在危害性和传播风险。一旦发现来自疫区的染虫植物、植物产品及运载工具,要立即进行销毁或除害处理。

1.2.2.3.2　刺盾蚧(*Selenaspidus articulatus* Morgan)

现场查验:检查果表。雌介壳圆形,直径2.0mm～2.4mm,扁平,半透明,淡褐色或灰白色;蜕皮位于中心或稍偏,红褐色。雌成虫体略呈梨形,长0.85mm,宽0.7mm。前体段半圆形,明显宽于后体段。前、后体段间有明显的缢缩。老熟时,背表皮硬化。胸瘤尖,显著。触角瘤状,生有1根刚毛(见图1-9)。

(a) 介壳形态 (仿陈乃中)　　(b) 雌成虫 (仿陈乃中)　　　　(c) 刺盾蚧 ②

图1-9　刺盾蚧

---

①　图分别源自:http://www.biolib.cz/en/image/id63511/、http://www.everystockphoto.com/photo.php? imageId=10783281。

②　图源自:http://caribfruits.cirad.fr/production_fruitiere_integree/protection_raisonnee_des_vergers_maladies_ravageurs_et_auxiliaires/cochenilles_a_bouclier。

处理:发现携带刺盾蚧的,做热水处理或熏蒸除害处理。

1.2.2.3.3 瓜实蝇

参见 1.2.2.2.2。

1.2.2.3.4 橘小实蝇[*Bactrocera dorsalis*(Hendel)]

现场查验:注意包装箱内及果表有无实蝇成虫,仔细剖果检查有无实蝇幼虫。成虫中颜板黄色或黄褐色,下部两侧具 1 对圆形黑色斑点。中胸盾片黑色,横缝后具 2 个较宽的黄色侧纵条,后端终止于翅内鬃之后。肩胛、背侧胛完全黄色,小盾片除基部的一黑色狭横带外,其余全黄色。翅前缘带褐色;臀条褐色,不达翅后缘。足黄色,后胫节通常为褐色至黑色。腹部卵圆形,棕黄色至锈褐色,第 2 背板的前缘有一黑色狭短带;第 3 背板的前缘有一黑色宽横带;第 4 背板的前侧常有黑色斑纹;腹背中央的一黑色狭纵条,自第 3 背板的前缘直达腹部末端。体、翅长约 6.0mm～7.5mm(见图 1-10)。卵白色或乳白色,梭形,长约 1.0mm。幼虫黄白色,蛆形,3 龄期体长 7.5mm～10.0mm。蛹黄褐色至深褐色,椭圆形,长约5.0mm～5.5mm。

图 1-10　橘小实蝇成虫(赵汗青　摄)

处理:发现虫果时,用药剂熏蒸或湿热等方法进行灭虫处理;无处理条件的,对该批芒果实施退货或销毁处理。

1.2.2.3.5 芒果实蝇[*Bactrocera occipitalis*(Bezzi)]

现场查验:注意包装箱内及果表有无实蝇成虫,仔细剖果检查有无实蝇幼虫。中颜板黄褐色,具 2 个卵圆形黑色大斑点。小盾片除了后端边缘和近小盾前鬃附近,缝后侧条前后、横缝周围、背侧板胛前端边缘,暗红棕色外其余黑色。鬃序:小盾前鬃 2 对、小盾鬃 2 对、翅内鬃 1 对、前翅上鬃 1 对、后翅上鬃 1 对、背侧鬃 1 对。足黄色,后胫节通常为褐色至黑色。腹部卵圆形,棕黄色至锈褐色,第 2 背板的前缘有一黑色狭短带;第 3 背板的前缘有一黑色宽横带;第 4 背板的前侧常有黑色斑纹;腹背中央的一黑色狭纵条,自第 3 背板的前缘直达腹部末端。雌虫产卵管基节棕黄色,其长度略短于第 5 背板;背板第 5 节有 1 对卵圆形棕褐色亮斑[见图 1-11(a)]。翅前缘带相对较阔,其宽度达 R_{2+3} 脉,进入 R_{2+3} 室[见图 1-11(b)]。

处理:发现虫果时,用药剂熏蒸或湿热等方法进行灭虫处理,无处理条件的,则实施退货或销毁处理。

（a）成虫   （b）翅脉

图 1-11   芒果实蝇①

1.2.2.3.6   菲律宾果实蝇（*Bactrocera philippinensis* Drew & Hancock）

现场查验：注意包装箱内及果表有无实蝇成虫，仔细剖果检查有无实蝇幼虫。成虫中颜板黄褐色，具 2 个卵圆形黑色大斑点。中胸盾片大部分黑色；缝后的 2 个黄色侧条宽而长，两侧条几乎平行，其后端终止于翅内鬃或达其之后；肩胛内侧、缝后黄色侧条的下侧和后部、沿横缝的狭短区均为褐色。肩胛和背侧胛黄色，中胸后背片黑色。腹部卵圆形，大部分黄褐色；第 1 背板的前部黑褐色至黑色；第 2 背板的前部有一黑色狭短带；第 3 背板的前缘有一黑色狭长横带；第 4、5 背板的前侧角各有 1 暗褐色至黑色小斑；第 3~5 背板中央有一完整的暗褐色至黑色狭纵条；第 5 背板有 1 对黄褐色腺斑（见图 1-12）。

图 1-12   菲律宾果实蝇②

处理：发现虫果时，用药剂熏蒸或湿热等方法进行灭虫处理；无处理条件的，则实施退货或销毁处理。

1.2.2.3.7   南瓜实蝇［*Bactrocera tau*（Walker）］

现场查验：注意包装箱内及果表有无实蝇成虫，仔细剖果检查有无实蝇幼虫。成虫黑颜斑中等大小，近椭圆形。中胸背板有缝后中、侧黄条。前盾片有黑色中纵条斑，其两侧为赤褐色。腹部主要为黄色，背板侧边黑，第 2 背板有黑色基带，第 3~5 背板有黑色中纵带（图 1-13）。翅长 6.1mm~8.8mm，前缘斑延伸到 R_{2+3} 之后，但未达到 R_{4+5}。

① 图分别源自：http://www. spc. int/lrd/species/bactrocera-occipitalis-Bezzi、http://www. insectimages. org/browse/highslide-imageservice. cfm? Res=4&country=160&type=2&order=58&desc=7&page=2。

② 图源自：https://www. flickr. com/photos/iaea_imagebank/6776809878&h=686&w=1024&tbnid=AOhd-wuIEEnysUM：&docid=iAc7NkWHJMrTfM&ei=6eOxVc30Gsq_0gS_3byADQ&tbm=isch&client=aff-360daohang&ved=0CC4QMygRMBFqFQoTCI2No5-a88YCFcqflAodvy4P0A。

（a）成虫　　　　　　　　　　　　（b）颜面

图 1－13　南瓜实蝇(瑞丽检验检疫局　摄)

处理：发现虫果时，用药剂熏蒸方法或湿热法处理进行灭虫处理；无处理条件的，对该批芒果实施退货或销毁处理。另外，熏蒸处理完注意对熏蒸效果进行复核。

1.2.2.3.8　芒果果核象甲[*Sternochetus mangiferae*(F.)]

现场查验：检查装载容器及运输工具，如纸箱、集装箱内是否有成虫、幼虫、蛹等。在现场或室内用解剖刀将抽样的芒果果实剖开，仔细检查果肉内有无幼虫和虫粪堆积而成的蛹室，蛹室内有无蛹或成虫。去掉果肉后，观察果核表面有无黑色的孔洞，如发现有黑色洞孔，用枝剪从果核薄的尾端剪开，并进一步将果核剖开，仔细检查是否有幼虫、蛹或成虫。成虫体长 7.5mm～9.0mm，体宽约 4.0mm，体黑褐色，被有黑褐色、浅灰色、浅黄色和赤锈色鳞片；头部较小，复眼纯黑有光泽，复眼间靠后有一深凹；喙接受器长约等于宽，端部宽于两侧边缘。前胸背板在基部 1/3 处两侧近平行，中隆线窄而平直，被两侧鳞片覆盖，其两侧对称位置缺黑色乳头状鳞片丛；鞘翅长宽比 6：4，奇数行间稍隆，行间上小瘤突不明显；鞘翅前端的灰白色斜带较窄，后端约 1/3 处有一灰白色横带(见图 1－14)。

图 1－14　芒果果核象甲(云南检验检疫局　摄)

处理：发现芒果果核象甲活虫的，对该批芒果实施退货、转口或销毁处理。

1.2.2.3.9　芒果果肉象甲[*Sternochetus frigidus*(F.)]

现场查验：剖果检查装运芒果的装载容器及运输工具，如纸箱、集装箱内是否有成虫、幼虫、蛹等。在现场或室内用解剖刀将抽样的芒果果实剖开，仔细检查果肉内有无幼虫和虫粪堆积而成的蛹室，蛹室内有无蛹或成虫。成虫体长 5.5mm～6.0mm，体宽 3.0mm～3.3mm。卵形，黄褐色，被覆浅褐、暗褐至黑色鳞片。雌虫体型略大，色较深；头部刻点浓密，具直立暗褐色鳞片。喙长 1.5mm，喙的前半部稍有弯曲。前胸背板宽 1.3 倍于长，散布规则的皱刻点，中隆线细，被鳞片遮盖，前胸背板后缘双凹状，沿中隆线被覆浅褐色鳞片，中央两侧通常各具 2 个浅褐色鳞片斑；鞘翅长略大于宽的 1.5 倍，前端 3/5 两侧平行，向后逐渐缩窄。肩明显，被覆暗褐色鳞片，从肩至第 3 行间具三角形黄褐色鳞片斜带，整体观呈倒八字形。行纹宽，刻点长方形，行间略宽于行纹，奇数行间第 3、第 5、第 7 较隆，具少数鳞片小瘤;腹部第 2 节至第 4 节各有 3 排刻点(见图 1-15)。

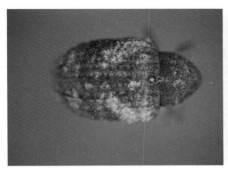

图 1-15　芒果果肉象甲(云南检验检疫局　摄)

处理:发现芒果果肉象甲活虫的,对该批芒果实施退货、转口或销毁处理。

1.2.2.3.10　芒果果实象甲[*Sternochetus olivieri*(Faust)]

现场查验:检查装运鲜芒果的装载容器及运输工具,如纸箱、集装箱内是否有成虫、幼虫、蛹等。在现场或室内用解剖刀将抽样的芒果果实剖开,仔细检查果肉内有无幼虫和虫粪堆积而成的蛹室,蛹室内有无蛹或成虫。去掉果肉后,观察果核表面有无黑色的孔洞,如发现有黑色洞孔,用枝剪从果核薄的尾端剪开,并进一步将果核剖开,仔细检查是否有幼虫、蛹或成虫。成虫体长 7.0mm～7.3mm。喙接受器端部宽于两侧边缘。鞘翅的奇数行间不隆起,行间无小瘤。鞘翅斜带后有一横带(见图 1-16)。

图 1-16　芒果果实象甲[1]

处理:发现芒果果实象甲活虫的,对该批芒果实施退货、转口或销毁处理。

1.2.2.4　木瓜

1.2.2.4.1　南瓜实蝇

参见 1.2.2.3.7。

---

[1]　图源自:http://www.coleo-net.de/coleo/texte/sternochetus.htm。

1.3　进境菲律宾水果风险管理措施

见表1-2。

表1-2　进境菲律宾水果风险管理措施一览表

水果种类	查验重点	农残检测项目	风险管理措施
香蕉	果表（介壳虫）、果肉（实蝇）、果实畸形、腐烂（检疫性病害）	水果共检项目6项、热带水果共检项目41项、香蕉特检项目20项；重点监测项目14项（镉、铅、乙酰甲胺磷、杀虫脒、地虫硫磷、草甘膦、甲胺磷、氧化乐果、对硫磷、甲基对硫磷、辛硫磷、多菌灵、溴氰菊酯、草铵膦），一般检测项目53项（铜、展青霉素、稀土、锌、嘧菌酯、苯醚甲环唑、烯唑醇、氟环唑、乙烯利、噁唑菌酮、腈苯唑、氟硅唑、异菌脲、代森锰锌、腈菌唑、咪鲜胺和咪鲜胺锰盐、丙环唑、吡唑醚菌酯、噻菌灵、三唑酮、啶虫脒、涕灭威、艾氏剂、毒杀芬、克百威、氯丹、蝇毒磷、滴滴涕、内吸磷、敌敌畏、狄氏剂、异狄氏剂、灭线磷、苯线磷、杀螟硫磷、甲氰菊酯、倍硫磷、氰戊菊酯和S-氰戊菊酯、六六六、七氯、氯唑磷、甲基异柳磷、灭蚁灵、久效磷、氯氰菊酯、甲拌磷、硫环磷、甲基硫环磷、磷胺、治螟磷、特丁硫磷、敌百虫）	1.现场查验时未发现检疫性介壳虫、实蝇、香蕉细菌性枯萎病菌和香蕉黑条叶斑病菌病症果实，可在口岸做出检疫初步合格判定，给以放行。2.发现检疫性病害销毁或退货；检疫性介壳虫、实蝇做处理。已放行的实施召回处理。3.按照质检总局进口水果安全风险监控计划实施抽检。其中展青霉素、乙烯利、腈苯唑、百草枯、氯丹、甲基异柳磷可不监测；如果发现超标物质，对此后进境该种货物连续3次检测，合格的恢复到抽检状态
菠萝	果表（介壳虫）、果肉（实蝇）	水果共检项目6项、热带水果共检项目41项、菠萝特检项目5项；重点监测项目13项（镉、铅、多菌灵、溴氰菊酯、乙酰甲胺磷、杀虫脒、地虫硫磷、草甘膦、甲胺磷、氧化乐果、对硫磷、甲基对硫磷、辛硫磷），一般检测项目39项（铜、展青霉素、稀土、锌、莠灭净、乙烯利、代森锰锌、啶虫脒、涕灭威、艾氏剂、毒杀芬、克百威、氯丹、蝇毒磷、滴滴涕、内吸磷、敌敌畏、狄氏剂、异狄氏剂、灭线磷、苯线磷、杀螟硫磷、甲氰菊酯、倍硫磷、氰戊菊酯和S-氰戊菊酯、六六六、七氯、氯唑磷、甲基异柳磷、灭蚁灵、久效磷、氯氰菊酯、甲拌磷、硫环磷、甲基硫环磷、磷胺、治螟磷、特丁硫磷、敌百虫）	1.现场查验时未发现检疫性介壳虫、实蝇，可在口岸做出检疫初步合格判定，给以放行。2.发现检疫性介壳虫、实蝇做处理，无法处理的销毁或退货，已放行的实施召回。3.按照质检总局进口水果安全风险监控计划实施抽检；其中展青霉素、乙烯利、氯丹、甲基异柳磷可不监测；如果发现超标物质，对此后进境该种货物连续3次检测，合格的恢复到抽检状态

表 1-2(续)

水果种类	查验重点	农残检测项目	风险管理措施
芒果	果肉(实蝇)、果表(介壳虫)、果核(象甲)	水果共检项目 6 项、热带水果共检项目 41 项、芒果特检项目 6 项;重点监测 13 项,内容与菠萝同,一般监测项目 40 项,比菠萝增加嘧菌酯、咪鲜胺和咪鲜胺锰盐,减少莠灭净,其余同	1.现场查验时未发现检疫性介壳虫、实蝇,可在口岸做出检疫初步合格判定,给以放行。2.发现检疫性介壳虫、实蝇做处理,无法处理的销毁或退货,已放行的实施召回;3.按照质检总局进口水果安全风险监控计划实施抽检;其中展青霉素、乙烯利、氯丹、甲基异柳磷可不监测;如果发现超标物质,对此后进境该种货物连续 3 次检测,合格的恢复到抽检状态
木瓜	果肉(实蝇)	水果共检项目 6 项、热带水果共检项目 41 项、木瓜特检项目 1 项;重点监测 12 项(镉、铅、草铵磷、乙酰甲胺磷、杀虫脒、地虫硫磷、草甘膦、甲胺磷、氧化乐果、对硫磷、甲基对硫磷、辛硫磷),一般监测项目 36 项,比菠萝减少莠灭净、乙烯利、代森锰锌,其余同	1.现场查验时未发现实蝇,可在口岸做出检疫初步合格判定,给以放行。2.发现实蝇做处理,已放行的实施召回。3.按照质检总局进口水果安全风险监控计划实施抽检;其中展青霉素、氯丹、甲基异柳磷可不监测;如果发现超标物质,对此后进境该种货物连续 3 次检测,合格的恢复到抽检状态

② 进境越南水果现场查验

2.1 植物检疫要求

目前越南火龙果、龙眼、芒果、香蕉、荔枝、西瓜、红毛丹和菠萝蜜等 8 种水果获得我国检疫准入资格，均为传统贸易，中越双边未签署过越南火龙果和龙眼输华植物检疫方面的双边协议。对越南水果的检疫按照国家质检总局 2005 年第 68 号令《进境水果检验检疫监督管理办法》执行。

2.2 进境越南水果现场查验与处理

2.2.1 携带有害生物一览表

见表 2-1。

表 2-1 进境越南水果携带有害生物一览表

水果种类	关注有害生物	为害部位	可能携带的其他有害生物
火龙果	南洋臀纹粉蚧	果皮	红褐圆盾蚧、棉芽花蓟马、德巴利腐霉
		果皮、果肉	异旋孢腔菌属、刺盘孢菌属、尖孢镰刀菌、链格孢菌属、发根土壤杆菌、仙人掌 X 病毒
龙眼	橘小实蝇	果肉	桃蛀野螟、腰果刺果夜蛾、叉纹细蛾、芒果半轮线虫
		果皮	水果褐缘蜡、荔蜡、臀纹粉蚧属
芒果	螺旋粉虱	果皮	吴刺粉虱、红肾圆盾蚧、椰圆盾蚧、芒果绿棉蚧、黑褐圆盾蚧、红褐圆盾蚧、菠萝洁粉蚧、橘腺刺粉蚧、长棘岩盾蚧、吹绵蚧、紫牡蛎盾蚧、木槿曼粉蚧、橘鳞粉蚧、黑盔蚧、糠片盾蚧、突叶并盾蚧、桑白盾蚧、西非全粉蚧、蛛丝平刺粉蚧
	瓜实蝇、橘小实蝇、辣椒实蝇、南瓜实蝇、瘤胫实蝇、桃实蝇	果肉	黄猩猩果蝇、腰果刺果夜蛾、棉铃实夜蛾、干果斑螟
香蕉	—	果皮	红肾圆盾蚧、椰圆盾蚧、黑褐圆盾蚧、红褐圆盾蚧、菠萝洁粉蚧、香蕉交脉蚜、荔蜡
	辣椒实蝇	果皮、果肉	芒果半轮线虫、可可球色单隔孢菌、奇异长喙壳菌、香蕉芽枝霉菌、藤轮赤霉菌、香蕉束顶病毒

表 2-1(续)

水果种类	关注有害生物	为害部位	可能携带的其他有害生物
荔枝	—	果皮	吴刺粉虱、棉蚜、椰圆盾蚧、橘腺刺粉蚧、黑盔蚧、突叶并盾蚧、康氏粉蚧、蛛丝平刺粉蚧、荔蝽、罂粟花蓟马、截面噬木长蠹
	橘小实蝇、辣椒实蝇	果肉	芒果半轮线虫、围小丛壳菌、荔枝异性小蛾、桃蛀野螟、腰果刺果夜蛾
西瓜	—	果皮	棉蚜、桑白盾蚧、康氏粉蚧、二点叶螨
	瓜实蝇、橘小实蝇、南瓜实蝇、桃实蝇	果皮、果肉	黄瓜花叶病毒、美洲斑潜蝇、茄科雷尔氏菌、罗耳阿太菌(齐整小核菌有性态)、葫芦科刺盘孢、围小丛壳菌、恶疫霉、瓜果腐霉
红毛丹	橘小实蝇	果皮、果肉	围小丛壳菌、桃蛀野螟、腰果刺果夜蛾
菠萝蜜	—	果皮	黑褐圆盾蚧、红褐圆盾蚧、腰果刺果夜蛾、长棘岩盾蚧、橘鳞粉蚧、黑盔蚧、突叶并盾蚧、蛛丝平刺粉蚧、橘矢尖盾蚧
	瓜实蝇、橘小实蝇、三带实蝇	果皮、果肉	芒果半轮线虫、围小丛壳菌

2.2.2 关注有害生物的现场查验方法与处理

2.2.2.1 火龙果

针对越南进口的火龙果果实,经从可能携带的有害生物名单中未筛选,无我国规定的检疫性有害生物,因此对越南进境火龙果无关注有害生物。但近年来我国深圳、广东口岸等从进境的火龙果截获南洋臀纹粉蚧,因此针对越南火龙果要重点查验南洋臀纹粉蚧。

2.2.2.1.1 南洋臀纹粉蚧(*Planococcus lilacius* Cockerell)

现场查验:拆开包装箱仔细检查火龙果果表有无粉蚧,若发现疑似南洋臀纹粉蚧的,送实验室作进一步鉴定。雌成虫卵形,长 1.3mm~2.5mm,宽 0.8mm~1.8mm。触角 8 节,眼在其后。足粗大,后足基节和胫节有许多透明孔。肛环有 6 根长环毛。体背无管腺。腹部各刺孔群旁常有 1 根小刺(见图 2-1)。

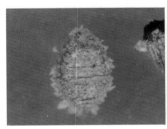 

(a)外观图　　　　　　　　　(b)形态图

图 2-1　南洋臀纹粉蚧(焦懿　摄)

处理:若发现南洋臀纹粉蚧的,如有有效除害处理方法,进行除害处理后放行;无处理条件,实施退货或销毁处理。

2.2.2.2 龙眼

2.2.2.2.1 橘小实蝇

参见1.2.2.3.4。

2.2.2.3 芒果

2.2.2.3.1 螺旋粉虱

参见1.2.2.3.1。

2.2.2.3.2 瓜实蝇

参见1.2.2.2.2。

2.2.2.3.3 橘小实蝇

参见1.2.2.3.4。

2.2.2.3.4 辣椒实蝇[*Bactrocera latifrons*(Hendel)]

现场查验:注意包装箱内及果表有无实蝇成虫,仔细剖果检查有无实蝇幼虫。成虫头部中颜板黄色,具褐色斑点1对;额较阔,其宽度与复眼接近。中胸盾片黑色,具缝后黄色侧纵条1对,其后端终止于翅内鬃水平;肩胛、背侧胛完全黄色;小盾片大部黄色,基部有一黑色狭横带。足黄色,股节末端有时呈褐色。翅前缘带褐色,于翅端明显加宽。腹部红褐色,第5背板具椭圆形暗褐色腺斑1对。体、翅长4.5mm~6.5mm(见图2-2)。卵乳白色,梭形,长约1.0mm。幼虫蛆形,3龄期体长7.0mm~8.5mm。现场查验时注意包装箱内及果表有无实蝇成虫。仔细剖果检查有无实蝇幼虫。

图2-2 辣椒实蝇(瑞丽检验检疫局 摄)

处理:发现虫果时,用药剂熏蒸或湿热等方法进行灭虫处理;无处理条件的,对该批芒果实施退货或销毁处理。

2.2.2.3.5 南瓜实蝇

参见1.2.2.3.7。

2.2.2.3.6 瘤胚实蝇(脊胚果实蝇)[*Bactrocera tuberculata*(Bezzi)]

现场查验:注意包装箱内及果表有无实蝇成虫,仔细剖果检查有无实蝇幼虫。成虫主体黑色,有黑颜斑。盾片有缝后侧黄条,无中黄条。翅无完整的前缘带,仅在翅基和翅端各有1

色斑。足黄色,后足胫节背面有明显的端前脊(见图2-3)。

处理:发现虫果时,用药剂熏蒸或湿热等方法进行灭虫处理;无处理条件的,对该批芒果实施退货或销毁处理。

2.2.2.3.7 桃实蝇 *Bactrocera zonata*(Saunders)

现场查验:注意包装箱内及果表有无实蝇成虫,仔细剖果检查有无实蝇幼虫。成虫中颜板黄色,具1对圆形黑色斑点。中胸盾片淡黄褐色至红褐色,覆灰白粉被4条。足黄色。翅斑简化,前缘带缺如,亚前缘室棕黄色,翅端有一褐色狭小斑。腹部黄色至红褐色,一般第3背板的前缘有一黑色狭横带;第3~5背板中央有一黑色长纵条,此条有时间断或不明显;第5背板有1对褐色大腺斑(见图2-4)。体、翅长5.2mm~6.1mm。幼虫蛆形,3龄期体长10.0mm~11.0mm。

图2-3 瘤胫实蝇①   图2-4 桃实蝇②

处理:发现虫果时,用药剂熏蒸或湿热等方法进行灭虫处理;无处理条件的,对该批芒果实施退货或销毁处理。

2.2.2.4 香蕉

2.2.2.4.1 辣椒实蝇

参见2.2.2.3.4。

2.2.2.5 荔枝

2.2.2.5.1 橘小实蝇

参见1.2.2.3.4。

2.2.2.5.2 辣椒实蝇

参见2.2.2.3.4。

2.2.2.6 西瓜

2.2.2.6.1 瓜实蝇

参见1.2.2.2.2。

---

① 图源自:https://www.flickr.com/photos/uhmuseum/7153763397、http://delta-intkey.com/ffa/www/bac _ tube.htm。

② 图源自:http://www.flickr.com/photos/2Fiaea_imagebank%2F6922932505&-ei=aIC4VZv4Gq LamgXH1ongAg&-psig= AFQjCNE1RPqjM2syBnlk2KZr6ZLB5AR9eA&-ust=1438241256541655。

2.2.2.6.2　橘小实蝇

　　参见1.2.2.3.4。

2.2.2.6.3　南瓜实蝇

　　参见1.2.2.3.7。

2.2.2.6.4　桃实蝇

　　参见2.2.2.3.7。

2.2.2.7　红毛丹

2.2.2.7.1　橘小实蝇

　　参见1.2.2.3.4。

2.2.2.8　菠萝蜜

2.2.2.8.1　瓜实蝇

　　参见1.2.2.2.2。

2.2.2.8.2　橘小实蝇

　　参见1.2.2.3.4。

2.2.2.8.3　三带实蝇（*Bactrocera umbrosus* Fabricius）

　　现场查验：注意包装箱内及果表有无实蝇成虫，仔细剖果检查有无实蝇幼虫。三带实蝇中等大小，额褐黄色，具2对下侧额鬃；颜面褐黄色，具1对圆形的黑色颜面斑。胸部黑色；肩胛下方、中足基节上方、侧后缝黄色条下方及之后、沿中胸背板缝、背侧板胛周围、肩胛褐背侧板胛背面到背侧板缝之间、肩胛内侧、沿中胸背板前缘到小盾前鬃水平线上的1条宽中纵带，均为褐色。侧后缝黄色条宽，在上后翅上鬃或就在此鬃之后终止。小盾片黄色，具1狭窄的黑色基带。足黄色（见图2-5）。翅前缘带宽，烟褐色，与R_{4+5}脉汇合，终于R_{4+5}和M_{1+2}脉之间。翅上具3条烟褐色横带：1条从前缘带至后缘，横过翅中部，封闭2横脉；1条从前缘带至翅端的后缘；1条从前缘带至臀条。臀条烟褐色，宽，终于翅缘。

（a）形态图　　　　　　　　　（b）为害状

图2-5　三带实蝇及其为害状（陈志粦　摄）

　　处理：发现虫果时，用药剂熏蒸或湿热等方法进行灭虫处理；无处理条件的，对该批菠萝蜜实施退货或销毁处理。

2.3　进境越南水果风险管理措施

　　见表2-2。

表 2 - 2　进境越南水果风险管理措施一览表

水果种类	查验重点	农残检测项目	风险管理措施
火龙果	果表（南洋臀纹粉蚧）	水果共检项目 6 项、热带水果共检项目 41 项、火龙果没有特检项目；重点监测项目 11 项（镉、铅、乙酰甲胺磷、杀虫脒、地虫硫磷、草甘磷、甲胺磷、氧化乐果、对硫磷、甲基对硫磷、辛硫磷），一般检测项目 36 项（铜、展青霉素、稀土、锌、啶虫脒、涕灭威、艾氏剂、毒杀芬、克百威、氯丹、蝇毒磷、滴滴涕、内吸磷、敌敌畏、狄氏剂、异狄氏剂、灭线磷、苯线磷、杀螟硫磷、甲氰菊酯、倍硫磷、氰戊菊酯和 S-氰戊菊酯、六六六、七氯、氯唑磷、甲基异柳磷、灭蚁灵、久效磷、氯氰菊酯、甲拌磷、硫环磷、甲基硫环磷、磷胺、治螟磷、特丁硫磷、敌百虫）	1.现场查验时未发现检疫性介壳虫，可在口岸做出检疫初步合格判定，给以放行。2.发现检疫性介壳虫做处理，无法处理的销毁或退货，已放行的实施召回。3.按照国家质检总局进口水果安全风险监控计划实施抽检，其中展青霉素、氯丹、甲基异柳磷可不监测，如果发现超标物质，对此后进境该种货物连续 3 次检测，合格的恢复到抽检状态
龙眼	果肉（实蝇）	水果共检项目 6 项、热带水果共检项目 41 项、经表面处理的鲜水果共检项目 19 项、龙眼特检项目 3 项；重点监测项目 17 项（镉、铅、乙酰甲胺磷、杀虫脒、地虫硫磷、草甘磷、甲胺磷、氧化乐果、对硫磷、甲基对硫磷、辛硫磷、二氧化硫、焦亚硫酸钾、焦亚硫酸钠、亚硫酸钠、亚硫酸氢钠、低亚硫酸钠），一般检测项目 52 项（铜、展青霉素、稀土、锌、啶虫脒、涕灭威、艾氏剂、毒杀芬、克百威、氯丹、蝇毒磷、滴滴涕、内吸磷、敌敌畏、狄氏剂、异狄氏剂、灭线磷、苯线磷、杀螟硫磷、甲氰菊酯、倍硫磷、氰戊菊酯和 S-氰戊菊酯、六六六、七氯、氯唑磷、甲基异柳磷、灭蚁灵、久效磷、氯氰菊酯、甲拌磷、硫环磷、甲基硫环磷、磷胺、治螟磷、特丁硫磷、敌百虫、硫代二丙酸二月桂酯、乙氧基喹、氢化松香甘油酯、对羟基苯甲酸酯类及其钠盐、辛基苯氧聚乙烯氧基、松香季戊四醇酯、聚二甲基硅氧烷、山梨酸及其钾盐、稳定态二氧化氯、蔗糖脂肪酸酯、2,4-二氯苯氧乙酸、巴西棕榈蜡、桂醛、毒死蜱、氯氰菊酯和高效氯氰菊酯、咪鲜胺和咪鲜胺锰盐）	1.现场查验时未发现检疫性实蝇，可在口岸做出检疫初步合格判定，给以放行。2.发现检疫性实蝇做处理，无法处理的销毁或退货，已放行的实施召回。3.按照国家质检总局进口水果安全风险监控计划实施抽检；其中展青霉素、氯丹、甲基异柳磷、乙氧基喹、对羟基苯甲酸酯类及其钠盐、聚二甲基硅氧烷、山梨酸及其钾盐、巴西棕榈蜡、桂醛可不监测；如果发现超标物质，对此后进境该种货物连续 3 次检测，合格的恢复到抽检状态
芒果	果肉（实蝇）、果表（介壳虫）	参见菲律宾芒果	

19

表 2－2(续)

水果种类	查验重点	农残检测项目	风险管理措施
香蕉	果肉(实蝇)	参见菲律宾香蕉	
荔枝	果肉(实蝇)	水果共检项目 6 项、热带水果共检项目 41 项、经表面处理的鲜水果共检项目 19 项、荔枝特检项目 22 项;重点监测项目 20 项(比龙眼增加多菌灵、溴氰菊酯、马拉硫磷),一般检测项目 68 项(比龙眼增加嘧菌酯、氰霜唑、霜脲氰、苯醚甲环唑、硫丹、乙烯利、氟吗啉、三乙膦酸铝、春雷霉素、代森锰锌、甲霜灵和精甲霜灵、多效唑、仲丁胺、三唑酮、三唑磷)	1.现场查验时未发现检疫性实蝇,可在口岸做出检疫初步合格判定,给以放行。2.发现检疫性实蝇做处理,无法处理的销毁或退货;已放行的实施召回。3.按照国家质检总局进口水果安全风险监控计划实施抽检;其中展青霉素、乙烯利、氯丹、甲基异柳磷、乙氧基喹、对羟基苯甲酸酯类及其钠盐、聚二甲基硅氧烷、山梨酸及其钾盐、巴西棕榈蜡、桂醛可不监测;如果发现超标物质,对此后进境该种货物连续 3 次检测,合格的恢复到抽检状态
西瓜	果肉(实蝇)	水果共检项目 6 项、瓜果类共检项目 42 项,西瓜特检项目 16 项;重点监测项目 10 项(镉、铅、杀虫脒、地虫硫磷、草甘膦、甲胺磷、氧化乐果、对硫磷、甲基对硫磷、辛硫磷),一般检测项目 54 项(铜、展青霉素、稀土、锌、乙酰甲胺磷、啶虫脒、涕灭威、艾氏剂、毒杀芬、克百威、氯丹、蝇毒磷、滴滴涕、内吸磷、敌敌畏、狄氏剂、硫丹、异狄氏剂、灭线磷、苯线磷、杀螟硫磷、甲氰菊酯、倍硫磷、氰戊菊酯和 S－氰戊菊酯、六六六、七氯、氯唑磷、甲基异柳磷、灭蚁灵、久效磷、氯菊酯、甲拌磷、硫环磷、甲基硫环磷、磷胺、治螟磷、特丁硫磷、敌百虫、嘧菌酯、多菌灵、百菌清、苯醚甲环唑、氯吡脲、噁霉灵、双胍三辛烷基苯磺酸盐、代森锰锌、甲霜灵和精甲霜灵、代森联、咪鲜胺和咪鲜胺锰盐、吡唑醚菌酯、五氯硝基苯、噻虫嗪、甲基硫菌灵、代森锌)	1.现场查验时未发现检疫性实蝇,可在口岸做出检疫初步合格判定,给以放行。2.发现检疫性实蝇做处理,无法处理的销毁或退货,已放行的实施召回。3.按照国家质检总局进口水果安全风险监控计划实施抽检。其中展青霉素、氯丹、甲基异柳磷可不监测;如果发现超标物质,对此后进境该种货物连续 3 次检测,合格的恢复到抽检状态
红毛丹	果肉(实蝇)	参见火龙果	
菠萝蜜	果肉(实蝇)	参见火龙果	

③ 进境马来西亚水果现场查验

3.1 植物检疫要求

马来西亚产西瓜、龙眼、山竹、荔枝、椰子和红毛丹对华出口是传统贸易,获得输华检疫准入资格,但未签署议定书。中马签署了马来西亚木瓜输华植物检疫要求议定书,根据议定书内容,中方制定了马来西亚木瓜输华植物检疫要求。进境马来西亚木瓜植物检疫要求具体如下:

1) 水果名称

木瓜(*Carica papaya* L.),英文名称为 Papaya。

2) 允许产地

马来西亚全境。须经过以下设施对输华木瓜进行热水处理:Wonderful Platform Sdn. Bhd.、Exotic Star(M) Sdn. Bhd. 或 Cheong Kin Trading。

3) 允许入境口岸

无具体规定。

4) 植物检疫证书内容要求

注明热水处理技术指标(果实中心温度 46.5℃持续 10min),及热水处理设施的名称。

5) 包装要求

木瓜包装箱上注明水果名称、产地、包装厂名称或代码的中文或英文信息。

6) 关注的检疫性有害生物

木瓜实蝇(*Bactrocera papayae*)等中国禁止进境的检疫性实蝇及中方关注的其他检疫性有害生物。

7) 特殊要求

输华木瓜在出口前须经过热水杀虫处理。处理前,应对果实温度探针及水温温度探针进行校正。每 1 个处理箱(池)须至少设 4 个温度测量点。水果须浸泡在水面 10cm 以下,水温逐渐升高,当果实中心温度到达 46.5℃时维持 10min,全过程不得少于 2h。

8) 不合格处理

a) 木瓜来自未经中方认可的设施进行热水处理的,作退货、转口或销毁处理;

b) 发现木瓜实蝇等中方关注的活的检疫性实蝇,作退货、转口或销毁处理;

c) 发现其他中方关注的活的检疫性有害生物,无有效除害处理方法的,作退货、转口或销毁处理;

d) 其他不合格情况按一般工作程序要求处理。

9) 依据

《关于印发〈马来西亚木瓜进境植物检疫要求〉的通知》(国质检动函〔2006〕4 号)。

3.2 进境马来西亚水果现场查验与处理

3.2.1 携带有害生物一览表

见表3-1。

表3-1 进境马来西亚水果携带有害生物一览表

水果种类	关注有害生物	为害部位	可能携带的其他有害生物
西瓜	瓜实蝇、橘小实蝇、南瓜实蝇	果肉	剜股芒蝇
	番茄斑萎病毒	果皮、果肉	葫芦科刺盘孢、尖镰孢、围小丛壳、芝麻茎点枯病菌、恶疫霉、辣椒疫霉、法雷疫霉、瓜果腐霉、姜腐霉病菌、齐整小核菌、发根土壤杆菌、根癌土壤杆菌、茄科雷尔氏菌、黄瓜花叶病毒、小西葫芦黄花叶病毒、花生根结线虫
	—	果皮	棉蚜、桑白盾蚧、棕榈蓟马、二点叶螨
木瓜	南瓜实蝇、木瓜实蝇	果肉	
	—	果皮	椰圆盾蚧
		果皮、果肉	木瓜环斑病毒
龙眼	—	果皮	荔蝽
	橘小实蝇	果肉	桃蛀野螟、爻纹细蛾
山竹	杨桃实蝇、番木瓜实蝇	果肉	围小丛壳菌
荔枝	橘小实蝇、辣椒实蝇	果肉	荔枝异性小蛾
	—	果皮	吴刺粉虱、棉蚜、肾圆盾蚧、吹绵垒粉蚧
椰子	—	果皮	菠萝洁粉蚧、东方肾圆蚧、芭蕉蚧、橘矢尖盾蚧
红毛丹	橘小实蝇、番木瓜实蝇	果肉	爻纹细蛾、桃蛀野螟、腰果刺果夜蛾、围小丛壳菌
	—	果皮	吹绵垒粉蚧

3.2.2 关注有害生物的现场查验方法与处理

3.2.2.1 西瓜

3.2.2.1.1 瓜实蝇

现场查验:参见1.2.2.2.2。

处理:发现虫果时,用药剂熏蒸方法进行灭虫处理,无处理条件的,对该批西瓜实施退货或销毁处理。由于西瓜体积较大,不适宜用湿热法处理,另外熏蒸处理完注意对熏蒸效果进行复核。

3.2.2.1.2 橘小实蝇

现场查验:参见1.2.2.3.4。

处理:发现虫果时,用药剂熏蒸方法进行灭虫处理,无处理条件的,对该批西瓜实施退货或销毁处理。由于西瓜体积较大,不适宜用湿热法处理,另外熏蒸处理完注意对熏蒸效果进行复核。

3.2.2.1.3　南瓜实蝇

现场查验:参见1.2.2.3.7。

处理:发现虫果时,用药剂熏蒸方法进行灭虫处理,无处理条件的,对该批西瓜实施退货或销毁处理。由于西瓜体积较大,不适宜用湿热法处理,另外熏蒸处理完注意对熏蒸效果进行复核。

3.2.2.1.4　番茄斑萎病毒(*Tomato spotted wilt virus*,TSWV)

现场查验:染病果实果表轮纹明显,红黄或红白相间,果实上出现褪绿环斑,严重的全果僵缩(见图3-1)。由于该病毒田间主要通过蓟马传播,因此在查验时要仔细检查有无蓟马。

图3-1　番茄斑萎病毒在番茄上的发病症状①

处理:对发现疑似番茄斑萎病毒的货物,要加强对货物在实验室检测期间的监管,防止货主动货。如果检测结果为番茄斑萎病毒的,对该批西瓜实施退货或销毁处理。

3.2.2.2　木瓜

3.2.2.2.1　南瓜实蝇

参见1.2.2.3.7。

3.2.2.2.2　木瓜实蝇(番木瓜实蝇)[*Bactrocera papayae*(Drew & Hancock)]

现场查验:注意包装箱内及果表有无实蝇成虫,仔细剖果检查有无实蝇幼虫。成虫有椭圆形黑色大颜斑。中胸背板暗黑色,有缝后侧黄条,无中黄条,小盾片黄色。各足腿节黄褐色,前、后足胫节黑褐色,中足胫节黄褐色。翅有狭窄暗褐色前缘带。腹部第2～5背板橙褐色,有黑色中纵带(见图3-2)。幼虫蛆形。现场查验应仔细剖果,发现实蝇的采样送检。

处理:发现虫果时,用药剂熏蒸方法进行灭虫处理;无处理条件的,对该批水果实施退货或销毁处理。

---

① 图源自:http://allthingsplants.com/ideas/view/farmerdill/1727/Tomatoes- and-Tomato-Spotted-Wilt-Virus/。

3.2.2.3 龙眼

3.2.2.3.1 橘小实蝇

参见 1.2.2.3.4。

3.2.2.4 山竹

3.2.2.4.1 杨桃实蝇(*Bactrocera carambolae* Drew & Hancock)

现场查验:注意包装箱内及果表有无实蝇成虫,仔细剖果检查有无实蝇幼虫。成虫中颜板黄褐色,具1对中等大小的卵圆形黑色斑点。中胸盾片大部分黑色,横缝后的2个黄色侧条宽而长,两侧平行;小盾片除基部1黑色狭带外,余全黄色。翅前缘带褐色,基前缘室和前缘室完全透明;前缘室的外角被微刺。腹部第1背板除后缘黄褐色外,余全黑色;第2背板橙褐色,侧缘及前部的1狭横带为黑色;第3~5背板橙褐色,中央有1黑色长纵条;第3背板前缘的1完整黑色狭横带逐渐向两侧加宽;第4背板的前侧角暗褐色至黑色;第5背板的前侧角暗褐色(见图3-3)。雄虫第3背板具栉毛;雌虫产卵管基节黄褐色,其长度约与第5背板相同。体、翅长约6.3mm。

图 3-2 木瓜实蝇[1] 图 3-3 杨桃实蝇[2]

处理:发现虫果时,用药剂熏蒸或湿热等方法进行灭虫处理;无处理条件的,对该批水果实施退货或销毁处理。

3.2.2.4.2 木瓜实蝇(番木瓜实蝇)

参见 3.2.2.2.2。

3.2.2.5 荔枝

3.2.2.5.1 橘小实蝇

参见 1.2.2.3.4。

3.2.2.5.2 辣椒实蝇

参见 2.2.2.3.4。

3.2.2.6 椰子

暂无相关数据。

---

① 图源自:http://www.arigayo.com/gadget/bactrocera-papayae-asian-papaya-fruit-fly-bactrocera-trivialis-fruit-。

② 图源自:http://nucleus.iaea.org/sites/naipc/twd/Picture%20Gallery/Forms/DispForm.aspx? ID=74。

3.2.2.7 红毛丹

3.2.2.7.1 橘小实蝇

参见 1.2.2.3.4。

3.2.2.7.2 木瓜实蝇(番木瓜实蝇)

参见 3.2.2.2.2。

3.3 进境马来西亚水果风险管理措施

见表 3-2。

表 3-2 进境马来西亚水果风险管理措施一览表

水果种类	查验重点	农残检测项目	风险管理措施
西瓜	参见越南西瓜		
木瓜	参见菲律宾木瓜		
龙眼	参见越南龙眼		
山竹	果肉(实蝇)	参见越南火龙果	
荔枝	参见越南荔枝		
椰子	暂无数据	参见越南火龙果	
红毛丹	果肉(实蝇)	参见越南火龙果	

④ 进境泰国水果现场查验

4.1 植物检疫要求

中泰曾签署《关于泰国热带水果输华植物检疫要求的议定书》和《关于泰国水果过境第三国输往中国检验检疫要求》，对来自泰国的芒果、榴莲、龙眼、荔枝和山竹 5 种水果实施新的检验检疫要求。泰国香蕉等其他 17 种水果输华按传统贸易对待，我国无特殊检疫要求。

4.1.1 进境泰国芒果、榴莲、龙眼、荔枝和山竹植物检疫要求

1）水果名称

芒果（*Mangifera indica*）、榴莲（*Durio zibethinus*）、龙眼（*Dimocarpus longan*）、荔枝（*Litchi chinensis*）和山竹（*Garcinia mangostana*）

2）允许产地

无具体规定。

3）指定入境口岸

无具体规定。

4）有关证书要求

a）植物检疫证书附加声明应注明："This fruit is in compliance with the Protocol on Inspection and Quarantine Conditions of Tropical Fruits to be exported from Thailand to China."。

b）输华芒果植物检疫证书还应声明不带有杨桃实蝇、木瓜实蝇、番石榴实蝇或桃实蝇；如果产自上述实蝇的发生区，还应注明有效的除害处理方式。

c）龙眼应附有"农药残留证书"。

5）包装箱标识要求

果园、包装厂和出口商及"输往中华人民共和国"的英文或中文信息；官方检疫标识。

6）关注的检疫性有害生物

杨桃实蝇（*Bactrocera carambolae*）、木瓜实蝇（*Bactrocera papayae*）、番石榴实蝇（*Bactrocera correcta*）和桃实蝇（*Bactrocera zonata*）等中方法律法规规定的检疫性有害生物，以及泰国新发生的可能对中国水果和其他作物生产造成不可接受的经济影响的其他有害生物。

7）特殊要求

荔枝、龙眼枝条长度应不超过 15cm；龙眼中二氧化硫最高限量为每千克果肉不超过 50mg。

8）不合格处理

a）检疫发现任何虫态的一种活的实蝇作销毁、转口或在安全区域进行有效除害处理；

　b）发现带有枝条、叶片或土壤,或发现带有限定性有害生物(实蝇除外)作销毁、转口或有效的检疫除害处理;

　c）发现农药和化学残留超标,作退货、转口或销毁处理;

　d）其他不合格情况按一般程序要求处理。

　9）依据

我国国家质检总局与泰王国农业与合作部关于泰国热带水果输华检验检疫条件的议定书(国质检动〔2004〕477 号)。

4.1.2　进境泰国其他水果植物检疫要求

泰国香蕉等其他 17 种水果输华按传统贸易对待,输华检疫按照国家质检总局 2005 年第 68 号令《进境水果检验检疫监督管理办法》执行。

4.2　进境泰国水果现场查验与处理

4.2.1　携带有害生物一览表

见表 4－1。

表 4－1　泰国进境水果携带有害生物一览表

水果种类	关注有害生物	为害部位	可能携带的其他有害生物
香蕉	新菠萝灰粉蚧、香蕉肾盾蚧	果皮	红肾圆盾蚧、东方肾圆盾蚧、椰圆盾蚧、黑褐圆盾蚧、红褐圆盾蚧、芭蕉蚧、黄片盾蚧、臀纹粉蚧属、香蕉交脉蚜、荔蝽
	果实蝇属(辣椒实蝇、木瓜实蝇、橘小实蝇、瓜实蝇)	果肉	—
	—	果皮、果肉	香蕉芽枝霉、香蕉刺盘孢、赤霉属、芒果半轮线虫
龙眼	杨桃实蝇、番石榴实蝇、桃实蝇、木瓜实蝇、橘小实蝇	果肉	爻纹细蛾、桃蛀野螟、腰果刺果夜蛾
	—	果皮	臀纹粉蚧、荔蝽
	—	果皮、果肉	芒果半轮线虫
橘	番石榴果实蝇、桃实蝇、橘小实蝇、瓜实蝇	果肉	—
	螺旋粉虱	果皮	荔蝽、东方肾圆盾蚧、黑褐圆盾蚧、红褐圆盾蚧、橘腺刺粉蚧、吹绵蚧、棕榈蓟马、橘蚜
	亚洲柑橘黄龙病、柑橘溃疡病菌	果皮、果肉	—

表 4－1(续)

水果种类	关注有害生物	为害部位	可能携带的其他有害生物
番荔枝	瓜实蝇、橘小实蝇、番木瓜实蝇、桃实蝇	果肉	—
	螺旋粉虱	果皮	东方肾圆盾蚧、黑褐圆盾蚧、红褐圆盾蚧、吴刺粉虱、芭蕉蚧、椰圆盾蚧
橙	—	果皮	橘蚜、橘矢尖盾蚧、黑褐圆盾蚧、红褐圆盾蚧、棉蚜
	杨桃实蝇、瓜实蝇、橘小实蝇、辣椒实蝇、番木瓜实蝇、桃实蝇	果肉	荔枝异性小蛾
	亚洲柑橘黄龙病菌、柑橘溃疡病菌	果皮、果肉	—
柚	—	果皮	红褐圆盾蚧、棉蚜、荔蝽、橘蚜、黑片盾蚧、康氏粉蚧
	黑纹实蝇、番石榴果实蝇、瓜实蝇、橘小实蝇、番木瓜实蝇、南瓜实蝇、三带实蝇、橘实垂腹实蝇	果肉	
	亚洲柑橘黄龙病、柑橘溃疡病菌	果皮、果肉	
木瓜	南瓜实蝇	果肉	—
	—	果皮	椰圆盾蚧、梨枝圆盾蚧
	—	果皮、果肉	木瓜环斑病毒、棕榈疫霉
杨桃	—	果皮	东方肾圆盾蚧、芭蕉蚧
	杨桃实蝇、番石榴果实蝇、瓜实蝇、橘小实蝇、辣椒实蝇、番木瓜实蝇	果肉	荔枝异性小蛾、桃蛀野螟、腰果刺果夜蛾
	—	果皮、果肉	烟草疫霉
番石榴	蒲桃果实蝇、杨桃实蝇、黑纹实蝇、番石榴果实蝇、瓜实蝇、异颜实蝇、橘小实蝇、缅甸颜带果实蝇、辣椒实蝇、番木瓜实蝇、南瓜实蝇、桃实蝇、枣实蝇	果肉	—
	螺旋粉虱	果皮	橘鳞粉蚧、矢尖盾蚧、黑片盾蚧、东方肾圆盾蚧、棉蚜、黄圆盾蚧、黑褐圆盾蚧
	—	果皮、果肉	黑曲霉、烟草疫霉

表 4－1(续)

水果种类	关注有害生物	为害部位	可能携带的其他有害生物
红毛丹	橘小实蝇、番木瓜实蝇	果肉	爻纹细蛾、桃蛀野螟、腰果刺果夜蛾
莲雾	蒲桃果实蝇、杨桃实蝇、黑纹实蝇、番石榴果实蝇、瓜实蝇、橘小实蝇、番木瓜实蝇、南瓜实蝇	果肉	棕榈疫霉
	—	果皮	罂粟花蓟马
菠萝蜜	杨桃实蝇、瓜实蝇、橘小实蝇、缅甸颜带果实蝇、番木瓜实蝇、三带实蝇	果肉	—
	—	果皮	黑褐圆盾蚧、橘鳞粉蚧、据矢尖盾蚧、芭蕉蚧
椰色果	番木瓜实蝇	果肉	—
	—	果皮	蛛丝平刺粉蚧
菠萝	—	果皮	葱蓟马、橘矢尖盾蚧、黑盔蚧、橘腺刺粉蚧
	—	果肉	猁股芒蝇
	番茄斑萎病毒	果皮、果肉	—
人参果	暂无数据		
西番莲	瓜实蝇、番木瓜实蝇、南瓜实蝇	果肉	—
	—	果皮	黑盔蚧、黄片盾蚧、芭蕉蚧、红褐圆盾蚧
椰子	螺旋粉虱	果皮	红褐圆盾蚧、东方肾圆蚧、棉蚜、芭蕉蚧、木槿曼粉蚧、吴刺粉虱、黑曲霉
榴莲	杨桃实蝇、木瓜实蝇、番石榴果实蝇、桃实蝇	果皮、果肉	围小丛壳菌、棕榈疫霉
芒果	杨桃实蝇、木瓜实蝇、番石榴果实蝇、桃实蝇	果皮	红褐圆盾蚧、吴刺粉虱
荔枝	杨桃实蝇、木瓜实蝇、番石榴果实蝇、桃实蝇，橘小实蝇、辣椒实蝇	果肉	荔枝异性小蛾
	—	果皮	荔蝽、橘腺刺粉蚧、东方肾圆蚧
山竹	番木瓜实蝇，杨桃实蝇、木瓜实蝇、番石榴果实蝇、桃实蝇	果肉	围小丛壳菌
罗望子	—	果皮	东方肾盾蚧、黑褐圆盾蚧、橘鳞粉蚧、木槿曼粉蚧

4.2.2 关注有害生物的现场查验方法与处理

4.2.2.1 香蕉

4.2.2.1.1 新菠萝灰粉蚧

参见 1.2.2.1.7。

4.2.2.1.2 香蕉肾盾蚧

参见 1.2.2.1.1。

4.2.2.1.3 果实蝇属（辣椒实蝇、木瓜实蝇、橘小实蝇、瓜实蝇）

参见 2.2.2.3.4、3.2.2.2.2、1.2.2.3.4 和 1.2.2.2.2。

4.2.2.2 龙眼

4.2.2.2.1 杨桃实蝇

参见 3.2.2.4.1。

4.2.2.2.2 桃实蝇

参见 2.2.2.3.7。

4.2.2.2.3 番石榴果实蝇［*Bactrocera correcta*（Bezzi）］

现场查验：注意包装箱内及果表有无实蝇成虫，仔细剖果检查有无实蝇幼虫。成虫中颜板黄色，具一深色狭横带，两端黑色，中间细窄而呈淡褐色，有时此横带于中部间断。中胸盾片大部分黑色，横缝后具 2 个黄色侧纵条；小盾片除基部一黑色狭横带外，余全黄色；翅透明，翅斑简化；前缘带褐色，狭而短；翅端另有一褐色斑点。腹部大部分黄褐色至橙褐色，第 1 背板基部的 1/2～2/3 黑色，第 2 背板的中部有一黑色狭横带，第 3 背板的前部有一黑色长横带；第 3～5 背板的中央有一黑色狭纵条（见图 4-1）。体、翅长 5.5mm～7.5mm。卵乳白色，梭形，长约 1.2mm。幼虫蛆形，黄白色，3 龄期体长 7.0mm～8.5mm。

（a）背面图　　　　　　　　　（b）侧面图

图 4-1　番石榴果实蝇（泉州检验检疫局　摄）

处理：发现虫果时，用药剂熏蒸或湿热等方法进行灭虫处理；无处理条件的，对该批龙眼实施退货或销毁处理。

4.2.2.2.4 木瓜实蝇

参见 3.2.2.2.2。

4.2.2.2.5 橘小实蝇

参见 1.2.2.3.4。

4.2.2.3 橘

4.2.2.3.1 番石榴果实蝇

参见 4.2.2.2.3。

4.2.2.3.2　桃实蝇

　　参见 2.2.2.3.7。

4.2.2.3.3　橘小实蝇

　　参见 1.2.2.3.4。

4.2.2.3.4　瓜实蝇

　　参见 1.2.2.2.2。

4.2.2.3.5　螺旋粉虱

　　参见 1.2.2.3.1。

4.2.2.3.6　亚洲柑橘黄龙病菌［*Liberibacter asiaticus* Jagoueix et al.（Las）］

　　现场查验：感病果实呈小果、红鼻果等症状；叶片从典型斑驳到叶脉黄化，叶片变厚变小，或呈缺素症（见图 4-2）。现场查验时注意检查柑橘果实及叶片有无对应症状。

图 4-2　感染亚洲柑橘黄龙病柑橘叶（左）与正常叶片（右）对比①

　　处理：经检测确认携带亚洲柑橘黄龙病菌的，做熏蒸除害处理。同时在处理通知书上注明对该批柑橘限制使用，不得在我国柑橘产区销售。

4.2.2.3.7　柑橘溃疡病菌［*Xanthomonas Campestris* pv. *citri*（Hasse）Dye］

　　现场查验：感染该病的受害叶片，开始在叶背出现黄色或黄绿色针头大小的油渍状斑点，扩大后形成近圆形，米黄色隆起的病斑。不久，病部表皮破裂，隆起更显著。表面粗糙木栓化，病部中心凹陷成火山口状开裂，周围有黄色或黄绿色晕环。病斑大小依品种而异，一般直径在 3mm～5mm。果实上的病斑与叶片上的相似，但病斑较大，木栓化比叶片上的病斑更为隆起，火山口状的裂开也更为显著。在果实上，病健部分界处有褐色釉光边缘（见图 4-3）。

图 4-3　柑橘溃疡病菌在柑橘叶片和果实上的症状②

---

①　图源自：http://www.plantmanagementnetwork.org/elements/view.aspx? ID=3517。

②　图源自：http://www.uniprot.org/taxonomy/346。

处理:经检测发现携带柑橘溃疡病菌,对该批橘进行退货或销毁处理。

4.2.2.4 番荔枝

4.2.2.4.1 瓜实蝇

参见1.2.2.2.2。

4.2.2.4.2 橘小实蝇

参见1.2.2.3.4。

4.2.2.4.3 木瓜实蝇(番木瓜实蝇)

参见3.2.2.4.1。

4.2.2.4.4 桃实蝇

参见2.2.2.3.7。

4.2.2.4.5 螺旋粉虱

参见1.2.2.3.1。

4.2.2.5 橙

4.2.2.5.1 杨桃实蝇

参见3.2.2.4.1。

4.2.2.5.2 瓜实蝇

参见1.2.2.2.2。

4.2.2.5.3 橘小实蝇

参见1.2.2.3.4。

4.2.2.5.4 辣椒实蝇

参见2.2.2.3.4。

4.2.2.5.5 番木瓜实蝇

参见3.2.2.4.1。

4.2.2.5.6 桃实蝇

参见2.2.2.3.7。

4.2.2.5.7 亚洲柑橘黄龙病菌

参见4.2.2.3.6。

4.2.2.5.8 柑橘溃疡病菌

参见4.2.2.3.7。

4.2.2.6 柚

4.2.2.6.1 黑纹实蝇(普通果实蝇)[*Bactrocera trivialis*(Drew)]

现场查验:注意包装箱内及果表有无实蝇成虫,仔细剖果检查有无实蝇幼虫。现场查验时注意剖果检查。成虫中颜板黄色,具有一黑色横带。中胸盾片大部分黑色,横缝后具3个黄色纵条,居中的1条自前向后逐渐变宽;两侧条的前端与缝前黄色小斑连接。肩胛、背侧胛均为黄色,小盾片除基部一黑色狭横带外,其余全为黄色。翅斑褐色。腹部黄色至红褐色。第2、3背板前部各有一黑色短带;第4、5背板前侧部各有2条黑色短带;第3~5背板的中央有1黑色狭纵条,有时此纵条在节间缝处间断。体、翅长约6.1mm~6.5mm(见图4-4)。

处理:经检测发现携带黑纹实蝇(普通果实蝇)的,对该批水果做熏蒸或其他除害处理;无法处理的,做退货或销毁处理。

4.2.2.6.2 番石榴果实蝇

参见4.2.2.2.3。

4.2.2.6.3 瓜实蝇
    参见1.2.2.2.2。
4.2.2.6.4 橘小实蝇
    参见1.2.2.3.4。
4.2.2.6.5 番木瓜实蝇
    参见3.2.2.2.2。
4.2.2.6.6 南瓜实蝇
    参见1.2.2.3.7。
4.2.2.6.7 三带实蝇
    参见2.2.2.8.3。
4.2.2.6.8 橘实锤腹实蝇（*Monacrostichus citricola* Bezzi）
    现场查验：注意包装箱内及果表有无实蝇成虫，仔细剖果检查有无实蝇幼虫。成虫大型，体长8mm～10mm，仅1对额眶鬃，触角长。中胸背板有心形黄斑，两侧有缝后黄条。足黄色。翅有宽阔黄褐色前缘带（见图4-5）。

图4-4 黑纹实蝇（普通果实蝇）成虫[①]

图4-5 橘实锤腹实蝇[②]

处理：经检测发现携带橘实锤腹实蝇的，对该批水果做熏蒸或其他除害处理；无法处理的，退货或销毁。
4.2.2.6.9 亚洲柑橘黄龙病菌
    参见4.2.2.3.6。
4.2.2.6.10 柑橘溃疡病菌
    参见4.2.2.3.7。
4.2.2.7 木瓜
4.2.2.7.1 南瓜实蝇
    参见1.2.2.3.7。
4.2.2.8 杨桃
4.2.2.8.1 杨桃实蝇
    参见3.2.2.4.1。
4.2.2.8.2 番石榴果实蝇
    参见4.2.2.2.3。

---

① 图源自：http://www.aqsiqsrrc.org.cn。
② 图源自：http://www.kpinet.com/Vodafone/word_library_detail.cfm? id=14765789&word=Monacrostichus。

4.2.2.8.3 瓜实蝇
　　参见 1.2.2.2.2。

4.2.2.8.4 橘小实蝇
　　参见 1.2.2.3.4。

4.2.2.8.5 辣椒实蝇
　　参见 2.2.2.3.4。

4.2.2.8.6 番木瓜实蝇
　　参见 3.2.2.2.2。

4.2.2.9 番石榴

4.2.2.9.1 蒲桃果实蝇(双带果实蝇)［*Bactrocera albistrigata*(de Meijere)］
　　现场查验:注意包装箱内及果表有无实蝇成虫,仔细剖果检查有无实蝇幼虫。成虫体黑色为主,有颜斑。盾片有黄色侧条。小盾片基有三角形黑斑。翅前缘带褐色,翅中有一褐色长横带。腹第 2 背板有 2 黄褐色大斑,第 3 背板每侧有一棕黄色纵带(见图 4－6)。
　　处理:经检测发现携带蒲桃果实蝇(双带果实蝇)的,对该批水果做熏蒸或其他除害处理;无法处理的,退货或销毁。

4.2.2.9.2 杨桃实蝇
　　参见 3.2.2.4.1。

4.2.2.9.3 黑纹实蝇
　　参见 4.2.2.6.1。

4.2.2.9.4 番石榴果实蝇
　　参见 4.2.2.2.3。

4.2.2.9.5 瓜实蝇
　　参见 1.2.2.2.2。

4.2.2.9.6 异颜实蝇［*Bactrocera diversa*(Coquillett)］
　　现场查验:注意包装箱内及果表有无实蝇成虫,仔细剖果检查有无实蝇幼虫。成虫体色黑黄相间。中胸盾片黑色,横缝后具 3 个黄色宽纵条,侧条的后端伸达盾片后缘。肩胛、背侧胛和缝前每侧的 1 短斑均为黄色。上片除基部的 1 黑色狭横带外,余全黄色。足大部黄褐色,后胫节为红褐至黑褐色。翅斑暗褐色,前缘带至翅端加宽。腹部卵圆形,黄褐色。第 1 背板的侧缘黑色,第 2、3、4 背板的前部各有 1 黑色横带,第 5 背板的前侧角具黑色斑纹。体、翅长 4.8mm～5.9mm(见图 4－7)。

图 4－6 蒲桃果实蝇(双带果实蝇)[1]

图 4－7 异颜实蝇[2]

---

① 图源自:http://www.snipview.com/q/Bactrocera_albistrigata。
② 图源自:http://www.snipview.com/q/Bactrocera_diversa。

处理:经检测发现携带异颜实蝇的,对该批水果做熏蒸或其他除害处理;无法处理的,退货或销毁。

4.2.2.9.7　橘小实蝇

参见1.2.2.3.4。

4.2.2.9.8　缅甸颜带果实蝇(颜带果实蝇)[*Bactrocera cilifer*(Hendel)]

现场查验:注意包装箱内及果表有无实蝇成虫,仔细剖果检查有无实蝇幼虫。成虫体长4.7mm～6.0mm。颜有2横带。中胸背板有黑斑,缝后有2黄褐条。翅无完整横带。中足腿节端2/3、后足腿节端1/3褐色至黑色。腹黑色,仅第5背板端为黄色(见图4-8)。

处理:经检测发现携带缅甸颜带果实蝇(颜带果实蝇)的,对该批水果做熏蒸或其他除害处理;无法处理的,退货或销毁。

4.2.2.9.9　辣椒实蝇

参见2.2.2.3.4。

4.2.2.9.10　番木瓜实蝇

参见3.2.2.2.2。

4.2.2.9.11　南瓜实蝇

参见1.2.2.3.7。

4.2.2.9.12　桃实蝇

参见2.2.2.3.7。

4.2.2.9.13　枣实蝇(*Carpomya vesuviana* Costa)

现场查验:注意包装箱内及果表有无实蝇成虫,仔细剖果检查有无实蝇幼虫。头高大于长,雌雄的头宽相同,淡黄至黄褐色。额表面平坦,两侧近于平行,约与复眼等宽。颜略较额短,侧面观平直,触角沟浅而宽,中间具明显的颜脊。复眼圆形,其高与长大致相等。触角全长较颜短或约与颜等长,第3节的背端尖锐;触角芒裸或具短毛。喙短,呈头状。头部鬃序:下侧额鬃3对,上侧额鬃2对;单眼后鬃、内顶鬃、外顶鬃、颊鬃各1对;单眼鬃退化,缺如或微小如毛状;单眼后鬃、外顶鬃和颊鬃淡黄色,上对上侧额鬃淡褐色,其余全黑色(见图4-9)。

图4-8　缅甸颜带果实蝇(颜带果实蝇)①　　图4-9　枣实蝇②　　图4-10　枣实蝇为害状(姚艳霞　摄)

处理:经检测发现携带枣实蝇的,对该批水果做熏蒸或其他除害处理;无法处理的,退货或销毁。

---

①　图源自:http://www.aqsiqsrrc.org.cn。

②　图源自:http://ecoport.org/ep? SearchType=pdb&PdbID=20021。

4.2.2.9.14 螺旋粉虱

参见 1.2.2.3.1。

4.2.2.10 红毛丹

4.2.2.10.1 橘小实蝇

参见 1.2.2.3.4。

4.2.2.10.2 番木瓜实蝇

参见 3.2.2.2.2。

4.2.2.11 莲雾

4.2.2.11.1 蒲桃果实蝇

参见 4.2.2.9.1。

4.2.2.11.2 杨桃实蝇

参见 3.2.2.4.1。

4.2.2.11.3 黑纹实蝇

参见 4.2.2.6.1。

4.2.2.11.4 番石榴果实蝇

参见 4.2.2.2.3。

4.2.2.11.5 瓜实蝇

参见 1.2.2.2.2。

4.2.2.11.6 橘小实蝇

参见 1.2.2.3.4。

4.2.2.11.7 番木瓜实蝇

参见 3.2.2.2.2。

4.2.2.11.8 南瓜实蝇

参见 1.2.2.3.7。

4.2.2.12 菠萝蜜

4.2.2.12.1 杨桃实蝇

参见 3.2.2.4.1。

4.2.2.12.2 瓜实蝇

参见 1.2.2.2.2。

4.2.2.12.3 橘小实蝇

参见 1.2.2.3.4。

4.2.2.12.4 缅甸颜带果实蝇

参见 4.2.2.9.8。

4.2.2.12.5 番木瓜实蝇

参见 3.2.2.2.2。

4.2.2.12.6 三带实蝇

参见 2.2.2.8.3。

4.2.2.13 椰色果

4.2.2.13.1 番木瓜实蝇

参见 3.2.2.2.2。

4.2.2.14　菠萝

4.2.2.14.1　番茄斑萎病毒

参见 3.2.2.1.4。

4.2.2.15　人参果

暂无数据。

4.2.2.16　西番莲

4.2.2.16.1　瓜实蝇

参见 1.2.2.2.2。

4.2.2.16.2　番木瓜实蝇

参见 3.2.2.2.2。

4.2.2.16.3　南瓜实蝇

参见 1.2.2.3.7。

4.2.2.17　椰子

4.2.2.17.1　螺旋粉虱

参见 1.2.2.3.1。

4.2.2.18　榴莲

4.2.2.18.1　杨桃实蝇

参见 3.2.2.4.1。

4.2.2.18.2　木瓜实蝇

参见 3.2.2.2.2。

4.2.2.18.3　番石榴果实蝇

参见 4.2.2.2.3。

4.2.2.18.4　桃实蝇

参见 2.2.2.3.7。

4.2.2.19　芒果

4.2.2.19.1　杨桃实蝇

参见 3.2.2.4.1。

4.2.2.19.2　木瓜实蝇

参见 3.2.2.2.2。

4.2.2.19.3　番石榴果实蝇

参见 4.2.2.2.3。

4.2.2.19.4　桃实蝇

参见 2.2.2.3.7。

4.2.2.20　荔枝

4.2.2.20.1　杨桃实蝇

参见 3.2.2.4.1。

4.2.2.20.2　木瓜实蝇

参见 3.2.2.2.2。

4.2.2.20.3　番石榴果实蝇

参见 4.2.2.2.3。

4.2.2.20.4 桃实蝇

参见 2.2.2.3.7。

4.2.2.20.5 橘小实蝇

参见 1.2.2.3.4。

4.2.2.20.6 辣椒实蝇

参见 2.2.2.3.4。

4.2.2.21 山竹

4.2.2.21.1 番木瓜实蝇

参见 3.2.2.2.2。

4.2.2.21.2 杨桃实蝇

参见 3.2.2.4.1。

4.2.2.21.3 番石榴果实蝇

参见 4.2.2.2.3。

4.2.2.21.4 桃实蝇

参见 2.2.2.3.7。

4.2.2.22 罗望子

暂无数据。

4.3 进境泰国水果风险管理措施

见表 4-2。

表 4-2 进境泰国水果现场查验措施一览表

水果种类	查验重点	农残检测项目	风险管理措施
香蕉	参见菲律宾香蕉		
龙眼	参见越南龙眼		
橘	果皮（粉虱）、果肉（实蝇）、果皮果肉（病症）	水果共检项目 6 项、柑橘类水果共检项目 43 项、经表面处理的鲜水果共检项目 19 项、橘特检项目 70 项；重点监测项目 19 项（镉、铅、克百威、杀虫脒、地虫硫磷、甲胺磷、氧化乐果、对硫磷、甲基对硫磷、辛硫磷、二氧化硫、焦亚硫酸钾、焦亚硫酸钠、亚硫酸钠、亚硫酸氢钠、低亚硫酸钠、多菌灵、溴氰菊酯、草甘膦），一般监测项目 119 项（铜、展青霉素、稀土、锌、4-苯基苯酚、乙酰甲胺磷、涕灭威、艾氏剂、毒杀芬、氯丹、蝇毒磷、滴滴涕、内吸磷、敌敌畏、狄氏剂、联苯醚、异狄氏剂、灭线磷、苯线磷、杀螟硫磷、甲氰菊酯、倍硫磷、六六六、七氯、氯唑磷、甲基异柳磷、灭蚁灵、久效磷、氯菊酯、甲拌磷、硫环磷、甲基硫环磷、磷胺、紫胶（虫胶）、2-苯基苯酚钠盐、治螟磷、特丁硫磷、敌百虫、乙萘酚、硫代二丙酸二月桂酯、乙氧基喹、氢化松香甘油酯、对羟基苯甲酸酯类及其钠盐、辛基苯氧聚乙烯氧基、松香季戊四醇酯、聚二甲基硅氧烷、山梨酸及其钾盐、稳定态二氧化氯、蔗糖脂肪酸酯、2,4-二氯苯氧乙酸、巴西棕榈	1.现场查验时未发现检疫性粉虱、实蝇、病症果实，可在口岸做出检疫初步合格判定，给以放行。2.发现检疫性病害销毁或退货；检疫性害虫做处理，已放行的实施召回。3.按照国家质检总局进口水果安全风险监控计划实施抽检；其中展青霉素、三唑锡、苯菌灵、除虫脲、苯丁锡、百草枯、炔螨特、单甲脒和单甲脒盐酸盐、乙氧基喹、对羟基苯甲酸酯类及其钠盐、聚二甲基硅氧烷、山梨酸及其钾盐、巴西棕榈蜡、桂醛、氯丹、甲基异柳磷可不监测；如果发现超标物质，对此后进境

表 4 – 2(续)

水果种类	查验重点	农残检测项目	风险管理措施
橘	果皮(粉虱)、果肉(实蝇)、果皮果肉(病症)	蜡、桂醛、阿维菌素、啶虫脒、双甲脒、三唑锡、嘧菌酯、苯菌灵、苯螨特、联苯菊酯、溴螨酯、噻嗪酮、硫线磷、克菌丹、丁硫克百威、杀螟丹、氟啶脲、百菌清、毒死蜱、四螨嗪、氯氰菊酯和高效氯氰菊酯、丁醚脲、三氯杀螨醇、苯醚甲环唑、除虫脲、乐果、烯唑醇、乙螨唑、噁唑菌酮、苯丁锡、苯硫威、唑螨酯、唑螨酯、氰戊菊酯和S-氰戊菊酯、氟虫脲、丙炔氟草胺、噻螨酮、抑霉唑、亚胺唑、吡虫啉、水胺硫磷、春雷霉素、马拉硫磷、代森锰锌、二甲四氯(钠)、杀扑磷、灭多威、代森联、烟碱、烯啶虫胺、百草枯、稻丰散、亚胺硫磷、咪鲜胺和咪鲜胺锰盐、丙溴磷、炔螨特、哒螨灵、喹硫磷、仲丁胺、单甲脒和单甲脒盐酸盐、螺螨酯、螺虫乙酯、戊唑醇、氟苯脲、噻菌灵、三唑酮、三唑磷、肟菌酯、杀铃脲)	该种货物连续3次检测,合格的恢复到抽检状态
番荔枝	果皮(粉虱)、果肉(实蝇)	参见越南火龙果	
橙	果肉(实蝇)、果皮果肉(病症)	水果共检项目6项、柑橘类水果共检项目46项、经表面处理的鲜水果共检项目19项、橙特检项目22项;重点监测项目18项(镉、铅、克百威、杀虫脒、地虫硫磷、甲胺磷、氧化乐果、对硫磷、甲基对硫磷、辛硫磷、二氧化硫、焦亚硫酸钾、焦亚硫酸钠、亚硫酸钠、亚硫酸氢钠、低亚硫酸钠、多菌灵、溴氰菊酯),一般监测项目75项(铜、展青霉素、稀土、锌、4-苯基苯酚、乙酰甲胺磷、涕灭威、艾氏剂、毒杀芬、氯丹、蝇毒磷、滴滴涕、内吸磷、敌敌畏、狄氏剂、联苯醚、异狄氏剂、灭线磷、苯线磷、杀螟硫磷、甲氰菊酯、倍硫磷、六六六、七氯、氯唑磷、甲基异柳磷、灭蚁灵、久效磷、氯菊酯、甲拌磷、硫环磷、甲基硫环磷、磷胺、紫胶(虫胶)、2-苯基苯酚钠盐、治螟磷、特丁硫磷、敌百虫、乙萘酚、啶虫脒、氰戊菊酯和S-氰戊菊酯、草甘膦、硫代二丙酸二月桂酯、乙氧基喹、氢化松香甲油酯、对羟基苯甲酸酯类及其钠盐、辛基苯氧聚乙烯氧基、松香季戊四醇酯、聚二甲基硅氧烷、山梨酸及其钾盐、稳定态二氧化氯、蔗糖脂肪酸酯、2,4-二氯苯氧乙酸、巴西棕榈蜡、桂醛、双甲脒、三唑锡、联苯菊酯、溴螨酯、噻嗪酮、丁硫克百威、毒死蜱、四螨嗪、氯氰菊酯和高效氯氰菊酯、三氯杀螨醇、除虫脲、乐果、噁唑菌酮、苯丁锡、噻螨酮、抑霉唑、马拉硫磷、亚胺硫磷、炔螨特、噻菌灵)	1. 现场查验时未发现检疫性实蝇、病症果实,可在口岸做出检疫初步合格判定,给以放行。2. 发现检疫性病害销毁或退货;检疫性实蝇做处理,已放行的实施召回。3. 按照国家质检总局进口水果安全风险监控计划实施抽检;其中展青霉素、三唑锡、除虫脲、苯丁锡、炔螨特、单甲脒和单甲脒盐酸盐、乙氧基喹、对羟基苯甲酸酯类及其钠盐、聚二甲基硅氧烷、山梨酸及其钾盐、巴西棕榈蜡、桂醛、氯丹、甲基异柳磷可不监测;如果发现超标物质,对此后进境该种货物连续3次检测,合格的恢复到抽检状态
柚	果肉(实蝇)、果皮果肉(病症)	水果共检项目6项、柑橘类水果共检项目46项、经表面处理的鲜水果共检项目19项、柚特检项目23项;重点监测项目18项(同橙),一般监测项目76项(比橙增加氟虫脲)	参见橙
木瓜	参见菲律宾木瓜		

表 4-2(续)

水果种类	查验重点	农残检测项目	风险管理措施
杨桃	果肉（实蝇）	水果共检项目 6 项、热带水果共检项目 41 项、浆果和其他小型水果共检项目 41 项（项目与热带水果检测项目同），无杨桃特检项目；重点监测项目 11 项（镉、铅、乙酰甲胺磷、杀虫脒、地虫硫磷、草甘磷、甲胺磷、氧化乐果、对硫磷、甲基对硫磷、辛硫磷），一般监测项目 36 项（铜、展青霉素、稀土、锌、啶虫脒、涕灭威、艾氏剂、毒杀芬、克百威、氯丹、蝇毒磷、滴滴涕、内吸磷、敌敌畏、狄氏剂、异狄氏剂、灭线磷、苯线磷、杀螟硫磷、甲氰菊酯、倍硫磷、氰戊菊酯和 S-氰戊菊酯、六六六、七氯、氯唑磷、甲基异柳磷、灭蚁灵、久效磷、氯氰菊酯、甲拌磷、硫环磷、甲基硫环磷、磷胺、治螟磷、特丁硫磷、敌百虫）	1.现场查验时未发现检疫性实蝇,可在口岸做出检疫初步合格判定,给以放行。2.发现检疫性实蝇做处理,已放行的实施召回。3.按照国家质检总局进口水果安全风险监控计划实施抽检;其中展青霉素、氯丹、甲基异柳磷;如果发现超标物质,对此后进境该种货物连续 3 次检测,合格的恢复到抽检状态
番石榴	果皮（粉虱）、果肉（实蝇）	参见杨桃	
红毛丹	参见越南红毛丹		
莲雾	果肉（实蝇）	参见越南火龙果	
菠萝蜜	果肉（实蝇）	参见越南火龙果	
椰色果	果肉（实蝇）	参见越南火龙果	
菠萝	果皮果肉（病症）	参见菲律宾菠萝	1.现场查验时未发现检疫性病害,可在口岸做出检疫初步合格判定,给以放行。2.发现检疫性病害销毁或退货,已放行的实施召回。3.按照国家质检总局进口水果安全风险监控计划实施抽检;其中展青霉素、乙烯利、氯丹、甲基异柳磷可不监测;如果发现超标物质,对此后进境该种货物连续 3 次检测,合格的恢复到抽检状态
人参果	暂无数据	参见杨桃	
西番莲	果肉（实蝇）	参见杨桃	
椰子	果表（粉虱）	参见越南火龙果	
榴莲	果肉（实蝇）	参见越南火龙果	
芒果	果肉（实蝇）	参见菲律宾芒果	
荔枝	果肉（实蝇）	参加越南荔枝	
山竹	果肉（实蝇）	参见越南火龙果	
罗望子	暂无数据	参见越南火龙果	

5 进境美国水果现场查验

5.1 植物检疫要求

美国苹果、葡萄、樱桃、李子、柑橘、梨等6种水果获得输华准入资格,并均签署了双边议定书。根据议定书内容,中方制定了美国上述水果植物检疫要求。其中签署的美国苹果输华议定书,对美国华盛顿州、俄勒冈州、爱达荷州3个州输华苹果提出了输华植物检疫要求;签署的《美国加利福尼亚州鲜食葡萄输华植物卫生条件议定书》,对美国加利福尼亚州鲜食葡萄输华提出了植物检疫要求;签署的《关于美国樱桃输华植物检疫要求的议定书》,对美国樱桃输华提出了植物检疫要求;签署的《关于美国李子输华植物检疫要求的议定书》,对美国加利福尼亚州产李子输华提出植物检疫要求;签署的《美国佛罗里达州、德克萨斯州、亚利桑那州和加利福尼亚州柑橘输华植物卫生条件议定书》,对美国柑橘类水果输华提出了植物检疫要求;签署的《关于美国产鲜梨输华植物检疫要求的议定书》,对美国产鲜梨水果输华提出了植物检疫要求。

5.1.1 进境美国苹果植物检疫要求

1）水果名称

苹果 Apple,品种 Red Delicious 和 Golden Delicious。

2）允许产地

华盛顿州(俄勒冈州、爱达荷州暂无批准包装厂)。

来自注册的果园和包装厂(名单见国家质检总局网站)。

3）指定入境口岸

广州、上海、大连、北京、天津、海口、厦门、福州、青岛和南京。

4）植物检疫证书内容要求

无具体规定。

5）包装箱标识要求

批号和包装厂的信息、官方封箱标识(见图5-1)。

图 5-1 官方封箱标识

6）关注的检疫性有害生物

地中海实蝇、苹果蠹蛾、苹果实蝇。

7）特殊要求

无。

8）不合格处理

a）发现地中海实蝇作退货或销毁处理；

b）发现苹果蠹蛾、苹果实蝇等检疫性有害生物作熏蒸等检疫处理；

c）发现其他危险性有害生物作检疫处理；

d）其他不合格情况按一般程序要求处理。

9）依据

a）《美国华盛顿州苹果输华的植物卫生条件》[（1994）农（检疫）字第 1 号]。

b）《关于进口美国华盛顿州苹果有关问题的通知》（总检植字〔1994〕10 号）。

c）美国华盛顿州、俄勒冈州、爱达荷州苹果输华的植物检疫要求（1995）。

d）美国华盛顿州、俄勒冈州、爱达荷州苹果输华的实施指南（1995）。

e）进境美国苹果的包装标志（包括封箱标识）及说明。

10）美国苹果输华封箱标识

见图 5-1。

5.1.2　进境美国葡萄植物检疫要求

1）水果名称

葡萄。

2）允许产地

美国加利福尼亚州 Fresno、Tulare、Kern、Kings、Riverside 和 Madera 县。

须来自注册的种植者或果园、冷藏库（名单见国家质检总局网站）。

3）指定入境口岸

广州、上海、大连、天津、海口、南京。

4）植物检疫证书内容要求

附加声明注明："All fruits in this shipment complies with relevant regulations of PRC and originates from approved participating vineyards and counties"。

5）包装箱标识要求

产地县、种植者或果园、冷藏库、出口商、检疫日期的信息。

6）关注的检疫性有害生物

地中海实蝇、红带卷蛾、葡萄小卷蛾、荷兰石竹小卷蛾、苜蓿蓟马、葡萄镰蓟马、魏始叶螨、太平洋叶螨、二斑叶螨、番茄环斑病毒、葡萄扇叶病毒、葡萄皮尔斯病毒、美澳型核果褐腐病毒、西班牙麻疹病毒。

7）特殊要求

无。

8）不合格处理

a）发现地中海实蝇、皮尔斯病、番茄环斑病毒或西班牙麻疹病作退货、转口或销毁处理；

b）发现中方关注的蓟马、螨类活体作除害处理；

c）发现中方关心的其他检疫性有害生物作除害处理或转口处理；

d）其他不合格情况按一般程序要求处理。

9）依据

a）《关于印发“进口美国加利福尼亚州鲜食葡萄检疫要求”的通知》（动植检植字〔1997〕23号）；

b）美国加利福尼亚州鲜食葡萄输华植物卫生条件议定书（1998）；

c）美国加利福尼亚州鲜食葡萄输往中华人民共和国的工作计划（1998）；

d）《同意美国加利福尼亚州 Kings 县鲜食葡萄输华的通知》（动植检植字〔1998〕5号）。

5.1.3 进境美国樱桃植物检疫要求

1）水果名称

樱桃。

2）允许产地

美国华盛顿州、俄勒冈州、爱达荷州。

来自注册的果园和包装厂（名单见国家质检总局网站）。

3）指定入境口岸

广州、上海、大连、北京、天津、海口、厦门、福州、青岛、南京。

4）植物检疫证书内容要求

附加声明中注明：“All fruit in this shipment has been grown in accordance with relevant regulation of PRC and within the approved growing sites”。

5）包装箱标识要求

包装厂和批号的信息、官方封箱标识（见图 5－1）。

6）关注的检疫性有害生物

地中海实蝇、苹果实蝇、西部樱桃实蝇、黑樱桃实蝇、苹果蠹蛾、樱小食心虫、杏小食心虫、亚心叶李螟、褐卷蛾属一种、西部栎柳毒蛾、古毒蛾、秋星尺蠖、果树黄卷蛾、蔷薇斜条卷叶蛾、苹白小卷蛾、锯胸叶甲、苹象甲、大盾象属一种、桃蚜、梨带蓟马、花蓟马属一种、嗜橘粉蚧、苹果贝蚧、槟栉盾蚧、*Boisea trivittata*、樱实叶蜂、迈叶螨、鹅耳枥东方叶螨、暗黄色担子菌、*Blumeriella jaapii*、草本枝孢（小麦黑霉病菌）、*Fomitopsis cajanderi*、松生拟层孔菌、篱边粘褶菌、桃干枯病菌、米红丛赤壳菌、*Phomopsis padina*、*Phyllosticta virginiana*、*Podosphaera clandestina*、小点霉属一种、威斯纳外囊菌、*Trametes hirsuta*、*Trametes versicolor*、*Verticillium nigrescens*、黑腐病、花序畸形类菌原体、番茄环斑病毒、樱桃叶斑驳病毒、樱桃锉叶病毒、樱桃扭叶病毒、樱桃锈斑病毒、坏死锈斑驳病毒、李属坏死环斑病毒、樱桃刺果病毒、李矮缩病毒、樱桃 X 病毒、樱桃绿环斑驳病毒、黄瓜花叶病毒。

7）特殊要求

无。

8）不合格处理

a）发现地中海实蝇、西部樱桃实蝇或黑樱桃实蝇作转口或销毁处理；

b）发现对中国具有检疫意义的其他有害生物如苹果蠹蛾作熏蒸处理；

c）发现其他危险性有害生物作检疫处理；

d）其他不合格情况按一般程序要求处理。

9）依据

a）《关于印发〈进口美国华盛顿州甜樱桃检疫要求〉的通知》（动植检植字〔1997〕21号）；

b）《美国华盛顿州甜樱桃输华植物检疫要求的议定书》（动植检植字〔1997〕21号）；

c）《美国华盛顿州甜樱桃输华的工作计划》（动植检植字〔1997〕21号）；

d) 关于美国樱桃输华植物检疫要求的议定书(1998);

e) 美国樱桃输华工作计划(1998)。

10) 美国樱桃输华封箱标识

见图 5-1。

5.1.4 进境美国李子植物检疫要求

1) 水果名称

李子(*Prunus salicina* 和 *Prunus domoestica*)。英文名称:Plum。

2) 允许的产地

美国加利福尼亚州的 Fresno、Tulare、Kern、Kings 和 Madera 县。须来自注册包装厂(名单见国家质检总局网站)。

3) 允许入境口岸

总局允许的允许入境口岸。

4) 证书要求

植物检疫证书应注明"本批货物符合 APHIS 和 AQSIQ 签署的美国李子输华议定书要求,不带有中方关注的检疫性有害生物"。集装箱号码也应填写在植物检疫证书内。

5) 包装要求

a) 输华李子包装材料应干净卫生、未使用过,符合中国有关植物检疫要求。

b) 每个李子包装箱上应用英文标出果园、包装厂的名称或相应的注册号。每个出口托盘包装上应有经 APHIS 和 AQSIQ 共同认可的检疫标识,并标注"输往中华人民共和国"的英文或中文字样。

6) 关注的检疫性有害生物

地中海实蝇(*Ceratitis capitata*)、苹果实蝇(*Rhagoletis pomonella*)、西美绕实蝇(*Rhagoletis indifferens*)、苹果蠹蛾(*Cydia pomonella*)、杏小食心虫[*Cydia prunivora*(*Grapholith prunivora*)]、北方啄螟(*Zophodia convolutella*)、桃白圆盾蚧(*Epidiaspis leperii*)、南非苹粉蚧(*Pseudococcus obscurus*)、太平洋叶螨(*Tetranychus pancificus*)、梨火疫病菌(*Erwinia amylovora*)、美澳型核果褐腐病菌(*Monilinia fructicola*)、李矮化病毒(*Prune dwarf virus*)、李属坏死环斑病毒(*Prune necrotic ringspot virus*)、番茄环斑病毒(*Tomato ringspot virus*)、李痘病毒(*Plum pox potyvirus*)。

7) 特殊要求

无。

8) 不合格处理

a) 经检验检疫发现包装不符合第 5 条有关规定,该批李子不准入境;

b) 如发现来自未经批准的产地、果园、包装厂,则该批李子不准入境;

c) 如发现中方关注的任何检疫性有害生物或其他违规情况,该批货物将作退货、销毁或除害处理(仅限有有效除害处理方法的情况);

d) 其他不合格情况按一般工作程序要求处理。

9) 依据

a)《中华人民共和国国家质量监督检验检疫总局与美利坚合众国农业部关于美国李子输华植物检疫要求的议定书》;

b)《关于印发〈美国李子进境植物检疫要求〉的通知》(国质检动函〔2006〕286 号);

c)《关于允许美国水果从深圳蛇口、盐田港入境的通知》(国质检动函〔2006〕259 号)。

5.1.5　进境美国柑橘植物检疫要求

1）水果名称

柑橘。

2）允许产地

美国加利福尼亚州、佛罗里达州、亚利桑那州、德克萨斯州。

来自注册的承运人/包装厂（名单见国家质检总局网站）。

3）允许入境口岸

国家质检总局允许的允许入境口岸。

4）证书要求

附加声明中注明："All fruit in the shipment with relevant regulations of the PRC and complies with the California(Florida,Arizona,Texas) Citris Protocol"。

5）包装要求

柑橘包装箱上应注明产地县、种植者或果园、或承运人/包装厂、或储藏库的信息。

6）关注的检疫性有害生物

见表5-1。

表5-1　关注的检疫性有害生物一览表

有害生物	加利福尼亚州	德克萨斯州	佛罗里达州	亚历桑那州
地中海实蝇	+	+	+	
墨西哥实蝇	+	+		+
加勒比实蝇			+	
苜蓿蓟马	+			+
辐射松黄象	+		+	+
可可长尾粉蚧			+	+
柑橘皱叶病毒	+		+	
柑橘侵染性杂色病毒	+		+	
柑橘鳞皮病毒	+	+	+	
柑橘干坚类病毒	+			
柑橘溃疡病菌	+	+	+	
柑橘叶斑病			+	
注：+表示在该种有害生物在该州受到中方关注。				

7）特殊要求

无。

8）不合格处理

a）发现地中海实蝇、墨西哥实蝇、加勒比实蝇的，作退货、转口或销毁处理；

b）发现其他中方关心的检疫性有害生物的，作检疫处理；

c）其他不合格情况按一般工作程序要求处理。

9）依据

a）《关于执行〈美国佛罗里达州、德克萨斯州、亚利桑那州和加利福尼亚州柑橘输华植物卫生条件议定书〉有关问题的通知》（国检动函〔2000〕142 号）；

b）《中华人民共和国国家出入境检验检疫局和美利坚合众国动植物检疫局关于执行中美柑橘议定书有关问题的谅解备忘录》（国检动〔2000〕216 号）；

c）《关于调整美国有关州输华柑橘产地和包装厂名单的通知》（国检动函〔2001〕45 号）；

d）国家质检总局公告 2002 年第 135 号；

e）国家质检总局公告 2004 年第 208 号。

5.1.6 进境美国鲜梨植物检疫要求

1）水果名称

新鲜梨，学名：*Pyrus communis*，英文名：Pear。

2）允许的产地

美国加利福尼亚州、华盛顿州及俄勒冈州。

3）允许进境口岸

无特殊要求。

4）证书要求

a）经植物检疫合格的梨，美方将出具一份植物检疫证书，并在附加声明栏中注明："This shipment of pears complies with the 'Protocol of Phytosanitary Requirements for the U. S. Fresh Pears Exported to China' and do not carry quarantine pests of concern to China"（该批梨符合《美国鲜食梨输往中国植物检疫要求的议定书》，不带中方关注的检疫性有害生物"）。同时，还应在植物检疫证书上注明该批货物的产地、包装厂代码和集装箱号码。

b）对于实施出口前冷处理的，应在植物检疫证书上注明冷处理的温度、持续时间及处理设施名称或编号、集装箱号码等。对于运输途中实施冷处理的，应在植物检疫证书上注明冷处理的温度、处理时间、集装箱号码及封识号码等。

5）包装要求

a）包装材料应是新的，干净且卫生，符合中国有关植物检疫要求。

b）每个包装箱上应用英文标注果园号码、包装厂代码、包装厂名称和地址等信息。每个托盘货物需用英文或中文标出"输往中华人民共和国"。如未使用托盘，如航空器，则每个包装箱上需用英文或中文标出"输往中华人民共和国"。

6）关注的检疫性有害生物名单

地中海实蝇（*Ceratitis capitata*），苹果花象（*Anthonomus quadrigibbus*）；卷叶蛾类：橘带卷蛾（*Argyrotaenia citrana*）、果树黄卷蛾（*Archips argyrospila*）、玫瑰色卷蛾（*Choristoneura rosaceana*）、苹果蠹蛾（*Cydia pomonella*），车前圆尾蚜（*Dysaphis plantaginea*），南非苹粉蚧（*Pseudococcus obscures*），梨灰盾蚧（*Epidiaspis leperii*），苹果棉蚜（*Eriosoma lanigerum*），梨蓟马（*Thrips inconsequens*），迈叶螨（*Tetranychus mcdanieli*），太平洋叶螨（*Tetranychus pacificus*），梨火疫病菌（*Erwinia amylovora*），苹果、梨锈病菌（*Gymnosporangium clavipes*），欧洲梨锈病菌（*Gymnosporangium fuscum*），美洲山楂锈病菌（*Gymnosporangium globosum*），牛眼果腐病菌（*Neofabraea malicortis*）和（*Neofabraea perennan*），苹果、梨边腐病菌（*Phialophora malorum*），苹果、梨球壳孢果腐病菌（*Sphaeropsis pyriputrescens* sp.），梨波氏盘果腐病菌（*Potebniamyces pyri*），美澳型核果褐腐（*Monilinia fructicola*）。

7）特殊要求

无。

8）不合格处理

a）如已进行冷处理，但冷处理被认定无效，则该批货物将采取到岸冷处理（如仍可在本集装箱内进行）、退货、销毁或转口等处理措施；

b）如发现有未经批准的包装厂或冷处理设施生产的梨，则该批梨不准入境；

c）如发现中方关注的检疫性有害生物活体，则对该批梨作退货、转口、销毁或检疫处理，中方将及时向美方通报，并视情况采取有关检验检疫措施；

d）如不符合我国食品安全国家标准，则按照《中华人民共和国食品安全法》及其实施条例的有关规定处理。

9）依据

a）《中华人民共和国进出境动植物检疫法》《中华人民共和国进出境动植物检疫法实施条例》；

b）《中华人民共和国食品安全法》《中华人民共和国食品安全法实施条例》；

c）《进境水果检验检疫监督管理办法》（国家质检总局令第68号）；

d）《中华人民共和国国家质量监督检验检疫总局动植物检疫监管司和美利坚合众国农业部动植物检疫局关于美国产鲜梨输华植物检疫要求的议定书》。

5.2 进境美国水果现场查验与处理

5.2.1 携带有害生物一览表

见表5-2。

表5-2 进境美国水果携带有害生物一览表

水果种类	关注有害生物	为害部位	可能携带的其他有害生物
苹果	地中海实蝇、苹果花象、樱小食心虫（樱小卷蛾）、苹果蠹蛾、杏小食心虫（杏小卷蛾）、苹果实蝇（苹绕实蝇）、荷兰石竹卷叶蛾、玫瑰短喙象	果肉	梨小食心虫
	日本金龟子	果皮	桃条麦蛾、棉蚜、蔷薇黄卷蛾、橘带卷蛾、玫瑰色卷蛾、梨枝圆盾蚧、苹果绵蚜、西花蓟马、茶翅蝽、异色瓢虫、槟栌盾蚧、冬尺蠖蛾、桑白盾蚧、拟长尾粉蚧、葡萄粉蚧、粉蚧属、梨圆盾蚧、苹果红蜘蛛、二点叶螨
	榃梓锈病菌、美洲苹果锈病菌、美澳型核果褐腐菌、栗黑水疫霉菌、苹果树炭疽病菌、梨火疫病菌、李属坏死环斑病毒、番茄环斑病毒、烟草环斑病毒	果肉、果皮	草莓交链孢霉、苹果链格孢、出芽短梗霉、富氏葡萄孢盘菌、草本枝孢、罗尔状草菌、寄生隐丛赤壳、尖镰孢、赤霉属、围小丛壳、兰伯盘菌属、核果链核盘菌、梨形毛霉、仁果干癌、丛赤壳菌、扩展青霉、苹果孤生叶点霉、隐地疫霉菌、法雷疫霉、大雄疫霉、核盘菌、齐整小核菌、发根土壤杆菌、洋葱伯克氏菌、大黄欧文氏菌、丁香假单胞菌丁香致病变种、樱桃锉叶病毒、苹果褪绿叶斑病毒、苹果花叶病毒、苹果锈果类病毒
	—	包装箱	欧洲千里光、苹果红蜘蛛、二点叶螨

表 5-2(续)

水果种类	关注有害生物	为害部位	可能携带的其他有害生物
葡萄	地中海实蝇、红带卷蛾、葡萄小卷蛾、荷兰石竹小卷蛾	果肉	截面噬木长蠹(电缆斜坡长蠹)
	西花蓟马、葡萄镰蓟马、魏始叶螨、太平洋叶螨、二斑叶螨(二点叶螨)、榆蛎盾蚧、日本金龟子、苜蓿蓟马	果皮	红肾圆盾蚧、黄圆蚧、蚕豆蚜、棉蚜、橘带卷蛾、椰圆盾蚧、常春藤圆蛊盾蚧、橄榄链蚧、黑褐圆盾蚧、红褐圆盾蚧、高粱穗隐斑螟、梨枝圆盾蚧、黄猩猩果蝇、拟粉斑螟、苹淡褐卷蛾、腰果刺果夜蛾、橘腺刺粉蚧、异色瓢虫、芭蕉蚧、槟榔盾蚧、假桃病毒叶蝉、吹绵蚧、长蛎盾蚧、长白盾蚧、木槿曼粉蚧、马铃薯长管蚜、橘鳞粉蚧、黑盔蚧、油茶蚧、糠片盾蚧、黄片盾蚧、苹绵粉蚧、突叶并盾蚧、桑白盾蚧、蔗根粉蚧、康氏粉蚧、柑栖粉蚧、拟长尾粉蚧、葡萄粉蚧、暗色粉蚧、橘蓟马、赤褐辉盾蚧、草地夜蛾、罂粟花蓟马、葱蓟马、橘矢尖盾蚧、刘氏短须螨、侧多食跗线螨、苹果红蜘蛛
	葡萄皮尔斯病毒、美澳型核果褐腐病毒、西班牙麻疹病毒、番茄环斑病毒、葡萄扇叶病毒、藜草花叶病毒、草莓潜环斑病毒、番茄黑环病毒、番茄斑萎病毒	果肉、果皮	黑曲霉、葡萄座腔菌、茶藨子葡座腔菌、富氏葡萄孢盘菌、尖锐刺盘孢(草莓黑斑病菌)、葡萄钩丝壳菌、尖镰孢、围小丛壳、毛色二孢、芝麻茎点枯病菌、果生链核盘菌、指状青霉、意大利青霉、葡萄生拟茎点菌、隐地疫霉菌、可可黑果病菌、葡萄生单轴霉、大丽花轮枝孢、发根土壤杆菌、悬钩子土壤杆菌、根癌土壤杆菌、绿黄假单胞菌、苜蓿花叶病毒、黄瓜花叶病毒、保加利亚葡萄潜隐病毒、葡萄斑点病毒、葡萄茎痘病毒、马铃薯X病毒、烟草花叶病毒、烟草坏死病毒、番茄丛矮病毒、柑橘裂皮类病毒、芒果半轮线虫、花生根结线虫
	南方三棘果、散大蜗牛(普通庭院大蜗牛)	包装箱	矛叶蓟、欧洲千里光、刘氏短须螨、侧多食跗线螨、苹果红蜘蛛
樱桃	锯胸叶甲属、桃蚜、梨带蓟马、嗜橘粉蚧、苹果贝蚧(榆蛎盾蚧)、槟榔盾蚧、蝽、西部栎柳毒蛾、古毒蛾、秋星尺蠖、樱实叶蜂、迈叶螨、鹅耳枥、东方叶螨、花蓟马属、日本金龟子 、樱实叶蜂	果皮	—
	西部樱桃实蝇、黑樱桃实蝇、樱小食心虫、苹小果蠹(杏小食心虫)、苹象甲、地中海实蝇、苹果实蝇(苹绕实蝇)、苹果蠹蛾、大盾象属、果树黄卷蛾、蔷薇斜条卷叶蛾、亚心叶李螟、褐卷蛾属、苹白小卷蛾、亚心叶李螟、秋星尺蠖、锯胸叶甲、苹象甲 、大盾象属一种	果肉	—

表 5-2(续)

水果种类	关注有害生物	为害部位	可能携带的其他有害生物
樱桃	暗金黄担子菌、*Blumeriella jaapii*、草本枝孢(小麦黑霉病菌)、*Fomitopsis cajanderi*、松生拟层孔菌、篱边粘褶菌、桃干枯病菌、米红丛赤壳菌、*Phomopsis padina*、*Phyllosticta virginiana*、*Podosphaera cland Stigmina carpophilaestina*、小点霉、威斯纳外囊菌、*Trametes hirsuta*、*Trametes Versicolor*、*Verticillium nigrescens*、黑腐病、花序畸形类菌原体、樱桃叶斑驳病毒、樱桃锉叶病毒、樱桃扭叶病毒、番茄环斑病毒、樱桃锈斑驳病毒、坏死锈斑驳病毒、樱桃刺果病毒、李属坏死环斑病毒、李矮缩病毒、樱桃 X 病毒、樱桃绿环斑驳病毒、番茄环斑病毒、黄瓜花叶病毒	果肉、果皮	—
李子	螺旋粉虱、桃白圆盾蚧、苹果绵蚜、榆蛎盾蚧、日本金龟子、南非苹粉蚧、太平洋叶螨	果皮	红肾圆盾蚧、黄圆蚧、东方肾圆蚧、常春藤圆蛊盾蚧、黑褐圆盾、红褐圆盾蚧、梨枝圆盾蚧、苜蓿蓟马、玻璃叶蝉、吹绵蚧、冬尺蠖蛾、杨梅缘粉虱、梨星盾蚧、油茶蚧、糠片盾蚧、苹绵粉蚧、突叶并盾蚧、桑白盾蚧、蔗根粉蚧、康氏粉蚧、葡萄粉蚧、暗色粉蚧、笠齿盾蚧、梨圆盾蚧、卫矛矢尖盾蚧
	南美按实蝇、西印度实蝇、荷兰石竹卷蛾、地中海实蝇、梅球颈象、苹果异形小卷蛾、苹果蠹蛾、杏小卷蛾、西部樱桃实蝇、蓝橘绕实蝇、苹果实蝇、西美绕实蝇、杏小食心虫、北方啄螟	果肉	桃条麦蛾、蔷薇黄卷蛾、玫瑰色卷蛾、榛小卷蛾、梨小食心虫、黄猩猩果蝇、广翅小卷蛾
	桃丛簇花叶病毒、李痘病毒、李属坏死环斑病毒、藜草花叶病毒、草莓潜隐环斑病毒、烟草环斑病毒、番茄黑环病毒、番茄环斑病毒、丁香假单胞菌李死致病变种、木质部难养细菌、棉花黄萎病菌、梨火疫病菌、美澳型核果褐腐病菌、李矮化病毒	果皮、果肉	美洲李线纹病毒、苹果褪绿叶斑病毒、苹果花叶病毒、杏环痘病毒、樱桃小果病毒、樱桃 A 病毒、洋李矮缩病毒、番茄丛矮病毒、桃潜隐花叶类病毒、发根土壤杆菌、根癌土壤杆菌、梨火疫病菌、草莓交链孢霉、黑曲霉、甘薯长喙壳菌、仁果粘壳孢、果生链核盘菌、核果链核盘菌、樱桃穿孔球腔菌、恶疫霉、隐蔽叉丝单囊壳、白叉丝单囊壳、核盘菌、畸形外囊菌

表 5-2(续)

水果种类	关注有害生物	为害部位	可能携带的其他有害生物
李子	南方三棘果	包装箱	苹果红蜘蛛
柑橘类（橘、橙、柚、柠檬）	苜蓿蓟马、可可长尾粉蚧、刺盾蚧	果皮	红肾圆盾蚧、黄圆蚧、东方肾圆蚧、蚕豆蚜、棉蚜、橘带卷蛾、椰圆盾蚧、常春藤圆盘盾蚧、康氏粉蚧、柑栖粉蚧、葡萄粉蚧、暗色粉蚧、橘蚜、橘矢尖盾蚧、卫矛矢尖盾蚧、矛叶蓟
	南美按实蝇、地中海实蝇、墨西哥实蝇、西印度实蝇、暗色实蝇、美洲番石榴实蝇、加勒比实蝇、番石榴果实蝇、瓜实蝇、橘小实蝇、汤加果实蝇、辣椒实蝇、斐济实蝇、新喀里多尼亚果实蝇、昆士兰实蝇、三带实蝇、黄侧条实蝇、辐射松黄象	果肉	剜股芒蝇、草地夜蛾
	亚洲柑橘黄龙病菌、柑橘顽固病螺原体、柑橘溃疡病菌、木质部难养细菌、柑橘皱叶病毒、柑橘侵染性杂色病毒、柑橘鳞皮病毒、柑橘干坚类病毒、柑橘叶斑病	果皮、果肉	柑橘粗糙病毒、柑橘鳞皮病毒、柑橘速衰病毒、柑橘脉突-木瘤病毒、柑橘裂皮类病毒、发根土壤杆菌、根癌土壤杆菌、柠檬泛菌、丁香假单胞菌丁香致病变种、绿黄假单胞菌、野油菜黄单胞菌柑橘致病变种、芒果半轮线虫、草莓交链孢霉、柑橘链格孢、黑曲霉、罗耳阿太菌（齐整小核菌有性态）、富氏葡萄孢盘菌、尖锐刺盘孢（草莓黑斑病菌）、柑橘间座壳、柑橘痂囊腔菌、地霉属、藤仓赤霉、赤霉属、围小丛壳、柑橘球座菌、可可毛色二孢、芝麻茎点枯病菌、柑橘球腔菌、指状青霉、意大利青霉、短小茎点霉原变种、柑橘生疫霉、柑橘褐腐疫霉菌、烟草疫霉、棕榈疫霉、核盘菌、粗糙柑橘痂圆孢
	—	包装箱	橘芽瘿螨、刘氏短须螨、苹果红蜘蛛、侧多食跗线螨、二点叶螨
梨	苹果绵蚜、榆蛎盾蚧、日本金龟子、车前圆尾蚜、南非苹粉蚧、梨灰盾蚧、苹果棉蚜、梨蓟马、迈叶螨、太平洋叶螨	果皮	吴刺粉虱、桃条麦蛾、红肾圆盾蚧、蔷薇黄卷蛾、黑褐圆盾蚧、红褐圆盾蚧、梨小食心虫、梨枝圆盾蚧、桃白圆盾蚧、苹淡褐卷蛾、茶翅蝽、异色瓢虫、广翅小卷蛾属、芭蕉蚧、槟榔盾蚧、吹绵蚧、长白盾蚧、冬尺蠖蛾、杨梅缘粉虱、梨星盾蚧、油茶蚧、突叶并盾蚧、荷兰石竹小卷蛾、桑白盾蚧、康氏粉蚧、柑栖粉蚧、拟长尾粉蚧、葡萄粉蚧、暗色粉蚧、笠齿盾蚧、梨圆盾蚧、橘蚜
	南美按实蝇、苹果花象、橘小实蝇、地中海实蝇、苹果实蝇、颈象、杏小卷蛾、苹果蠹蛾、橘带卷蛾、果树黄卷蛾、玫瑰色卷蛾	果肉	—

表 5－2(续)

水果种类	关注有害生物	为害部位	可能携带的其他有害生物
梨	梨火疫病菌,木质部难养细菌,胶锈菌属,美澳型核果褐腐菌,苹果树炭疽病菌,苹果黑星菌,苹果、梨锈病菌,欧洲梨锈病菌,美洲山楂锈病菌,牛眼果腐病,苹果、梨边腐病菌,苹果、梨球壳孢果腐病菌,梨波氏盘果腐病菌	果皮、果肉	苹果褪绿叶斑病毒、洋李矮缩病毒、烟草坏死病毒、发根土壤杆菌、根癌土壤杆菌、大黄欧文氏菌、边缘假单胞菌边缘致病变种、丁香假单胞菌栖菜豆致病变种、草莓交链孢霉、苹果链格孢、黑曲霉、罗耳阿太菌、茶藨子葡座腔菌、罗尔状草菌、桃梨叶埋盘、仁果粘壳孢、围小丛壳、果生链核盘菌、梨形毛霉、梨白斑病菌、梨褐斑球腔菌、仁果干癌丛赤壳菌、扩展青霉、梨叶点霉、苹果孤生叶点霉、恶疫霉、隐蔽叉丝单囊壳、白叉丝单囊壳、齐整小核菌、梨黑星病菌、苹果锈果类病毒
—		包装箱	梨埃瘿螨、苹果红蜘蛛、侧多食跗线螨

5.2.2　关注有害生物的现场查验方法与处理

5.2.2.1　苹果

5.2.2.1.1　地中海实蝇[*Ceratitis capitata*(Wiedemann)]

现场查验:查验时观察果表及包装箱内有无实蝇成虫,仔细剖果检查有无实蝇幼虫。成虫中胸背板上的花纹和翅上的带纹是唯一的,且小盾片端半部整个黑色;雄虫第 2 对上额眶鬃端部特化为黑色菱形薄片,因而极易鉴别。幼虫蛆形,第 3 龄成熟幼虫长 7mm～10mm,宽 1.5mm～2.0mm。乳白色至黄色,通常随体内所含食物而异。蛹长椭圆形,长 4.0mm～4.3mm,宽 2.1mm～2.4mm,黄褐色至黑褐色(见图 5－2)。该虫除了直接食害果肉以外,还导致细菌和真菌病害的发生,使果实腐烂。

　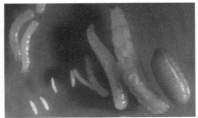

　　(a) 成虫　　　　　　　(b) 卵、幼虫和蛹

图 5－2　地中海实蝇(陈志粦　摄)

处理:发现虫果时,对该批苹果实施退货或销毁处理。

5.2.2.1.2　苹果花象(苹果象)(*Anthonomus quadrigibbus* Say)

现场查验:查验时剖果检查有无成、幼虫,果实有无害状。成虫体长约 5mm,喙长 2.5mm～5.5mm,棕色。喙细长,弯曲,为体长的 1/3～1/2,触角棒伸长,与前 6 节索节之和等长或更长。小盾片窄小,前胸背板和鞘翅具密而粗的绒毛,前胸背板基部明显比鞘翅窄,鞘翅翅坡行间 3 具明显的由小到大瘤状凸起[见图 5－3(a)]。卵白色,卵形。老熟幼虫长 7.5mm～9.0mm,白色或乳白色,无足,粗壮,弯曲,头浅棕黄色,上颚棕色或黑色。蛹长 4.7mm～5.5mm,白色,发育后期变黑色。每翅的中部左右各有一大的锥形瘤刺。成虫在正成熟的果实上取食后产生皱缩的棕色斑点,这一斑点愈合后形成一直径为2.5cm的区域[见图5-3(b)]。

(a)苹果花象成虫形态①   (b)苹果花象在苹果上的为害状②

图5-3 苹果花象成虫及其为害状

处理:发现虫果时,用药剂熏蒸方法进行灭虫处理;无处理条件的,对该批苹果实施退货或销毁处理。

5.2.2.1.3 荷兰石竹卷叶蛾[*Cacoecimorpha pronubana*(Hübner)]

现场查验:查验主要注意果表有无木栓化及变色斑点,包装箱内有无成虫。雄成虫翅展15mm～17mm,雌虫18mm～24mm。前翅矩形,黄褐色到红褐色,有2条狭窄、黑色斜横带。后翅边缘橙黄色至黑褐色。不同个体颜色有较大差异,雌虫通常比雄虫色浅。幼虫开始为黄色,头黑色,第2龄为褐色。老熟幼虫(第7龄)长20mm,头黄褐色,有可变黑斑。前胸黄绿色,后缘有4个黑斑。依据食物的不同,腹部呈黄色、橄榄绿或灰褐色(见图5-4)。幼虫蛀入果实,取食果皮,伴有丝团。从不危害果肉,被害果皮迅速木栓化,形成浅褐到黑色的斑点。

(a) 成虫形态   (b) 雄成虫展翅形态   (c) 幼虫

图5-4 荷兰石竹卷叶蛾形态③

处理:发现疑似荷兰石竹卷叶蛾的,取样送实验室检测。同时加强对货物在实验室检测期间的监管,防止货主动货。确认为荷兰石竹卷叶蛾的,做熏蒸除害处理。不具备除害处理条件的,对该批苹果实施退货或销毁处理。

5.2.2.1.4 樱小食心虫(樱小卷蛾)[*Cydia packardi*(Zeller)]

现场查验:被取食部位的果实果表褐色、下陷,查验时注意果实有无褐色下陷。剖果后用手持扩大镜检查果实有无自小蛀入孔开始的狭窄而褐色的不规则的蛀道。成虫前翅长4 mm～5 mm,翅展9 mm～11 mm,灰褐色,雌虫色深,中部有宽横带,雌虫不明显,雄虫下表自近基到中部有褐色斑;雄虫后翅基半部有大深褐色斑,雌虫后翅基半部色浅(见图5-

---

① 图源自:http://www.pbase.com/tmurray74/image/114035365。

② 图源自:http://www.agf.gov.bc.ca/cropprot/tfipm/applecurculio.htm。

③ 图5-4(a)、(c)源自:http://www.lepiforum.de/lepiwiki.pl? Cacoecimorpha_Pronubana,图5-4(b)源自:www.biodiversitylibrary.org。

5)。幼虫第 1 龄白色,头黑。末龄幼虫体长 7.5 mm～9 mm,头宽 0.85 mm～0.94 mm,虫体浅粉红色,头亮褐色,前胸盾浅褐色,臀板褐色。蛹长约 6 mm,金褐色。

图 5-5　樱小食心虫成虫形态①

处理:发现发现疑似樱小食心虫的,取样送实验室检测。同时加强对货物在实验室检测期间的监管,防止货主动货。确认为樱小食心虫的,做熏蒸除害处理。不具备除害处理条件的,对该批苹果实施退货或销毁处理。

5.2.2.1.5　苹果蠹蛾[*Cydia pomonella*(L.)]

现场查验:查验时,注意检查果实有无驻孔、粪便,剖果检查有无幼虫。检查包装物及运输工具是否带蛹及成虫。幼虫常从果实胴部蛀孔进入,入口处有突起,边缘红色。在果实内部取食为害,排出褐色粪便,可堵塞蛀孔。后期幼虫脱果后果面上可见虫孔。通常 1 果仅被 1 虫为害。成虫体长 8mm,翅展 19mm～20mm,体灰褐色而带紫色光泽。雄蛾色深、雌蛾色浅。复眼深棕褐色。头部具有发达的灰白色鳞片丛;下唇须向上弯曲,第 2 节最长,末节着生于第 2 节末端的下方。前翅臀角处的肛上纹呈深褐色,椭圆形,有 3 条青铜色条斑,其间显出四或五条褐色横纹,这是本种外形上的显著特征(见图 5-6)。卵椭圆形,扁平,中央略隆起;初产时半透明,后期卵上可见 1 圈红色斑纹,卵壳上有很细的皱纹。幼虫老熟幼虫体长 14mm～18mm。幼龄幼虫淡黄白色,渐长呈淡红色。头部黄褐色,两侧有较规则的褐色斑纹(见图 5-7)。蛹长 7mm～10mm,黄褐色。通常雌大于雄。雌虫腹 3 节可活动,而雄虫 4 节可动。

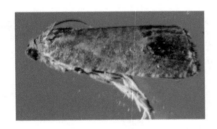

图 5-6　苹果蠹蛾成虫(吉林检验检疫局　摄)

图 5-7　苹果蠹蛾为害状(陈志粦　摄)

处理:发现该虫要实施检疫处理,用溴甲烷熏蒸或熏蒸结合冷藏以及 γ 射线辐照可杀死各虫态。在常压条件下,21℃或更高温度下,溴甲烷 32g/m³,熏蒸 2h;低于 21℃,要适当增加溴甲烷剂量。γ 射线 177Gy 剂量下,无正常成虫出现,230Gy 时幼虫不能发育至成虫。如果无条件处理的,对该批苹果实施退货或销毁处理。

5.2.2.1.6　杏小食心虫(杏小卷蛾)[*Cydia*(*Grapholith*)*prunivora*(Walsh)]

现场查验:查验时,注意检查果实有无驻孔、粪便,剖果检查有无幼虫。检查包装物及运输

---

①　图源自:http://idtools.org/id/leps/tortai/Grapholita_packardi.htm。

工具是否带蛹及成虫。成虫(见图5-8)翅展9.5mm～11mm,腹部黑褐色。前翅深褐色至黑色(分虫体基部色浅),有橙色斑点和3条浅蓝色横线。后翅灰褐色,端部色深。卵单产,椭圆形,扁平,覆盖有不规则网脊纹,0.65mm×0.55mm,开始光亮奶白色,后变黄。幼虫粉红色,老熟时体长7.5mm～9.5mm,头宽平均0.82mm(见图5-9)。蛹黄褐色,长4.5mm～6mm。

图5-8　杏小卷蛾成虫①

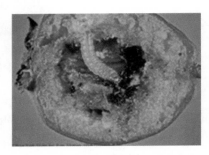

图5-9　杏小卷蛾幼虫及其为害状②

处理:发现疑似杏小食心虫的,取样送实验室检测鉴定。同时加强对货物在实验室检测期间的监管,防止货主动货。确认为杏小食心虫的,做熏蒸除害处理。不具备除害处理条件的,对该批苹果实施退货或销毁处理。

5.2.2.1.7　玫瑰短喙象[*Pantomorus cervinus*(Boheman)]

现场查验:查验时注意苹果表面有无为害状,包装箱内有无成虫。成虫体长约9mm,淡棕色至黑色。头部狭窄,喙短,棕色。翅基上有数排小点。鞘翅中部有显著的白色短斜纹,无后翅(见图5-10)。成虫不会飞,但善爬行。幼虫长约9mm,白色至粉红色,体弯曲,无足。老熟幼虫粗壮,黄白色,头部褐色,受惊扰时卷曲呈半月形(见图5-11)。

图5-10　玫瑰短喙象成虫③

图5-11　玫瑰短喙象幼虫④

处理:发现疑似玫瑰短喙象的,取样送实验室检测。同时加强对货物在实验室检测期间的监管,防止货主动货。确认为玫瑰短喙象的,做熏蒸除害处理。不具备除害处理条件的,

①　图源自:http://www.eppo.int/QUARANTINE/insects/Cydia_prunivora/LASPPR_images.htm? utm_source＝www.eppo.org&utm_medium＝int_redirect。

②　图来源同图5-8。

③　图源自:http://nathistoc.bio.uci.edu/coleopt/Pantomorus.htm。

④　图源自:http://www.virginiafruit.ento.vt.edu/StrwRootW.html。

对该批苹果实施退货或销毁处理。

5.2.2.1.8　日本金龟子(*Popillia japonica* Newman)

　　现场查验:日本金龟子以成虫危害苹果果实,因此查验时注意苹果表面有无为害状,检查包装物及运输工具内有无成虫。成虫体长 9mm～15mm,宽 4mm～7mm。宽卵圆形具强的金属光泽。头短,呈金绿色或古铜色;唇基横长方形,前缘加厚切向上弯翘;触角 9 节,鞭部红褐色,鳃叶部 3 节,黑色。前胸背板强烈隆起,刻点粗大。鞘翅红黄色或褐色,具金属光泽,侧缘及后缘为墨绿色或暗褐色,或与鞘翅其他部位同色;每鞘翅有 6 行刻点,行 2 的刻点散乱且在近端部 4/5 处消失。背面观,腹部两侧各有 5 个白毛斑。臀板不被鞘翅完全遮盖,基部有 2 个白毛斑(见图 5-12)。

图 5-12　日本金龟子①

　　处理:发现疑似日本金龟子的,取样送实验室检测鉴定。同时加强对货物在实验室检测期间的监管,防止货主动货。确认为日本金龟子的,做熏蒸除害处理。不具备除害处理条件的,对该批苹果实施退货或销毁处理。

5.2.2.1.9　苹果实蝇(苹绕实蝇)[*Rhagoletis pomonella*(Walsh)]

　　现场查验:查验时仔细培果,检查有无实蝇幼虫;观察果表及包装箱内有无实蝇成虫。成虫体长约 5mm,体暗褐色到黑色,有光泽。头部背面淡褐色。中胸背板有 4 条绵毛纵纹,每侧 2 条,各在前端汇合且外侧条延伸到横缝。小盾片两侧缘和距基部 1/2 区域黑色。足腿节黄色,或部分或全部(端部除外)黑色;各足胫节黄色。翅长 1.5mm～4.8mm。腹部黑色(见图 5-13)。雄虫第 2～4 节背板、雌虫第 2～5 节背板具很宽的、显著的白色横带。卵长 1mm,乳白色,长椭圆形,前端有雕刻纹。成熟幼虫体长 7mm～8mm,乳白色或略带淡黄色。为害常造成果实畸形(见图 5-14)。

　　处理:发现虫果时,用药剂熏蒸或湿热等方法进行灭虫处理;无处理条件的,对该批苹果实施退货或销毁处理。

5.2.2.1.10　桧梓锈病菌[*Gymnosporangium clavipes*(Cooke & Peck)Cooke & Peck]

　　现场查验:该病锈子器为果上生,具包被,高 2mm。查验时注意果表有无锈子器。该病在现场查验时不易被发现,判定其有无主要依靠实验室检测。

────────────

　　①　图源自:http://pestkill.org/japanese-beetles/。

处理:发现病果的,送实验室检验。检测期间加强对货物监管,防止货主动货。确认为楹桲锈病菌的,对该批苹果实施退货或销毁处理。

图 5-13　苹果实蝇成虫[①]

图 5-14　苹果实蝇为害造成的畸形果[②]

5.2.2.1.11　美洲苹果锈病菌(*Gymnosporangium juniperi-virginianae* Schw.)

现场查验:锈子器为叶背面生,具包被,高 3mm～5mm。苹果果实可能携带锈孢子。该病在现场查验时不易被发现,判定其有无主要依靠实验室检测。

处理:经检测感染美洲苹果锈病的,对该批苹果实施退货或销毁处理。

5.2.2.1.12　美澳型核果褐腐菌[*Monilinia fructicola*(Winter)Honey]

现场查验:该病菌可侵染寄主的嫩枝、花和果实,使花和果梗褐色、干枯、死亡,嫩枝干枯。果实被害后,开始在果表形成褐色圆形病斑,后扩大到全果,果肉也随之变褐软腐,然后在病斑表面上长出灰褐色绒状霉丛(分生孢子层),孢子呈同心轮状排列(见图 5-15)。判定其有无主要依靠实验室检测。现场查验时注意有无腐烂、僵果果实。仔细检查有无上述症状,有针对性采样送检。

(a) 初期危害症状(程颖慧、王颖　摄)

(b) 后期危害症状(珠海检验检疫局　摄)

图 5-15　美澳型核果褐腐病菌危害状

处理:经检测发现感染美澳型核果褐腐菌的,对该批苹果实施退货或销毁处理。

5.2.2.1.13　牛眼果腐病菌(*Neofabraea perennans* Kienholz)

现场查验:发病初期果皮表面只现小斑,储藏数月至上市阶段逐渐扩大至 1cm～2.5cm 圆形腐烂病斑,病斑扁平至轻微下陷,淡褐色至深褐色,而中央色浅(浅褐色至黄褐色)呈牛眼状,腐烂组织较坚硬;腐烂也可在果肩和果底发生,此类症状在金冠和嘎拉等苹果品种上常见(见

---

① 图源自:http://www.pestid.msu.edu/insects-and-arthropods/apple-maggot/。

② 图源自:http://www.extension.umn.edu/garden/diagnose/plant/fruit/apple/fruitdeform.html。

图 5 - 16)。后期病果腐烂组织表面出现奶油色分生孢子团。查验时检查果实有无上述症状。

（a）果表危害症状　　　　　（b）果肉危害症状

图 5 - 16　牛眼果腐病菌危害症状（程颖慧、王颖　摄）

处理:经检测感染苹果牛眼果腐病菌的,对该批苹果实施退货或销毁处理。

5.2.2.1.14　苹果树炭疽病菌[*Pezicula malicorticis*(H. Jacks.)Nannf.]

现场查验:果实发病初期在表面出现淡褐色圆形小点,逐渐扩大,病斑中心长出轮纹状排列的小黑点,并突破表皮,病部果肉软腐下陷、褐色、切面呈漏斗状。查验时检查果实有无上述症状。

处理:经检测感染苹果树炭疽病菌的,对该批苹果实施退货或销毁处理。

5.2.2.1.15　苹果果腐病菌(*Phacidiopycnis washingtonensis* Xiao & J. D Rogers)

现场查验:查验时检查果实有无腐烂病变症状,针对性采样送检。

处理:经检测感染苹果果腐病菌的,对该批苹果实施退货或销毁处理。

5.2.2.1.16　栗黑水疫霉菌(*Phytophthora cambivora*(Petri)Buisman)

现场查验:该病能否通过苹果果实传带目前还有争议,但明确可以通过土壤传带。现场查验时注意苹果及包装内是否带土。判定其有无主要依靠实验室检测。

处理:经检测感染栗黑水疫霉菌的,对该批苹果实施退货或销毁处理。

5.2.2.1.17　梨火疫病菌[*Erwinia amylovora*(Burrill)Winslow et al.]

现场查验:梨火疫病最典型的症状是花、果实和叶片受火疫病菌侵害后,很快变黑褐色枯萎,犹如火烧一般。现场查验有无病果(见图 5 - 17)。

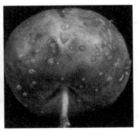

（a）梨　　　　　　　　　（b）苹果

图 5 - 17　梨火疫病菌危害症状①

处理:经检测感染梨火疫病菌的,对该批苹果实施退货或销毁处理。

5.2.2.1.18　李属坏死环斑病毒(*Prunus necrotic ringspot virus*,PNRSV)

现场查验:该病在果实上能产生褪绿线纹或环纹,但可恢复。现场查验时检查果表有无

---

①　图分别源自:http://www. plantpathologists88. blogfa. com/cat-12. aspx、http://krot. by/Erwinia-amylovora。

环纹。判定其有无主要依靠实验室检测。

处理:经检测感染李属坏死环斑病毒的,对该批苹果实施退货或销毁处理。

5.2.2.1.19　烟草环斑病毒(*Tobacco ringspot virus*,TRSV)

现场查验:感病叶片的症状为褪绿和斑驳。果实有时变小,出现环斑症状。查验时注意在果实和叶片上有无病症,送实验室检测。

处理:经检测感染烟草环斑病毒的,对该批苹果实施退货或销毁处理。

5.2.2.1.20　番茄环斑病毒(*Tomato ringspot virus*,ToRSV)

现场查验:感病叶片沿叶脉出现褪绿症状,果实上出现褪绿环斑(见图5-18)。现场查验时检查果表有无环纹。判定其有无主要依靠实验室检测。

（a）叶　　　　　　　　　　（a）果实

图5-18　番茄环斑病毒危害症状①

处理:经检测感染番茄环斑病毒的,对该批苹果实施退货或销毁处理。

5.2.2.2　葡萄

5.2.2.2.1　地中海实蝇

参见5.2.2.1.1。

5.2.2.2.2　红带卷蛾[*Argyrotaenia velutinana*(Walker)]

现场查验:雄成虫前翅褐色或灰褐色,中带明显,前半部分黑或深褐色,后半部分褐色,两部分界明显。雌前翅基部斑块缩小为一黑色短距(见图5-19)。雄虫展翅长11.5mm～14mm,雌虫展翅长14mm～16.5mm。幼虫蛀果,查验时剖果检查。

（a）雄成虫　　　　　　　　　（b）雌成虫

图5-19　红带卷蛾成虫②

处理:发现疑似红带卷蛾的,取样送实验室检测。同时加强对货物在实验室检测期间的

---

①　图分别源自:http://www. berriesnw. com/DisordersDetail. asp? id=43、http://www. fftc. agnet. org/ news. php? func=view&id=20130708104952。

②　图源自:http://mothphotographersgroup. msstate. edu/contrib. php? plate=09. 1&init=JV&size=1&sort=h。

监管,防止货主动货。确认为红带卷蛾的,做熏蒸除害处理。不具备除害处理条件的,对该
批葡萄实施退货或销毁。

5.2.2.2.3　葡萄小卷蛾(*Polychrosis viteata* Clemens)

现场查验:查验时注意剖果并检查包装箱、葡萄果粒间有无幼虫和成虫。成虫翅展
11.5mm～15mm,全体红灰色。前翅横带 3 条,后翅灰褐色(见图 5－20)。幼虫取食葡萄花
和浆果(见图 5－21)。

图 5－20　葡萄小卷蛾成虫及展翅形态①　　　图 5－21　葡萄小卷蛾在葡萄上的为害状②

处理:发现疑似葡萄小卷蛾的,取样送实验室检测。同时加强对货物在实验室检测期间
的监管,防止货主动货。确认为葡萄小卷蛾的,做熏蒸除害处理。不具备除害处理条件的,
对该批葡萄实施退货或销毁。

5.2.2.2.4　荷兰石竹小卷蛾

参见 5.2.2.1.3。

5.2.2.2.5　西花蓟马[*Franjliniella occidentalis*(Pergande)]

现场查验:查验时注意用放大镜检查葡萄果表、枝及包装箱内有无蓟马活体及为害状。
成虫小。雌虫体长 1.3mm～1.9mm,雄虫 0.8mm～1.1mm。触角 8 节。身体颜色从红黄到
棕褐色,腹节黄色,通常有灰色边缘。腹部第 8 节有梳状毛。头、胸两侧常有灰斑。眼前刚
毛和眼后刚毛等长。翅狭而透明,无斑纹;边缘有灰色至黑色缨毛,在翅折叠时,可在腹中部
下端形成一条黑线。翅上有 2 列刚毛。前缘弯曲,端部尖细,具窄的缘缨。腹部狭长,末端
圆,淡黄色到棕色(见图 5－22)。

图 5－22　西花蓟马形态③

① 图源自:http://www.aqsiqsrrc.org.cn。
② 图来源同图 5－20。
③ 图源自:http://plaza.ufl.edu/orius/research.html。

处理:发现疑似西花蓟马的,取样送实验室检测。同时加强对货物在实验室检测期间的监管,防止货主动货。由于蓟马体型小、活动能力强,送检期间要做好货物防护,防止疫情扩散。确认为西花蓟马的,做熏蒸除害处理。不具备除害处理条件的,对该批葡萄实施退货或销毁。

5.2.2.2.6 葡萄镰蓟马(*Drepanothrips reuteri* Uzel)

现场查验:现场查验时注意用放大镜检查葡萄果表、枝及包装箱内有无蓟马活体及为害状(见图5-23)。雌成虫淡褐色,前翅缘缨较弱。雄成虫第9节背板侧具成对的长且暗的镰状扩展,此扩展物伸出腹部末端(见图5-24)。

处理:参见5.2.2.2.5。

图 5 - 23　葡萄镰蓟马为害状[1]

图 5 - 24　葡萄镰蓟马雄成虫形态[2]

5.2.2.2.7 葡萄皮尔斯病菌(*Xylella fastidiosa* Wells et al.)

现场查验:感病叶片初始叶边缘出现微黄色或红色,最后叶边缘同心圆带干枯死亡。果实感病后提前着色,但并不成熟,停止生长,逐步枯萎;该病会引起寄主植物果实变色、皱缩(见图5-25)。查验时注意有无枯萎葡萄粒,有叶片的检查叶片有无典型病症,针对性采样送检。

(a)叶

(b)果实

图 5 - 25　葡萄皮尔斯病菌危害症状[3]

处理:经检测感染葡萄皮尔斯病的,对该批葡萄实施退货或销毁处理。

5.2.2.2.8 美澳型核果褐腐病菌

参见5.2.2.1.12。

---

[1]　图源自:http://www.agf.gov.bc.ca/cropprot/grapeipm/thrips.htm。

[2]　图源自 http://www.padil.gov.au:80/pests-and-diseases/。

[3]　图源自 http://www.invasive.org/browse/subthumb.cfm? sub=647。

5.2.2.2.9　西班牙麻疹病毒(Measles)

现场查验:据报道美国产葡萄可能感染西班牙麻疹病。表现症状不详,需实验室检测确认。

处理:经检测感染西班牙麻疹病的,对该批葡萄实施退货或销毁处理。

5.2.2.2.10　魏始叶螨[*Eotetranychus Williamettei*(McGregor)]

现场查验:体小型,体色淡琥珀色至绿色。滞育期或种群密度高时体色为橘黄色至红色。前足半透明至淡黄色。查验时注意用放大镜仔细检查果表、果蒂、包装箱等处,观察有无成、幼螨。发现后用指形管或小试管采样送实验室检测。

处理:发现疑似魏始叶螨的,取样送实验室检测鉴定。同时加强对货物在实验室检测期间的监管,防止货主动货。由于螨类体型小、活动能力强,送检期间要做好货物防护,防止疫情扩散。确认为魏始叶螨的,做熏蒸除害处理。不具备除害处理条件的,对该批葡萄实施退货或销毁处理。

5.2.2.2.11　太平洋叶螨(*Tetranychus pacificus* McGregor)

现场查验:体小型,比魏始叶螨稍大。体色淡琥珀色至绿色。滞育期或种群密度高时体色为橘黄色至红色,前足红色(见图5-26)。查验时注意用放大镜仔细检查果表、果蒂、包装箱等处,观察有无成、幼螨。发现后用指形管或小试管采样送实验室检测。

图5-26　太平洋叶螨成虫形态①

处理:参见5.2.2.2.10。

5.2.2.2.12　二斑叶螨(二点叶螨)(*Tetranychus urticae* Koch)

现场查验:体小,淡黄或黄绿色。后半体的肤纹突呈较宽阔的半圆形(见图5-27)。查验时注意用放大镜仔细检查果表、果蒂、包装箱等处,观察有无成、幼螨。发现后用指形管或小试管采样送实验室检测。

图5-27　二斑叶螨成虫形态②

---

①　图源自:http://www.lodigrowers.com/spider-mite-control-in-california-vineyards-with-conventional-and-omri-approved-acaricides/。

②　图源自:https://www.agric.wa.gov.au/plant-biosecurity/spider-mite-pests-western-australian-plants。

处理:参见 5.2.2.2.10。

5.2.2.2.13　番茄环斑病毒

现场查验:参见 5.2.2.1.20。

处理:经检测携带番茄环斑病毒的,对该批葡萄实施退货或销毁处理。

5.2.2.2.14　葡萄扇叶病毒(*Grapevine fanleaf virus*,GFLV)

现场查验:病毒引起叶片黄化褪色,形成分散的黄色斑块,甚至全叶黄色。感病果实很小,萎缩或畸形(见图 5-28)。查验时注意检查有无上述症状,针对性采样送检。

(a)叶　　　　　(b)果实

图 5-28　葡萄扇叶病毒在葡萄叶、果实上的为害状①

处理:经检测携带葡萄扇叶病毒的,对该批葡萄实施退货或销毁处理。

5.2.2.2.15　榆蛎盾蚧[*Lepidosaphes ulmi*(L.)]

现场查验:查验时检查果表有无介壳。雌成虫白色,体长纺锤形或自由腹节处较宽,显现体节侧突。介壳褐色,有轮纹(见图 5-29)。

图 5-29　榆蛎盾蚧介壳形态②

处理:发现疑似榆蛎盾蚧的,取样送实验室检测。同时加强对货物在实验室检测期间的监管,防止货主动货。确认为榆蛎盾蚧的,做熏蒸除害处理;不具备除害处理条件的,对该批葡萄实施退货或销毁处理。

5.2.2.2.16　日本金龟子

参见 5.2.2.1.8。

5.2.2.2.17　藜草花叶病毒(*Sowbane mosaic virus*,SoMV)

现场查验:感病叶片产生褪绿斑驳,然后出现黄色斑点和星状病斑。经种子感染的植株

---

①　图分别源自:http://www.dpvweb.net/intro/、http://iv.ucdavis.edu/Viticultural_Information/? uid=121&ds=351。

②　图分别源自:http://bugguide.net/node/view/154687、http://www.extension.umn.edu/garden/diagnose/plant/fruit/apple/branchdieback.html。

出现斑驳和斑点症状,也可能不表现任何症状。查验时收集具有典型的病毒引起症状(斑驳、萎缩、腐烂、畸形)的样品送检。依据实验室检测确认。

处理:经检测携带藜草花叶病毒的,对该批葡萄实施退货或销毁处理。

5.2.2.2.18　草莓潜隐环斑病毒(*Strawberry latent ringspot virus*,SLRSV)

现场查验:感病后引起叶片脉间褪绿或坏死。查验时收集具有典型的病毒引起症状(萎缩、腐烂、畸形)的样品送检。依据实验室检测确认。

处理:经检测携带草莓潜环斑病毒的,对该批葡萄实施退货或销毁处理。

5.2.2.2.19　番茄黑环病毒(*Tomato black ring virus*,TBRV)

现场查验:感病植株出现局部及系统的小黑环斑,有时茎上也可出现黑环斑,严重时枝尖生长点变黑枯死。幼苗渡过严重阶段可出现恢复现象,以后只有轻微斑驳和叶片畸形,不再有黑环斑(见图5-30)。查验时注意检查叶片和果实有无轻微斑驳和叶片畸形。

图5-30　感染番茄黑环病毒叶片症状①

处理:经检测携带番茄黑环病毒的,对该批葡萄实施退货或销毁处理。

5.2.2.2.20　番茄斑萎病毒

参见3.2.2.1.4。

5.2.2.2.21　南方三棘果(*Emex australis* Steinh)

现场查验:南方三棘果隶属于蓼科,是一种恶性杂草。苞果具三个尖锐、坚硬的刺(见图5-31)。种子容易随水果及包装传带。查验时将葡萄放置在白纸或白托盘内抖动,并仔细检查包装箱,发现南方三棘果种子的送实验室检测。

图5-31　南方三棘果种子形态②

---

①　图源自 http://www.invasive.org/browse/detail.cfm? imgnum=0176003。

②　图源自:http://itp.lucidcentral.org/id/fnw/key/FNW_Seeds/Media/Html/fact_sheets/Emex_australis.htm。

处理:经检测携带南方三棘果种子的,对该批葡萄进行清理,确保去除南方三棘果种子。无法清除的,对该批葡萄实施退货或销毁处理。

5.2.2.2.2.22　散大蜗牛(普通庭院大蜗牛)[*Helix aspersa*(Muller)]

现场查验:散大蜗牛危害巨大,近年来我国出于食用目的多地开始人工养殖(见图5-32)。检查包装箱内外、集装箱内有无蜗牛。发现送实验室检测。

图5-32　散大蜗牛①

处理:发现携带散大蜗牛的货物和集装箱,进行熏蒸除害处理。

5.2.2.3　樱桃

5.2.2.3.1　地中海实蝇

参见5.2.2.1.1。

5.2.2.3.2　苹果实蝇

参见5.2.2.1.9。

5.2.2.3.3　西部樱桃实蝇(*Rhagoletis indifferens* Curran)

现场查验:查验时观察果表及包装箱内有无实蝇成虫,检查樱桃有无为害状(见图5-33),剖果检查有无实蝇幼虫。成虫体黑色。翅无后端横带,前端横带稀有缩成一分离斑。小盾片基部黑色斑和侧黑色斑相连接(见图5-34)。翅长2.6mm～3.6mm。

图5-33　西部樱桃实蝇在樱桃上的为害状②

图5-34　西部樱桃实蝇成虫③

处理:发现虫果时,对该批樱桃实施熏蒸处理;无处理条件的,进行退货或销毁处理。处理可参照表5-3:

---

①　图源自:https://commons. wikimedia. org/wiki/File:Helix_aspersa-Nl2b. jpg。

②　图源自:https://extension. usu. edu/files/publications/factsheet/western-cherry-fruit-flies06. pdf。

③　图源自:http://www. co. alameda. ca. us/cda/awm/resources/exotic. htm。

表5-3   处理参照标准

温度/℃	剂量/(g/m³)	密闭时间/h
22或以上	22	2
17～22	40	2
12～17	48	2
6～12	64	2

5.2.2.3.4   黑樱桃实蝇[*Rhagoletis fausta*(Osten Sacken)]

现场查验:查验时观察果表及包装箱内有无实蝇成虫,剖果检查有无幼虫。成虫中胸背板黑色,有4棉毛状纵条。翅具后端横带和前端横带。小盾片无黑色基带,仅两侧具黑色斑。腹部黑色(见图5-35、图5-36)。翅长3.0mm～4.2mm。

图5-35   黑樱桃实蝇成虫①

图5-36   黑樱桃实蝇成虫翅②

处理:参照5.2.2.3.3。

5.2.2.3.5   苹果蠹蛾

参见5.2.2.1.5。

5.2.2.3.6   樱小食心虫

参见5.2.2.1.4。

5.2.2.3.7   苹小果蠹(杏小食心虫)

参见5.2.2.1.6。

5.2.2.3.8   蛾(8种)

包括亚心叶李螟[*Acrobasis tricolorella*(Grote)]、褐卷蛾属一种(*Pandemis* sp.)、西部栎柳毒蛾[*Orgyia vetusta*(L.)]、古毒蛾[*Orgyia antiqua*(L.)]、秋星尺蠖[*Alsophila pometaria*(Harris)]、果树黄卷蛾[*Archips argyrospila*(Walker)]、蔷薇斜条卷叶蛾[*Choristoneura rosaceana*(Harris)]、苹白小卷蛾[*Spilonota ocellana*(Denis & Schiffermuller)]。

现场查验:8种蛾类均以幼虫危害樱桃。查验时注意樱桃果实有无为害状,检查包装内有无成虫(见图5-37)。发现幼虫、成虫的送实验室鉴定确认。

---

① 图源自:http://www.boldsystems.org/index.php/Taxbrowser_Taxonpage? taxid=82735。

② 图源自:http://www.agf.gov.bc.ca/cropprot/tfipm/fruitfly.htm。

（a）亚心叶李螟成虫

（b）褐卷蛾成虫

（c）西部栎柳毒蛾成虫

（d）西部栎柳毒蛾幼虫

（e）古毒蛾成虫

（f）古毒蛾幼虫

（g）秋星尺蠖成虫

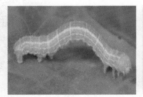

（h）秋星尺蠖幼虫

（i）果树黄卷蛾成虫

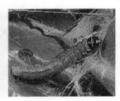

（j）果树黄卷蛾幼虫

（k）蔷薇斜条卷叶蛾成虫及幼虫

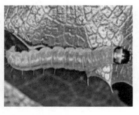

（l）苹白小卷蛾成虫

（m）苹白小卷蛾幼虫

图 5-37　美国樱桃可能携带的 8 种蛾类①

---

① 图依次源自：http://www. flickr. com、http://mothphotographersgroup. msstate. edu/fast. php? plate＝09.
1＆size＝1＆sort＝h、http://mothphotographersgroup. msstate. edu/species. php? hodges＝8309、http://nrs. ucdavis.
edu/quail/natural/arthropods_ seeing. htm、https://commons. wikimedia. org/wiki/File：Orgyia_antiqua_male. png、ht-
tp://www. flickr. com、http://www. butterfliesandmoths. org/species/Alsophila-pometaria? order＝field_recorddate_val-
ue_ 1＆sort ＝ asc、http://dkbdigitaldesigns. com/clm/species/alsophila _ pometaria、http://mothphotographersgroup.
msstate. edu/contrib. php? plate＝, 09. 1＆init＝JV＆size＝1＆sort＝h、http://www. russellipm-agriculture. com/insect/
archips-argyrospila、http://mothphotographersgroup. msstate. edu/species. php? hodges ＝ 3635、http://www. ha-
ntsmoths. org. uk/species/1205. php、http://ukmoths. org. uk/ showzoom. php? id＝4857。

处理:发现携带上述 8 种蛾的货物实施溴甲烷熏蒸处理,剂量为 $32g/m^3$,处理时间 2h,温度 21℃或以上。无法处理的做退货或销毁处理。

5.2.2.3.9　锯胸叶甲(*Syneta albida* Le Conte)

现场查验:查验时剖果检查有无幼虫,检查包装箱内有无成虫,送实验室检测确认。成虫长 8mm～10mm,体细长。体黄白色到黄棕色(见图 5-38)。鞘翅上有时有暗色条纹。幼虫白色,头褐色。

处理:发现携带锯胸叶甲的做熏蒸除害处理;不具备处理条件的,对该批樱桃退货或销毁。

5.2.2.3.10　苹象甲

参见 5.2.2.1.2。

5.2.2.3.11　大盾象(*Magdalis gracilis* Koch)

现场查验:查验时剖果检查有无象甲幼虫。在樱桃果表及包装箱内检查有无成虫。成虫体黑。鞘翅刻点沟粗糙(见图 5-39)。

图 5-38　锯胸叶甲成虫①

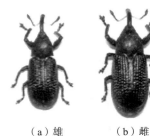

（a）雄　　（b）雌

图 5-39　大盾象成虫②

处理:发现携带大盾象的做熏蒸除害处理;不具备处理条件的,对该批樱桃退货或销毁。

5.2.2.3.12　桃蚜[*Myzus persicae*(Sulzer)]

现场查验:查验时仔细检查樱桃果表、包装箱等处。无翅孤雌蚜体长约 2.6mm,宽约 1.1mm,体色有黄绿色或洋红色。尾片黑褐色;尾片两侧各有 3 根长毛。有翅孤雌蚜体长约 2mm。腹部有黑褐色斑纹,翅无色透明,翅痣灰黄或青黄色。有翅雄蚜体长约 1.3mm～1.9mm,体色深绿、灰黄、暗红或红褐。头胸部黑色(见图 5-40)。卵椭圆形,长 0.5mm～0.7mm,初为橙黄色,后变成漆黑色而有光泽。

处理:发现携带桃蚜的做熏蒸除害处理。

5.2.2.3.13　梨带蓟马[*Taeniothrips inconsequens*(Uzel)]

现场查验:查验时用放大镜仔细检查樱桃及包装箱。发现后用指型管或小试管取样送检。成虫体小型,长 1mm～2mm。体暗色,具缨翅(见图 5-41)。

---

① 图源自:http://bugguide.net/node/view/389453。

② 图源自:http://www.aqsiqsrrc.org.cn。

（a）桃蚜无翅孤雌蚜 　　　（b）桃蚜有翅孤雌蚜 　　　（c）桃蚜有翅雄蚜

图 5-40　桃蚜形态[①]

处理：发现携带梨带蓟马的做熏蒸除害处理，无处理条件的做退货或销毁处理。

5.2.2.3.14　嗜橘粉蚧［*Pseudococcus calceolariae*（Maskell）］

现场查验：查验时注意检查樱桃果实表面。雌成虫椭圆形，长约 1.9mm～4.0mm，宽 1.2mm～2.6mm。被白蜡粉，四周有 16 对粗短白蜡丝，末对为长蜡丝。体背体节分明，并显现 4 纵列裸线，透出暗红虫体（见图 5-42）。

图 5-41　梨带蓟马成虫形态[②]

图 5-42　嗜橘粉蚧雌成虫[③]

处理：发现携带嗜橘粉蚧的做熏蒸除害处理；无处理条件的，做退货或销毁处理。

5.2.2.3.15　苹果贝蚧（榆蛎盾蚧）

参见 5.2.2.2.15。

5.2.2.3.16　槟柑盾蚧［*Hemiberlesia rapax*（Comstock）］

现场查验：查验时仔细检查樱桃果实、果柄等处有无介壳。雌成虫倒梨形，长 0.9mm～1.2mm，膜质，臀板宽大（见图 5-43）。

处理：发现携带槟柑盾蚧的做熏蒸除害处理；无处理条件的，做退货或销毁处理。

5.2.2.3.17　红蝽（*Boisea trivittata* Chilton）

现场查验：查验时注意包装箱和果粒间隙有无成虫、若虫。成虫体黑色前翅边缘橘红

---

①　图依次源自：http://www.nbair.res.in/Aphids/Myzus-persicae.php、http://agspsrv34.agric.wa.gov.au/ento/aphids/a-phids6.htm、http://www.discoverlife.org/mp/20q? search=Myzus+persicae。

②　图源自：http://keys.lucidcentral.org/keys/v3/thrips_of_california/identify-thrips/key/california-thysanoptera-2012/Media/Html/browse_species/Taeniothrips_inconsequens.htm

③　图源自：https://commons.wikimedia.org/wiki/File:Pseudococcus_calceolariae_from_USDA.jpg。

色。前胸背板中央有橘红色纵带。若虫红色(见图 5 - 44)。

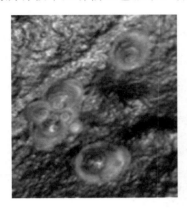

图 5 - 43　槟桲盾蚧①

图 5 - 44　红蝽成虫及若虫②

处理:发现携带该种蝽的做熏蒸除害处理;无处理条件的,做退货或销毁处理。

5.2.2.3.18　樱实叶蜂[*Hoplocampa cookei*(Clarke)]

现场查验:查验时注意检查包装箱及果实表面。雌成虫体长 3.5mm～4.5mm。单眼后区分界明显。头和中胸盾片有细而明显的刻点。翅痣在近基部处最宽,向端渐细。虫体黑。翅透明,有采光。足大部棕褐色。雄成虫体长 3.0mm～3.5mm。翅痣向端渐细不如雌成虫迅速。足和腹部腹面红黄色。幼虫沿果皮蛀入果实,在果实表面形成疤痕(见图 5 - 45)。

处理:发现携带樱实叶蜂的做熏蒸除害处理;无处理条件的,做退货或销毁处理。

5.2.2.3.19　迈叶螨(*Tetranychus mcdanieli* McGregor)

现场查验:查验时用放大镜仔细检查樱桃果表及包装箱。发现螨虫用指型管或小试管采样送检。体长小于 1mm。雌成虫卵形,8 足。冬季体色红色或橘黄色,夏季呈黄色至绿色。身体每侧具 2 个黑色斑点,靠近腹末具黑色小斑点。雄螨体型小于雌螨,且腹部末端稍尖(见图 5 - 46)。

图 5 - 45　樱实叶蜂在苹果上的为害状③

图 5 - 46　迈叶螨成虫④

处理:发现携带迈叶螨的做熏蒸除害处理。

---

①　图源自:http://www.forestryimages.org/browse/detail.cfm? imgnum=5113039。

②　图源自:http://bygl.osu.edu/content/boxelder-bugs-are-afoot-0。

③　图源自:https://www.rhs.org.uk/advice/profile? pid=644。

④　图源自 http://jenny.tfrec.wsu.edu/opm/displayspecies.php? pn=270。

5.2.2.3.20 鹅耳枥东方叶螨(*Eotetranychus carpini brealis*)

现场查验:查验时用放大镜仔细检查樱桃果表及包装箱。发现螨虫用指型管或小试管采样送检。雌成虫纺锤形,浅黄色,冬季柠檬黄色。后半体两侧具褐色斑点。雄螨体小于雌螨,腹部末端小于雌螨(见图5-47)。

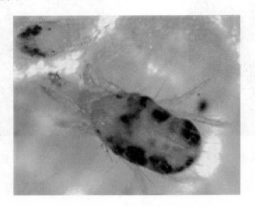

图5-47 鹅耳枥东方叶螨①

处理:发现携带鹅耳枥东方叶螨的做熏蒸除害处理。

5.2.2.3.21 真菌病害

包括暗黄色担子菌(*Aureobasidium pullulans*)、草本枝孢(小麦黑霉病菌)(*Cladosporium herbarum*)、*Fomitopsis cajanderi*、松生拟层孔菌(*Fomitopsis Pinicola*)、篱边粘褶菌(*Gloeophlyyum sepiarium*)、桃干枯病菌(*Leucostoma persoonii*)、米红丛赤壳菌(*Nectria cinnabarina*)、*Phomopsis padina*、*Phyllosticta virginiana*、*Podosphaera clandestina*、小点霉属(*Stigmina carpophila*)、威斯纳外囊菌(*Taphrina wiesneri*)、*Trametes hirsuta*、*Trametes versicolor*、*Verticillium nigrescens*等15种。

现场查验:检查果实有无黑斑、褐斑、污斑、腐烂等症状,有无分生孢子盘、子实体等(见图5-48)。针对性采样送实验室检测鉴定。

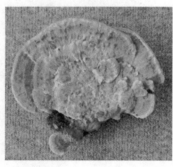 

(a) *Fomitopsis cajanderi*子实体 (b) 小点霉*Stigmina carpophila*在叶片上形成的病斑

图5-48 真菌病害症状②

---

① 图源自 http://whatcom. wsu. edu/ipm/manual/rasp/spider_mites. html。

② 图分别源自:http://w2. cegepsi. ca:8080/raymondboyer/Polypores_A-H. htm、http://botany. upol. cz/atlasy/system/gallery. php? entry=Stigmina%20carpophila。

处理:经检测确认携带上述 15 种真菌病害的,做熏蒸除害处理;无熏蒸条件的做退货或销毁处理。

5.2.2.3.22 病毒病害

包括黑腐病毒(Black canker)、花序畸形类菌原体(Blossom anomaly MLO)、番茄环斑病毒(*Tomato ringspot virus*)、樱桃叶斑驳病毒(*Cherry Mottle leaf virus*)、樱桃锉叶病毒(*Cherry rasp leaf virus*)、樱桃扭叶病毒(*Cherry twisted leaf virus*)、樱桃锈斑病毒(*Cherry rusty mottle virus*)、坏死锈斑驳病毒(*Necrotic rusty mottle virus*)、李属坏死环斑病毒(*Prunus necrotic ring spot virus*)、樱桃刺果病毒(*Spur cherry*)、李矮缩病毒(*Prune dwarf virus*)、樱桃 X 病毒(Cherry X-Disease)、樱桃绿环斑驳病毒(*Green ring mottle virus*)、黄瓜花叶病毒(*Cucumber mosaic virus*)等 14 种。

现场查验:检查果实有无褪色、畸形、腐烂等病毒感染症状(见图 5-49),有针对性地采样送实验室检测鉴定。

(a) 樱桃叶斑驳病毒在樱桃果实及　　(b) 樱桃锈斑病毒造成樱桃畸形小果
叶片上的为害状

图 5-49　病毒病在樱桃上的为害状①

处理:经检测确认携带上述 14 种病毒病害的,该批樱桃做退货或销毁处理。

5.2.2.4 李子

5.2.2.4.1 螺旋粉虱

参见 1.2.2.3.1。

5.2.2.4.2 桃白圆盾蚧(梨灰盾蚧)[*Epidiaspis leperii*(Signoret)]

现场查验:查验时注意果实表面、果柄等处有无介壳,有针对性采样送检。雌虫介壳圆形,稍隆起,白色、黄白色或灰白色,直径 1.1mm～1.6mm。蜕皮黄色,略偏离中央。雄虫介壳较小,长形,白色。雌成虫梨形,红色或橘黄色,0.7mm～1mm 长(见图 5-50)。

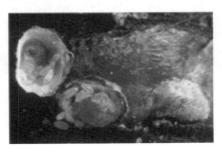

图 5-50　桃白圆盾蚧的雌介壳、雌成虫和卵②

---

① 图分别源自:https://iam.boku.ac.at/pbiotech/v_tlv.html、http://www.aqsiqsrrc.org.cn。
② 图源自:http://www7.inra.fr/hyppz/RAVAGEUR/6epilep.htm。

处理:发现携带桃白圆盾蚧的,做熏蒸除害处理;无处理条件的,对该批李子进行退货或销毁处理。

5.2.2.4.3　苹果绵蚜[*Eriosoma lanigerum*(Hausmann)]

现场查验:无翅孤雌蚜体卵圆形,体长 1.70mm～2.1mm,宽 0.93mm～1.3mm。活体黄褐色至红褐色,体背有大量白色长蜡毛。触角、足、尾片及生殖板灰黑色,腹管黑色。体表光滑,头顶部有圆突纹。足短粗,光滑毛少。腹管半环形,围绕腹管有短毛 11～16 根。尾片馒状,小于尾板,有微刺突瓦纹,有 1 对短刚毛。有翅孤雌蚜体椭圆形,体长 2.3mm～2.5mm,宽 0.9mm～0.97mm,活体头部、胸部黑色,腹部橄榄绿色,全身被白粉,腹部有白色长蜡丝。头部、胸部黑色,腹部淡色;触角、腹管、尾片、尾板和足各节均黑色。腹管环形,黑色,围绕腹管有短毛 11～15 根。尾片有短硬毛 1 对。其他特征与无翅孤雌蚜相似(见图 5-51)。棉蚜体背的白色长腊毛较为明显(见图 5-52),现场查验时注意果实表面和叶片上有无该特征。

（a）苹果棉蚜无翅孤雌蚜　　　（b）苹果棉蚜有翅孤雌蚜[①]
　　（陈志粦　摄）

图 5-51　苹果棉蚜

图 5-52　苹果棉蚜为害状(陈志粦　摄)

处理:发现携带苹果棉蚜的,做熏蒸除害处理;无处理条件的,对该批李子进行退货或销毁处理。

---

① 图源自:http://aramel.free.fr/INSECTES10-4.shtml。

5.2.2.4.4　榆蛎盾蚧

　　参见 5.2.2.2.15。

5.2.2.4.5　日本金龟子

　　参见 5.2.2.1.8。

5.2.2.4.6　南非苹粉蚧（*Pseudococcus obscurus* Essig）

　　现场查验：查验时仔细检查李子果实、果柄等处有无介壳。雌成虫体长圆形，覆被白蜡粉（见图 5-53）。

　　处理：发现携带南非苹粉蚧的，做熏蒸除害处理；无处理条件的，对该批李子进行退货或销毁处理。

5.2.2.4.7　太平洋叶螨

　　参见 5.2.2.2.11。

5.2.2.4.8　南美按实蝇 *Anastrepha fraterculus*（Wiedemann）

　　现场查验：现场查验时剖果仔细检查有无实蝇幼虫，检查果表及包装箱内有无实蝇成虫。成虫体长约 12mm，黄褐色。头部黄色至褐色。单眼三角区黑色；单眼鬃退化呈毛状。触角芒具短，羽毛状。中胸背板长 2.7mm～3.3mm，黄褐色，无深色斑点，具 3 条淡黄色条，中黄色条细长，后端变宽，侧黄色条自横缝伸至小盾片。肩胛、背侧板胛、中胸侧板条、小盾片黄色。后小盾片和后胸背板两侧黑色。翅长 4.4mm～7.7mm，带纹橘黄色或褐色（见图 5-54）。

图 5-53　南非苹粉蚧①

图 5-54　南美按实蝇成虫（陈志粦　摄）

　　处理：发现携带南美按实蝇的，做退货或销毁处理。

5.2.2.4.9　西印度实蝇［*Anastrepha obliqua*（Macquart）］

　　现场查验：查验时注意果实有无为害状，剖果检查有无幼虫。成虫体中型，长 5.8mm～6.5mm，黄褐色。头部黄色至黄褐色，单眼三角区黑色，单眼鬃退化呈毛状。上侧额鬃 2 对，下侧额鬃 4 对。触角较短。中胸背板长 2.6mm～3.3mm 黄褐色，无深色斑点；具 3 条黄色纵条，中黄色条细长，后端变宽，侧黄色条从背板前缘延伸至小盾前中鬃。肩胛、小盾片淡黄色。后胸背板橘黄褐色，两侧通常稍黑。胸部各鬃黑色，毛被黑褐色，仅胸部中带毛被淡黄色，小盾鬃 2 对，背中鬃约与小盾前中鬃处于同一水平。足黄褐色，前足股节后侧具 1 列褐色鬃。翅长 5.8mm～7.5mm，带纹黄褐色至褐色（见图 5-55）。幼虫蛆形（见图 5-56）。

　　处理：发现携带实蝇的，做熏蒸除害处理；无处理条件的，对该批李子进行退货或销毁处理。

①　图源自：http://www.aqsiqsrrc.org.cn。

图 5-55 西印度实蝇成虫①

图 5-56 西印度实蝇幼虫②

5.2.2.4.10 荷兰石竹卷蛾

参见 5.2.2.1.3。

5.2.2.4.11 地中海实蝇

参见 5.2.2.1.1。

5.2.2.4.12 梅球颈象(李象)[*Contrachelus nenuphar*(Herbst)]

现场查验:查验时剖果检查有无象甲幼虫。成虫体长约 5mm,喙长约为体长的 1/3。体色为灰褐色至红褐色。鞘翅有很多突起,其中有 2 个突起尤为明显。有多处白斑(见图 5-57)。幼虫圆柱形,白色。头小,褐色(见图 5-58)。

图 5-57 梅球颈象(成虫)③

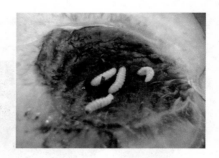

图 5-58 梅球颈象(幼虫)④

处理:发现携带梅球颈象,做熏蒸除害处理;无处理条件的,对该批李子进行退货或销毁处理。

5.2.2.4.13 苹果异形小卷蛾[*Cryptophlebia leucotreta*(Meyrick)]

现场查验:该虫蛀入李子后,蛀入孔四周的轮纹斑变成黄色到黑褐色,并形成伤疤。查验时注意剖果检查有无该虫幼虫为害,果表有无为害状。该虫各个虫态均与苹果蠹蛾形态接近,但不为害苹果、梨。成虫褐色,胸有双后冠形状图案。前翅长三角形,在近基和中部以外有明显的浅褐色杂有白色的背鳞突;有杂有黑色、中间有白色的半椭圆形深红色斑。后翅一般浅灰褐色,但外缘色深。雄虫后翅有一半圆形深窝(见图 5-59)。幼虫开始黄白色,黑头,胸、腹有黑斑,每斑上有一短毛。老熟幼虫长约 18mm,背、侧粉红色,腹面黄色(见图 5-60)。

---

① 图源自:https://commons.wikimedia.org/wiki/File:Anastrepha_obliqua_female_dorsal.jpg。
② 图源自:https://commons.wikimedia.org/wiki/File:Anastrepha_obliqua_larva.jpg。
③ 图源自:http://www.chemtica.com/site/? p=2760。
④ 图源自:http://entoweb.okstate.edu/ddd/insects/plumcurculio.htm。

（a）成虫　　　　　　　　（b）翅形态

图 5-59　苹果异形小卷蛾成虫及翅形态(珠海检验检疫局　摄)　　图 5-60　苹果异形小卷蛾老熟幼虫①

处理:经检测发现携带苹果异形小卷蛾,做熏蒸除害处理。不具备除害处理条件的,对该批李子进行退货或销毁。

5.2.2.4.14　苹果蠹蛾

参见 5.2.2.1.5。

5.2.2.4.15　杏小卷蛾

参见 5.2.2.1.6。

5.2.2.4.16　西部樱桃实蝇

参见 5.2.2.3.3。

5.2.2.4.17　蓝橘绕实蝇(越橘绕实蝇)(*Rhagoletis mendax* Curran)

现场查验:查验时注意果实有无为害状,剖果检查有无幼虫。成虫翅中横带和端带、亚端横带在前缘相连,中横带和基横带在后缘宽阔相连,在翅的中部没有横贯全翅的透明区。平衡棒上半部黑色,下面部分黄色(见图 5-61)。

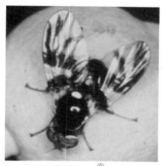

（a）成虫②　　　　　　　（b）形态图（仿陈乃中）

图 5-61　蓝橘绕实蝇

处理:发现携带实蝇,做熏蒸除害处理,无处理条件的,对该批李子进行退货或销毁处理。

5.2.2.4.18　苹果实蝇

参见 5.2.2.1.9。

①　图源自:http://www.farmbiosecurity.com.au/crops/fruit-nuts/fruit-nut-pests/summerfruit-pests/。
②　图源自:https://en.wikipedia.org/wiki/Rhagoletis_mendax。

5.2.2.4.19　西美绕实蝇(西部樱桃实蝇)

　　参见 5.2.2.3.3。

5.2.2.4.20　杏小食心虫

　　参见 5.2.2.1.6。

5.2.2.4.21　北方啄螟(醋栗斑螟)[*Zophodia convolutella*(*grossulariella*)(Hubner)]

　　现场查验:查验时注意剖果检查有无该虫幼虫为害,果表有无为害状。成虫前翅底色为灰色,散生白鳞,在翅的前缘中部,白色尤为明显。后翅浅烟白色,外缘有窄深色线。翅展 25mm～36mm。老熟幼虫黄绿色,颈部有显著黑斑(见图 5-62)。

　　(a) 雄成虫　　　　　　　(b) 雌成虫　　　　　　(c) 幼虫

图 5-62　北方啄螟(醋栗斑螟)[1]

　　处理:经检测发现携带北方啄螟,做熏蒸除害处理。不具备除害处理条件的,对该批李子进行退货或销毁处理。

5.2.2.4.22　病毒病害(9 种)

　　包括桃丛簇花叶病毒(*Peach rosette mosaic virus*)、李痘病毒(*Plum pox virus*)、李属坏死环斑病毒(*Prunus necrotic ring spot virus*)、藜草花叶病毒(*Sowbane mosaic virus*)、草莓潜隐环斑病毒(*Strawberry latent ringspot virus*)、烟草环斑病毒(*Tobacco ringspot virus*)、番茄黑环病毒(*Tomato black ring virus*)、番茄环斑病毒(*Tomato ringspot virus*)、李矮化病毒(*Prune dwarf virus*)。

　　现场查验:检查果实有无褪色、畸形、腐烂等病毒感染症状,有针对性采样送检。

　　处理:经检测发现上述病毒的,做退货或销毁处理。

5.2.2.4.23　丁香假单胞菌李致死病变种[*Pseudomonas syringae* pv. *morsprunorum*(W.) Young et al.]

　　现场查验:该病会引起寄主植物出现叶长斑或坏死及茎秆溃疡等症状,在果实表面形成褐色斑点,逐渐扩散成片(见图 5-63)。

图 5-63　丁香假单胞菌李致死变种为害状[2]

---

　　①　图源自:http://www.lepiforum.de/lepiwiki.pl? Zophodia_Grossulariella。

　　②　图分别源自:http://www.caf.wvu.edu/kearneysville/wvufarm6.html、http://www.cost873.ch/_uploads/_files/d_SymptomsOfBacterialDiseases.pdf。

处理:经检测确认李子上携带丁香假单胞菌李死致病变种的,该批货物做退货或销毁处理。

5.2.2.4.24　木质部难养细菌

参见5.2.2.2.7。

5.2.2.4.25　棉花黄萎病菌(*Verticillium dahliae* Kleb.)

现场查验:发病初期在叶缘和叶脉间出现不规则形淡黄色斑块,病斑逐渐扩大,从病斑边缘至中心的颜色逐渐加深,而靠近主脉处仍保持绿色,呈"褐色掌状斑驳",随后变色部位的叶缘和斑驳组织逐渐枯焦,呈现"花西瓜皮"症状(见图5-64)。查验时注意有无病症,有针对性送样检测。

处理:经检测确认李子上携带棉花黄萎病菌的,该批货物做退货或销毁处理。

5.2.2.4.26　梨火疫病菌

参见5.2.2.1.17。

5.2.2.4.27　美澳型核果褐腐病菌

参见5.2.2.1.12。

5.2.2.4.28　南方三棘果

参见5.2.2.2.21。

5.2.2.5　柑橘类(橘、橙、柚、柠檬)

5.2.2.5.1　苜蓿蓟马(西花蓟马)

参见5.2.2.2.5。

5.2.2.5.2　可可长尾粉蚧(葡萄粉蚧)[*Pseudococcus maritimus*(Ehrhorn)]

查验时仔细检查果实表面有无介壳。雌成虫体椭圆形,长约2.0mm~4.9mm。触角8节。后足基节无透明孔。背孔2对(见图5-65)。

图5-64　棉花黄萎病菌①

图5-65　可可长尾粉蚧(焦懿　摄)

处理:经检测确认携带可可长尾粉蚧的,对该批货物进行除害处理;无法处理的,做退货或销毁处理。

5.2.2.5.3　刺盾蚧

参见1.2.2.3.2。

5.2.2.5.4　南美按实蝇

参见5.2.2.4.8。

---

①　图源自:http://www.agroatlas.ru/en/content/diseases/Gossypii/Gossypii_Verticillium_dahliae/。

5.2.2.5.5 地中海实蝇

参见 5.2.2.1.1。

5.2.2.5.6 墨西哥实蝇 *Anastrepha ludens*（Loew）

现场查验：查验时注意剖果检查有无实蝇幼虫，检查果表有无羽化孔（见图 5-66）。成虫体中型，黄褐色。中胸背板长 2.7mm～3.6mm，黄褐色，具 3 条淡黄色条，中黄色条细长，后端变宽，侧黄色条伸至小盾片。肩胛、小盾片淡黄色。侧板、后胸背板黄褐色；中背片几乎全为橙色，两侧无褐色斑纹；后小盾片两侧褐色，通常后胸背板两侧也是黑色。胸鬃黑褐色，毛被黄褐色，有腹侧鬃，有时很纤细。翅长 6.6mm～9.0mm，带纹浅黄褐色（见图 5-67）。

图 5-66　墨西哥实蝇在柑橘上的羽化孔[1]　　　图 5-67　墨西哥实蝇成虫[2]

处理：发现携带墨西哥实蝇实蝇的，做退货或销毁处理。

5.2.2.5.7 西印度实蝇

参见 5.2.2.4.9。

5.2.2.5.8 暗色实蝇［*Anastrepha serpentina*（Wiedmann）］

现场查验：查验时注意果实有无被害状，剖果检查有无幼虫。成虫体中型到大型，黑褐色，有浅黄色和橙褐色斑。中胸背板长 3.3mm～4.0mm。大部褐色或暗褐色，具 3 个黄色纵条，中黄色条从背板前缘延伸至小盾前中鬃，并在小盾前中鬃处增大，侧黄色条前端与中胸横缝的黄色斑相连，后端延伸至中胸背板后缘。小盾片黄色，基带宽，色暗。翅长 6.6mm～9.0mm，具黑褐色斑。雌成虫腹部暗褐色，中间有 1 个明显的 T 形黄色区（见图 5-68）。雄成虫侧尾叶长，多呈三角形。

处理：发现携带实蝇的，该批货物进行除害处理，无法处理的，做退货或销毁处理。

5.2.2.5.9 美洲番石榴实蝇（条纹按实蝇）（*Anastrepha striata* Schiner）

现场查验：查验时注意果实有无为害状，剖果检查有无幼虫。成虫头部黄色至黄褐色。单眼三角区黑色。额宽约为复眼的 5/6 长。中胸背板长 2.4mm～3.6mm；中胸盾片具一个U 形褐色到黑色斑纹，其两臂于横缝处间断，并具 3 条淡黄色条，中黄色条狭长，后端扩展成半圆形，侧黄色条自横缝延伸至后缘。肩胛、背侧板胛、中胸侧板条和小盾片淡黄色。足黄褐色。翅长 5.7mm～7.7mm，斑纹黄褐色至褐色。腹部背板两侧具褐色斑纹，或完全黄褐色至红褐色（见图 5-69）。

---

[1]　图源自：http://www.biocab.org/Anastrepha.html。

[2]　图源自：http://bugguide.net/node/view/247311。

图 5-68　暗色实蝇成虫①

图 5-69　美洲番石榴实蝇成虫②

处理:发现携带实蝇的,该批货物进行除害处理;无法处理的,做退货或销毁处理。

5.2.2.5.10　加勒比实蝇[*Anastrepha suspensa*(Loew)]

现场查验:查验时注意果实有无为害状,剖果检查有无幼虫。成虫体小,黄褐色。翅长4.9mm～6.4mm,带纹黄褐色至褐色。腹侧鬃发达。幼虫白色,蛆形,长7.5mm～9.0mm(见图5-70)。

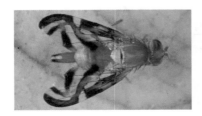

(a) 成虫

(b) 幼虫

图 5-70　加勒比实蝇③

处理:发现携带加勒比实蝇的,做退货或销毁处理。

5.2.2.5.11　番石榴果实蝇

参见 4.2.2.2.3。

5.2.2.5.12　瓜实蝇

参见 1.2.2.2.2。

5.2.2.5.13　橘小实蝇

参见 1.2.2.3.4。

5.2.2.5.14　汤加果实蝇[*Bactrocera facialis*(Coq.)]

现场查验:查验时注意果实有无为害状,剖果检查有无幼虫。成虫小型,无颜斑。肩胛和背侧片黄色。中胸背板深褐色至黑色,有窄短缝后侧黄条,无中黄条,小盾片黄色。翅有窄暗褐色前缘带和窄褐色臀条。腹部有暗褐色至黑色中纵带(见图5-71)。

①　图源自:http://www.cesvy.org.mx/campanas/moscas_nativas.html。

②　图源自:www.flickr.com。

③　图分别源自:http://entnemdept.ufl.edu/creatures/fruit/tropical/caribbean_fruit_fly.htm,http://www.growables.org/information/TropicalFruit/AbiuPestsDiseases.htm。

（a）成虫

（b）形态图

图5-71　汤加果实蝇①

图5-72　斐济实蝇②

处理：发现携带汤加果实蝇的，该批货物进行除害处理；无法处理的，做退货或销毁处理。

5.2.2.5.15　辣椒实蝇

参见2.2.2.3.4。

5.2.2.5.16　斐济实蝇（西番莲果实蝇）[*Bactrocera passiflorae*（Froggatt）]

现场查验：查验时注意果实有无为害状，剖果检查有无幼虫。成虫小型，无颜斑。肩胛亮黑，背侧板黄色。中胸背板无缝后侧、中黄条，小盾片黄色。中胸背板黄色条带向前伸达或超过前背侧鬃。翅有狭窄暗褐色前缘带和浅褐色臀条，前缘室无色。腹部第1～5背板亮黑，第5背板或亮黑有深暗褐色后缘，或暗褐色而有中纵黑带（见图5-72）。

处理：发现携带斐济果实蝇的，该批货物进行除害处理；无法处理的，做退货或销毁处理。

5.2.2.5.17　新喀里多尼亚果实蝇（番石榴果实蝇）[*Bactrocera psidii*（Froggatt）]

参见4.2.2.2.3。

5.2.2.5.18　昆士兰实蝇[*Bactrocera tryoni*（Froggatt）]

现场查验：查验时注意果实有无为害状，剖果检查有无幼虫。成虫体中型，有黑颜斑。肩胛和背侧片黄色。中胸背板红褐色，有暗褐色斑，有缝后侧黄条，无中黄条，小盾片除基黑横带外黄色。翅有暗褐色窄前缘带和宽阔的臀条，前缘室暗褐色。腹第3～5背板底色为红褐色，有暗褐色中纵带和宽阔的侧纵带，在第3背板前缘相连（见图5-73）。

处理：发现携带昆士兰实蝇的，该批货物进行除害处理；无法处理的，做退货或销毁处理。

5.2.2.5.19　三带实蝇

参见2.2.2.8.3。

5.2.2.5.20　黄侧条实蝇[*Bactrocera xanthodes*（Broun）]

现场查验：查验时注意果实有无为害状，剖果检查有无幼虫。成虫中型，有黑色小颜斑。肩胛除后2/3部分的宽黄带外黄褐色，背侧片橙褐色。中胸背板半透明，亮橙褐色，有不规则深色斑。宽侧黄带自肩胛伸到盾间缝之间，在中胸侧板黄条带位置有大黄斑。小盾片橙褐色，有黄色侧边。翅有狭窄的暗褐色前缘带和宽阔的黄褐色臀条（见图5-74）。腹背板半透明，亮橙褐色，无深色斑。

①　图分别源自：http://www.spc.int/lrd/species/bactrocera-facialis-coquillett、http://delta-intkey.com/ffa/www/bac_faci.htm。

②　图源自：http://www.insectimages.org/browse/highslide-imageservice.cfm? Res＝4&country＝160&type＝2&order＝58&desc＝7&page＝2。

图 5-73　昆士兰实蝇①

图 5-74　黄侧条实蝇②

处理:发现携带黄侧条实蝇的,该批货物进行除害处理;无法处理的,退货或销毁。

5.2.2.5.21　辐射松黄象[*Pantomorus cervinus*(Boheman)]

据资料记载,柑橘类水果果实能携带的象甲为玫瑰短喙象,参见 5.2.2.1.7。

5.2.2.5.22　亚洲柑橘黄龙病菌[*Liberibacter asiaticus* Jagoueix et al.(las)]

现场查验:发病初期,新抽出的枝梢叶片不能正常转绿,表现出斑驳或均匀黄化症状。手摸受害叶片有一种粗糙、似皮革样硬质的感觉,质硬且脆,容易脱落,叶脉呈肿胀状突起。染病果实一般症状为畸形、变色。

处理:经检测发现携带亚洲柑橘黄龙病菌,对该批货物进行退货或销毁处理。

参见 4.2.2.3.6。

5.2.2.5.23　柑橘顽固病螺原体(*Spiroplasma citri* Saglio)

现场查验:该病造成柑橘叶片黄化,果实变色、畸形(见图 5-75)。查验时注意检查柑橘果实和叶片有无病症。

(a) 对叶片上造成黄斑

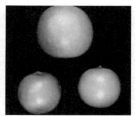

(b) 造成果实表面变色

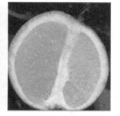

(c) 造成果实畸形

图 5-75　柑橘顽固病菌在柑橘上的为害状③

处理:经检测发现携带柑橘顽固病菌的,对该批货物进行退货或销毁处理。

5.2.2.5.24　柑橘溃疡病菌

参见 4.2.2.3.7。

5.2.2.5.25　木质部难养细菌

参见 5.2.2.2.7。

---

①　图源自:www.flickr.com。

②　图源自:http://www.insectimages.org/browse/detail.cfm? imgnum=5459393。

③　图分别源自:http://www.snipview.com/q/Mollicutes、http://draaf.midi-pyrenees.agriculture.gouv.fr/Stubborn、http://www.plantmanagementnetwork.org/pub/php/symposium/melhus/8/stubborn/

5.2.2.5.26 病毒4种

包括柑橘皱叶病毒(*Citrus leaf rugose virus*)、柑橘侵染性杂色病毒(*Citrus infectious variegation virus*)、柑橘鳞皮病毒(*Citrus psorosis virus*)、柑橘干坚类病毒(*Citrus xyloporosis viroid*)。

现场查验:病毒病常造成果实小而凸凹不平、变色、畸形等症状,查验时注意有无水果存在上述症状,有针对性采样送检。

处理:经检测发现携带上述病毒的,对该批货物进行退货或销毁处理。

5.2.2.5.27 柑橘叶斑病毒(柑橘斑点病)[*Phaeoramularia angolensis*(T. Carvalho et O. Mendes)P. M. Kirk]

现场查验:感病果实畸变、少汁,叶片受害产生褐色病斑,病斑边缘黑色、四周为黄色晕圈包围。查验时注意有无水果存在上述症状,有针对性采样送检。

处理:经检测发现柑橘叶斑病的,对该批货物进行退货或销毁处理。

5.2.2.6 梨

5.2.2.6.1 苹果蠹蛾
参见5.2.2.1.5。

5.2.2.6.2 榆蛎盾蚧
参见5.2.2.2.15。

5.2.2.6.3 日本金龟子
参见5.2.2.1.8。

5.2.2.6.4 南美按实蝇
参见5.2.2.4.8。

5.2.2.6.5 苹果花象
参见5.2.2.1.2。

5.2.2.6.6 橘小实蝇
参见1.2.2.3.4。

5.2.2.6.7 地中海实蝇
参见5.2.2.1.1。

5.2.2.6.8 苹果实蝇
参见5.2.2.1.9。

5.2.2.6.9 梅球颈象
参见5.2.2.4.12。

5.2.2.6.10 杏小卷蛾
参见5.2.2.1.6。

5.2.2.6.11 卷叶蛾类3种

包括橘带卷蛾[*Argyrotaenia citrana*(Fernald)]、果树黄卷蛾[*Archips argyrospila*(Walker)]、玫瑰色卷蛾[*Choristoneura rosaceana*(Harris)],参见5.2.2.3.8。

5.2.2.6.12 苹果绵蚜
参见5.2.2.4.3。

5.2.2.6.13 车前圆尾蚜[*Dysaphis plantaginea*(Passerini)]

现场查验:雌蚜灰棕色至黑色,长1.8mm～2.5mm(见图5-76)。在苹果上为害可造成苹果畸形(见图5-77)。查验时注意检查苹果表面及是否有畸形果。

图 5 - 76　车前圆尾蚜雌成虫①

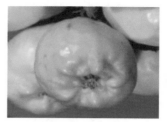

图 5 - 77　车前圆尾蚜为害造成的苹果畸形②

处理：发现携带车前圆尾蚜的，对该批梨实施除害处理；无法处理的，退货或销毁。

5.2.2.6.14　南非苹粉蚧
　　参见 5.2.2.4.6。

5.2.2.6.15　梨灰盾蚧
　　参见 5.2.2.4.2。

5.2.2.6.16　梨蓟马
　　参见 5.2.2.3.13。

5.2.2.6.17　迈叶螨
　　参见 5.2.2.3.19。

5.2.2.6.18　太平洋叶螨
　　参见 5.2.2.2.11。

5.2.2.6.19　苹果、梨锈病菌
　　参见 5.2.2.1.10。

5.2.2.6.20　欧洲梨锈病菌（*Gymnosporangium fuscum* DC.）

现场查验：在叶片上形成锈病典型症状，查验时注意有无水果存在上述症状（见图 5 - 78），有针对性采样送检。

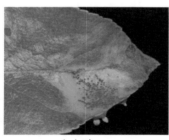

（a）叶

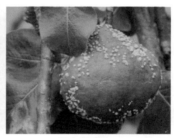

（b）果实

图 5 - 78　欧洲梨锈病菌危害症状③

---

① 图源自：http://influentialpoints.com/Gallery/Dysaphis_plantaginea_Rosy_apple_aphid.htm。
② 图源自：http://www7.inra.fr/hyppz/RAVAGEUR/6dyspla.htm。
③ 图分别源自：https://zh.wikipedia.org/wiki/%25E6%259F%2584%25E9%2594%2588%25E8%258F%258C%25E4%25BA%259A%25E9%2597%25A8&h=665&w=1000&tbnid=Qy-LGIKKpxLsrM；&docid=50EXZ03lyod2RM&ei=Nfe8VcK2NMfJ0ASd15do&tbm=isch&ved=0CB8QMygCMAJqFQoTCIKlhpmqiMcCFcckIAodnesFDQ，https://pixabay.com/zh/%25E6%25A2%25A8-%25E8%2585%2590-%25E5%258F%2591%25E9%259C%2589-%25E4%25BD%259C%25E7%2589%25A9%25E6%25AD%2589%25E6%2594%25B6-gymnosporangium-fuscum-59907/。

处理:经检测发现欧洲梨锈病菌的,对该批梨进行退货或销毁处理。

5.2.2.6.21　美洲山楂锈病菌(*Gymnosporangium globosum*)

现场查验:在叶片和果实上形成锈病症状(图5-79),查验时注意有无水果存在上述症状,有针对性采样送检。

处理:经检测发现美洲山楂锈病菌的,对该批梨进行退货或销毁处理。

5.2.2.6.22　牛眼果腐病菌

参见5.2.2.1.13。

5.2.2.6.23　苹果、梨边腐病菌[*Phialophora malorum*(Kidd & Beaumont)McColloch]

现场查验:病菌造成果实腐烂(见图5-80),查验时注意针对性采样。

图5-79　美洲山楂锈病菌危害症状①

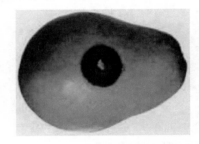

图5-80　苹果、梨边腐病菌危害症状②

处理:经检测发现携带苹果边腐病菌的,对该批水果退货或销毁。

5.2.2.6.24　苹果、梨球壳孢果腐病菌(*Sphaeropsis pyriputrescens* sp.)

现场查验:在梨果实上形成腐烂症状(见图5-81),查验时注意有无水果存在上述症状,有针对性采样送检。

处理:经检测发现美洲山楂锈病菌的,对该批梨进行退货或销毁处理。

5.2.2.6.25　梨波氏盘果腐病菌[*Potebniamyces pyri*(Berk. & Broome)]

现场查验:在梨果实上形成黑腐症状(见图5-82),查验时注意有无水果存在上述症状,有针对性采样送检。

图5-81　苹果、梨球壳孢果腐病菌危害症状③

图5-82　苹果、梨球壳孢果腐病菌危害症状④

---

① 图源自:http://www.pbase.com/tmurray74/image/137316673。

② 图源自:http://postharvest.tfrec.wsu.edu/marketdiseases/pearside.html。

③ 图源自:http://www.apsnet.org/publications/imageresources/Pages/Feb_88-2-4.aspx。

④ 图源自:http://www.plantmanagementnetwork.org/pub/php/diagnosticguide/2006/pears/。

处理:经检测发现美洲山楂锈病菌的,对该批梨进行退货或销毁处理。

5.2.2.6.26　梨火疫病菌

参见5.2.2.1.17。

5.2.2.6.27　木质部难养细菌

参见5.2.2.2.7。

5.2.2.6.28　胶锈菌属(*Gymnosporangium* Hedw.)

现场查验:感病果实畸变。查验时注意有无水果存在上述症状,有针对性采样送检。

处理:经检测发现胶锈菌属病菌,对该批货物进行退货或销毁处理。

5.2.2.6.29　美澳型核果褐腐菌

参见5.2.2.1.12。

5.2.2.6.30　苹果树炭疽病菌

参见5.2.2.1.14。

5.2.2.6.31　苹果黑星菌[*Venturia inaequalis*(Cooke)Winter]

现场查验:感染该病的水果叶片,病斑先从叶正面发生,也可从叶背面先发生;初为淡黄绿色的圆形或放射状,后逐渐变褐,最后变为黑色,周围有明显的边缘,老叶上更为明显;幼嫩叶片上,病斑为淡黄绿色,边缘模糊,表面着生绒状霉层。果实从幼果至成熟果均可受害,病斑初为淡黄绿色,圆形或椭圆形,逐渐变褐色或黑色,表面产生黑色绒状霉层。随着果实生长膨大,病斑逐渐凹陷、硬化、龟裂,病果较小,畸形(见图5-83)。查验时注意检查果表及叶片有无上述症状。

　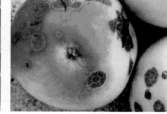

(a) 叶　　　　　　　　　　(b) 果实

图5-83　苹果黑星菌危害症状①

处理:发现携带苹果黑星菌的,对该批水果进行退货或销毁处理。

5.3　进境美国水果风险管理措施

见表5-4。

---

① 图分别源自:http://www. pv. fagro. edu. uy/fitopato/enfermedades/Sarna_del_manzano. htm、https://dspace. lib. uoguelph. ca/xmlui/handle/10214/5908。

表5-4　进境美国水果风险管理措施

水果种类	查验重点	农残检测项目	风险管理措施
苹果	果表（日本金龟子、病害症状）、果肉（实蝇、象甲、蛾类）	水果共检项目6项、仁果类水果共检项目37项、经表面处理的鲜水果共检项目19项、苹果特检项目78项；重点监测项目16项（镉、铅、杀虫脒、地虫硫磷、甲胺磷、氧化乐果、对硫磷、辛硫磷、二氧化硫、焦亚硫酸钾、焦亚硫酸钠、亚硫酸钠、亚硫酸氢钠、低亚硫酸钠、溴氰菊酯、甲基对硫磷），一般监测项目124项[铜、展青霉素、稀土、锌、乙酰甲胺磷、涕灭威、艾氏剂、毒杀芬、克百威、氯丹、蝇毒磷、滴滴涕、内吸磷、敌敌畏、狄氏剂、异狄氏剂、灭线磷、苯线磷、杀螟硫磷、甲氰菊酯、倍硫磷、六六六、七氯、氯唑磷、甲基异柳磷、灭蚁灵、久效磷、氯菊酯、甲拌磷、硫环磷、甲基硫环磷、磷胺、治螟磷、特丁硫磷、敌百虫、硫代二丙酸二月桂酯、乙氧基喹、氢化松香甘油酯、对羟基苯甲酸酯类及其钠盐、辛基苯氧聚乙烯氧基、松香季戊四醇酯、聚二甲基硅氧烷、山梨酸及其钾盐、稳定态二氧化氯、蔗糖脂肪酸酯、2,4-二氯苯氧乙酸、巴西棕榈蜡、桂醛、萘乙酸和萘乙酸钠、阿维菌素、啶虫脒、双甲脒、代森铵、三唑锡、联苯肼酯、联苯菊酯、啶酰菌胺、溴螨酯、溴菌腈、克菌丹、多菌灵、丁硫克百威、虫螨腈、百菌清、毒死蜱、四螨嗪、氯氰菊酯和高效氯氰菊酯、三氯杀螨醇、苯醚甲环唑、除虫脲、乐果、唑醇、二苯胺、二氰蒽醌、硫丹、氟环唑、噁唑菌酮、氯苯嘧啶醇、苯丁锡、唑螨酯、氰戊菊酯和S-氰戊菊酯、氟氰戊菊酯、氟虫脲、氟硅唑、三乙膦酸铝、草甘膦、己唑醇、噻螨酮、亚胺唑、吡虫啉、异菌脲、水胺硫磷、醚菌酯、马拉硫磷、代森锰锌、灭多威、甲氧虫酰肼、代森联、腈菌唑、喹啉铜、多效唑、百草枯、咪鲜胺和咪鲜胺锰盐、丙溴磷、炔螨特、丙环唑、丙森锌、吡唑醚菌酯、吡草醚、哒螨灵、仲丁胺、单甲脒和单甲脒盐酸盐、紫胶（虫胶）、戊唑醇、三氯杀螨砜、甲基硫菌灵、杀虫单、福美双、三唑酮、三唑磷、肟菌酯、杀铃脲、蚜灭磷、福美锌]	1.检查苹果包装箱产地是否符合按议定书要求。2.现场查验重点查验昆虫、螨类，对有病症果实针对性采样送检；口岸不得直接检疫放行。3.发现携带中方关注有害生物的货物，做除害处理，无法处理的，退货或销毁。4.按照质检总局进口水果安全风险监控计划实施抽检；其中展青霉素、三唑锡、联苯肼酯、除虫脲、苯丁锡、百草枯、炔螨特、氯丹、甲基异柳磷、乙氧基喹、对羟基苯甲酸酯类及其钠盐（对羟基苯甲酸甲酯钠、对羟基苯甲酸乙酯及其钠盐）、聚二甲基硅氧烷、山梨酸及其钾盐、巴西棕榈蜡、桂醛可不监测；如果发现超标物质，对此后进境该种货物连续3次检测，合格的恢复到抽检状态

表 5－4(续)

水果种类	查验重点	农残检测项目	风险管理措施
葡萄	果表（蓟马、螨、介壳虫、病害症状）、果肉（实蝇、蛾类）、包装（杂草种子、蜗牛）	水果共检项目 6 项、浆果类水果共检项目 41 项、经表面处理的鲜水果共检项目 19 项、葡萄特检项目 29 项；重点监测项目 19 项(镉、铅、乙酰甲胺磷、杀虫脒、地虫硫磷、草甘膦、甲胺磷、氧化乐果、对硫磷、甲基对硫磷、辛硫磷、多菌灵、腈菌唑、二氧化硫、焦亚硫酸钾、焦亚硫酸钠、亚硫酸钠、亚硫酸氢钠、低亚硫酸钠)，一般监测项目 66 项(铜、展青霉素、稀土、锌、啶虫脒、涕灭威、艾氏剂、毒杀芬、克百威、氯丹、蝇毒磷、滴滴涕、内吸磷、敌敌畏、狄氏剂、异狄氏剂、灭线磷、苯线磷、杀螟硫磷、甲氰菊酯、倍硫磷、氰戊菊酯和 S-氰戊菊酯、六六六、七氯、氯唑磷、甲基异柳磷、灭蚁灵、久效磷、氯氰菊酯、甲拌磷、硫环磷、甲基硫环磷、磷胺、治螟磷、特丁硫磷、敌百虫、硫代二丙酸二月桂酯、乙氧基喹、氢化松香甘油酯、对羟基苯甲酸酯类及其钠盐、辛基苯氧聚乙烯氧基、松香季戊四醇酯、聚二甲基硅氧烷、山梨酸及其钾盐、稳定态二氧化氯、蔗糖脂肪酸酯、2,4-二氯苯氧乙酸、巴西棕榈蜡、桂醛、嘧菌酯、克菌丹、百菌清、单氰胺、氰霜唑、氰霜唑、霜脲氰、烯唑醇、氟吗啉、氟硅唑、氯吡脲、己唑醇、亚胺唑、双胍三辛烷基苯磺酸盐、异菌脲、马拉硫磷、代森锰锌、甲霜灵和精甲霜灵、代森联、咪鲜胺和咪鲜胺锰盐、腐霉利、霜霉威和霜霉威盐酸盐、丙森锌、吡唑醚菌酯、嘧霉胺、戊唑醇、噻苯隆)	1.现场查验重点查验昆虫、螨类、杂草种子和软体动物，对有病症果实针对性采样送检；口岸不得直接检疫放行。2.发现携带中方关注有害生物的货物，做除害处理，无法处理的，退货或销毁。3.按照质检总局进口水果安全风险监控计划实施抽检；其中展青霉素、氯丹、甲基异柳磷、乙氧基喹、对羟基苯甲酸酯类及其钠盐(对羟基苯甲酸甲酯钠、对羟基苯甲酸乙酯及其钠盐)、聚二甲基硅氧烷、山梨酸及其钾盐、巴西棕榈蜡、桂醛可不监测；如果发现超标物质，对此后进境该种货物连续 3 次检测，合格的恢复到抽检状态
樱桃	果肉（实蝇、象甲、蛾类）、果表（蓟马、介壳虫、叶甲、叶蜂、病害症状等）	水果共检项目 6 项、核果共检项目 41 项、经表面处理的鲜水果共检项目 19 项、樱桃特检项目 4 项；重点监测项目 16 项(镉、铅、杀虫脒、地虫硫磷、草甘膦、甲胺磷、氧化乐果、对硫磷、甲基对硫磷、辛硫磷、二氧化硫、焦亚硫酸钾、焦亚硫酸钠、亚硫酸钠、亚硫酸氢钠、低亚硫酸钠)，一般监测项目 54 项(铜、展青霉素、稀土、锌、乙酰甲胺磷、啶虫脒、涕灭威、艾氏剂、毒杀芬、克百威、氯丹、蝇毒磷、滴滴涕、内吸磷、狄氏剂、异狄氏剂、灭线磷、苯线磷、杀螟硫磷、甲氰菊酯、倍硫磷、氰戊菊酯和 S-氰戊菊酯、六六六、七氯、氯唑磷、甲基异柳磷、灭蚁灵、久效磷、氯菊酯、甲拌磷、硫环磷、甲基硫环磷、磷胺、治螟磷、特丁硫磷、敌百虫、敌敌畏、硫代二丙酸二月桂酯、乙氧基喹、氢化松香甘油酯、对羟基苯甲酸酯类及其钠盐、辛基苯氧聚乙烯氧基、松香季戊四醇酯、聚二甲基硅氧烷、山梨酸及其钾盐、稳定态二氧化氯、蔗糖脂肪酸酯、2,4-二氯苯氧乙酸、巴西棕榈蜡、桂醛、多菌灵、乐果、马拉硫磷、抗蚜威)	1.现场查验重点查验昆虫，对有病症果实针对性采样送检；口岸不得直接检疫放行。2.发现携带中方关注有害生物的货物，做除害处理，无法处理的，退货或销毁。3.按照质检总局进口水果安全风险监控计划实施抽检；其中展青霉素、氯丹、甲基异柳磷、乙氧基喹、对羟基苯甲酸酯类及其钠盐(对羟基苯甲酸甲酯钠、对羟基苯甲酸乙酯及其钠盐)、聚二甲基硅氧烷、山梨酸及其钾盐、巴西棕榈蜡、桂醛可不监测；如果发现超标物质，对此后进境该种货物连续 3 次检测，合格的恢复到抽检状态

表 5-4(续)

水果种类	查验重点	农残检测项目	风险管理措施
李子	果肉(实蝇、象甲、食心虫、蛾类)、果表(粉虱、介壳虫、蚜虫、螨、金龟子、病害症状等)、包装(杂草)	参见樱桃	
柑橘类	果肉(实蝇、象甲)、果表(介壳虫、病害症状等)	参见泰国橘、橙、柚	
梨	果肉(实蝇、象甲、蛾类)、果表(介壳虫、蚜虫、金龟子、病害症状等)	水果共检项目 6 项、仁果类水果共检项目 40 项、经表面处理的鲜水果共检项目 19 项、梨特检项目 41 项;重点监测项目 16 项(镉、铅、杀虫脒、地虫硫磷、甲胺磷、氧化乐果、对硫磷、辛硫磷、甲基对硫磷、二氧化硫、焦亚硫酸钾、焦亚硫酸钠、亚硫酸钠、亚硫酸氢钠、低亚硫酸钠、溴氰菊酯),一般监测项目 90 项(铜、展青霉素、稀土、锌、乙酰甲胺磷、涕灭威、艾氏剂、毒杀芬、克百威、氯丹、蝇毒磷、滴滴涕、内吸磷、敌敌畏、狄氏剂、异狄氏剂、灭线磷、苯线磷、杀螟硫磷、甲氰菊酯、倍硫磷、六六六、七氯、氯唑磷、甲基异柳磷、灭蚁灵、久效磷、氯菊酯、甲拌磷、硫环磷、甲基硫环磷、磷胺、治螟磷、特丁硫磷、敌百虫、啶虫脒、草甘膦、硫代二丙酸二月桂酯、乙氧基喹、氢化松香甘油酯、对羟基苯甲酸酯类及其钠盐、辛基苯氧聚乙烯氧基、松香季戊四醇酯、聚二甲基硅氧烷、山梨酸及其钾盐、稳定态二氧化氯、蔗糖脂肪酸酯、2,4-二氯苯氧乙酸、巴西棕榈蜡、桂醛、阿维菌素、双甲脒、三唑锡、苯菌灵、联苯菊酯、溴螨酯、克菌丹、多菌灵、百菌清、毒死蜱、四螨嗪、氰菊酯和高效氯氰菊酯、三氯杀螨醇、苯醚甲环唑、除虫脲、乐果、烯唑醇、二氰蒽醌、甲氨基阿维菌素苯甲酸盐、硫丹、噁唑菌酮、氯苯嘧啶醇、苯丁锡、氰戊菊酯和 S-氰戊菊酯、氟氰戊菊酯、氟虫脲、氟硅唑、己唑醇、噻螨酮、异菌脲、马拉硫磷、代森锰锌、腈菌唑、炔螨特、丙森锌、嘧霉胺、单甲脒和单甲脒盐酸盐、戊唑醇、三唑酮、蚜灭磷)	1.检查梨包装箱产地是否符合按议定书要求。2.现场查验重点查验昆虫,对有病症果实针对性采样送检;口岸不得直接检疫放行。3.发现携带中方关注有害生物的货物,做除害处理,无法处理的,退货或销毁。4. 按照国家质检总局进口水果安全风险监控计划实施抽检;其中展青霉素、三唑锡、苯菌灵、除虫脲、苯丁锡、炔螨特、单甲脒和单甲脒盐酸盐、氯丹、甲基异柳磷、乙氧基喹、对羟基苯甲酸酯类及其钠盐(对羟基苯甲酸甲酯钠、对羟基苯甲酸乙酯及其钠盐)、聚二甲基硅氧烷、山梨酸及其钾盐、巴西棕榈蜡、桂醛可不监测;如果发现超标物质,对此后进境该种货物连续 3 次检测,合格的恢复到抽检状态

6 进境智利水果现场查验

6.1 植物检疫要求

中智双方签署了《智利苹果、葡萄、猕猴桃、李子、樱桃、蓝莓输华植物检疫要求的议定书》,根据议定书内容,中方制定了智利输华苹果等 6 种水果输华植物检疫要求。

6.1.1 进境智利苹果植物检疫要求

1)水果名称

苹果。

2)允许产地

智利第 7、8、9 区。

须来自注册果园和包装厂(名单见国家质检总局网站)。

3)指定入境口岸

广州、上海、大连、北京、天津、海口、南京、深圳。

4)植物检疫证书内容要求

无具体规定。

5)包装箱标识要求

种植者、出口商、水果中心和行政区的信息,官方检疫标识(见图 6-1),以及"输往中华人民共和国"的英文字样。

图 6-1 官方检疫标识

6）关注的检疫性有害生物

地中海实蝇、苹果蠹蛾、南美按实蝇（*Anastrepha fraterculus*）、苹果绵蚜（*Eriosoma lanigerum*）。

7）特殊要求

无

8）不合格处理

a）发现地中海实蝇或南美按实蝇作退货或销毁处理；

b）发现苹果蠹蛾、苹果绵蚜等作检疫处理；

c）其他不合格情况按一般程序要求处理。

9）依据

a）《关于印发智利水果输华植物检疫要求议定书的通知》（国质检动〔2004〕527号）；

b）《中华人民共和国国家质量监督检验检疫总局和智利共和国农业部关于智利苹果输华植物检疫要求的议定书》（国质检动〔2004〕527号）；

c）《关于进口智利水果的警示通报》（国质检动函〔2005〕196号）。

10）检疫标识

见图6－10。

6.1.2　进境智利葡萄植物检疫要求

1）水果名称

葡萄。

2）允许产地

智利第3、4、5、7、8、9区和首都区。

须来自注册果园和包装厂（名单见国家质检总局网站）。

3）指定入境口岸

广州、上海、大连、北京、天津、海口、南京、深圳。

4）植物检疫证书内容要求

对于来自第5区和首都区的葡萄，所附植物检疫证书的处理栏应注明冷处理的温度、时间及集装箱号码和封识号。

5）包装箱标识要求

种植者、出口商、水果中心和行政区的信息，官方检疫标识（见图6－1），以及"输往中华人民共和国"的英文字样。

6）关注的检疫性有害生物

地中海实蝇、苜蓿蓟马（*Frankliniella occidentalis*）、短须螨（*Brevipalpus chilensis*）、葡萄缺节瘿螨（*Colomerus vitis*）、葡萄蓟马（*Drepanothrips reuteri*）、卷蛾（*Proeulia chrysopteris*）的一种。

7）特殊要求

无

8）不合格处理

a）从实蝇非疫区葡萄中发现地中海实蝇或从实蝇疫区葡萄中发现地中海实蝇活体，作退货或销毁处理；

b) 发现首蓿蓟马等中方关注的检疫性有害生物,作退货、销毁或检疫处理;

c) 其他不合格情况按一般程序要求处理。

9) 依据

a)《关于印发智利水果输华植物检疫要求议定书的通知》(国质检动〔2004〕527 号)

b)《中华人民共和国国家质量监督检验检疫总局和智利共和国农业部关于智利葡萄输华植物检疫要求的议定书》(国质检动〔2004〕527 号)

c)《关于进口智利水果的警示通报》(国质检动函〔2005〕196 号)

10) 检疫标识

见图 6-1。

6.1.3　进境智利李子植物检疫要求

1) 水果名称

李子(*Prunus salicina* 和 *Prunus domoestica*),英文名称:Plum。

2) 允许的产地

产自智利第 3、4、5、6、7、8、9 区和首都区经智利农牧局(SAG)注册的果园(名单见质检总局网站)。

3) 允许入境口岸

总局允许的允许入境口岸。

4) 有关证书内容要求

a) 植物检疫证书中必须列明李子的产区和省份,以此判断是否需要进行冷处理。

b) 若需冷处理的李子,冷处理的温度、处理时间和集装箱号码及封识号必须在植物检疫证书中注明。

c) 若需冷处理的李子,须附有由 SAG 官员签字盖章的"果温探针校正记录"正本。

d) 若需冷处理的李子,由船运公司下载的冷处理记录须符合要求。

e) 对于空运进口的智利水果,托盘货物应在植物检疫证书上应标明托盘编号。

5) 包装要求

a) 输华李子必须用符合中国植物检疫要求的干净卫生、未使用过的符合中国有关植物检疫要求的材料包装。

b) 输华李子包装箱上统一用英文标注"水果种类、出口国家、产地(区或省)、果园名称或其注册号、包装厂及出口商名称"等信息。每个出口托盘包装上应有经 SAG 和 AQSIQ 共同认可的检疫标识,并标注"输往中华人民共和国"的英文字样。货物外表应加贴"输往中华人民共和国"或"输往智利共和国"英文标签。

c) 对于空运进口的智利水果,托盘货物应用塑料膜或纸板箱等密封包装,且加施清楚的托盘编号。

6) 关注的检疫性有害生物

地中海实蝇(*Ceratitis capitata*)、苹果蠹蛾(*Cydia pomonella*)、智利果卷蛾(*Proeulia auraria*)、卷蛾(*Proeulia chrysopteris*)、桃白圆盾蚧(*Epidiaspis leperii*)、西花蓟马(*Frankliniella occidentalis*)、*Wilsonomyces carpophilum*、李痘病毒(*Plum pox virus*)、李属坏死环斑病毒(*Prunus necrotic ringspot virus*)、番茄环斑病毒(*Tomato ringspot virus*)。

7) 特殊要求

a) 对来自智利地中海实蝇疫区(管制区)内的(目前为第 3、5、6 区和首都区)的李子输华,必须采取针对杀灭实蝇的有效冷处理措施。冷处理技术指标为在 0.5℃ 或以下连续处理 15d 或以上。智利输华李子冷处理包括运输途中集装箱冷处理和出口前固定设施冷处理。

b)任何果温探针校正值不应超过±0.3℃。

c)若是冷处理的李子,须经冷处理培训合格的检验检疫人员,对冷处理进行核查和进行冷处理有效性判定。

8)不合格处理

a)经检验检疫发现包装不符合第 5 条的有关规定,该批李子不准入境;

b)发现有来自未经 SAG 注册的果园、包装厂的李子,不准入境;

c)如发现中方关注的任何检疫性有害生物,该批货物将做除害处理、退货或销毁处理;

d)冷处理结果判定无效的,不准入境;

e)其他不合格情况按一般工作程序要求处理。

9)依据

a)《中华人民共和国国家质量监督检验检疫总局与智利共和国农业部关于智利李子输华植物检疫要求的议定书》;

b)《关于智利第三区突发地中海实蝇的警示通报》(国质检动函〔2007〕346 号);

c)《关于修订中智水果植物检疫要求的通知》(国质检动函〔2009〕763 号)。

6.1.4 进境智利猕猴桃植物检疫要求

1)水果名称

猕猴桃。

2)允许产地

智利第 6、7、8、9 区。

须来自注册的果园和包装厂(名单见国家质检总局网站)。

3)允许入境口岸

总局允许的允许入境口岸。

4)证书要求

a)若需冷处理的猕猴桃,所附植物检疫证书的处理栏应注明冷处理的温度、时间及集装箱号码和封识号。

b)若需冷处理的猕猴桃,须附有由 SAG 官员签字盖章的"果温探针校正记录"正本。

c)若需冷处理的猕猴桃,由船运公司下载的冷处理记录须符合要求。

d)对于空运进口的猕猴桃,托盘货物应在植物检疫证书上应标明托盘编号。

5)包装箱标识要求

所有水果包装箱应统一用英文标注"水果种类、出口国家、产地(区或省)、果园名称或其注册号、包装厂及出口商名称"等信息。承载水果包装箱的托盘货物外表应加贴"输往中华人民共和国"英文标签。

每个出口托盘包装上应有经 AQSIQ 和 SAG 共同认可的检疫标识。

对于空运进口的猕猴桃,托盘货物应用塑料膜或纸板箱等密封包装,且加施清楚的托盘编号。

6）关注的检疫性有害生物

地中海实蝇。

7）特殊要求

来自智利地中海实蝇疫区（管制区）内的猕猴桃，应实施运输途中集装箱冷处理措施。冷处理指标为：0.5℃或以下，连续处理15d或以上。

任何果温探针校正值不应超过±0.3℃。

8）不合格处理

a）如发现来自未经指定的种植者和水果中心的猕猴桃，则不准进境；

b）如发现地中海实蝇，该批猕猴桃做退货或销毁处理，AQSIQ将立即通知SAG，并停止进口该区猕猴桃；

c）如发现其他检疫性有害生物，则根据《中华人民共和国进出境动植物检疫法》及其实施条例的有关规定进行处理，并视情况决定是否暂停进口智利猕猴桃；

d）其他不合格情况按一般工作程序要求处理。

9）依据

a）《关于印发智利水果输华植物检疫要求议定书的通知》（国质检动〔2004〕527号）；

b）《中华人民共和国国家质量监督检验检疫总局和智利共和国农业部关于智利猕猴桃输华植物检疫要求的议定书》（国质检动〔2004〕527号）；

c）《关于进口智利水果的警示通报》（国质检动函〔2005〕196号）；

d）《关于修订中智水果植物检疫要求的通知》（国质检动函〔2009〕763号）。

10）检疫标识

见图6-1。

6.1.5　进境智利樱桃植物检疫要求

1）水果名称

樱桃（*Prunus avium*）。

2）允许产地

须来自注册果园和包装厂（名单见国家质检总局网站）。

樱桃应产自智利地中海实蝇（*Ceratitis capitata*）非疫区，如来自疫区（来自第5、6区及首都区），应在出口前或运输途中采取针对地中海实蝇的冷处理。

3）允许入境口岸

总局允许的入境口岸。

4）植物检疫证书要求

a）植物检疫证书附加声明应注明"The consignment is in compliance with requirements described in the Protocol of Phytosanitary Requirements for the Export of Cherry from Chile to China and is free from the quarantine pests concern to China."（该批樱桃符合《智利樱桃输华植物检疫要求议定书》的要求，不带中方关注的检疫性有害生物）。

b）如来自地中海实蝇疫区并实施冷处理的樱桃，应在植物检疫证书中注明冷处理的温度、处理时间和集装箱号码及封识号。

c）若需冷处理的樱桃，须附有由SAG官员签字盖章的"果温探针校正记录"正本。

d）若需冷处理的樱桃，由船运公司下载的冷处理记录须符合要求。

e）对于空运进口的樱桃，托盘货物应在植物检疫证书上应标明托盘编号。

5）包装要求

a）樱桃包装材料应干净卫生、未使用过，符合中国有关植物检疫要求。

b）所有水果包装箱应统一用英文标注"水果种类、出口国家、产地（区或省）、果园名称或其注册号、包装厂及出口商名称"等信息。承载水果包装箱的托盘货物外表应加贴"输往中华人民共和国"或"输往智利共和国"英文标签。

c）对于空运进口的智利水果，托盘货物应用塑料膜或纸板箱等密封包装，且加施清楚的托盘编号。

6）关注的检疫性有害生物

地中海实蝇（*Ceratitis capitata*）、苹果蠹蛾（*Cydia pomonella*）、桃白圆盾蚧（*Epidiaspis leperii*）、澳花蓟马（*Frankliniella australis*）、西花蓟马（*Frankliniella occidentalis*）、智利果卷蛾（*Proeulia auraria*）、卷蛾（*Proeulia chrysopteris*）、樱桃卷叶病菌（*Taphrina cerasi*）、李痘病毒（*Plum pox virus*）。

7）特殊要求

a）加强对中方关注的检疫性有害生物的针对性检疫。

b）来自智利地中海实蝇（*Ceratitis capitata*）疫区（第 3、5、6 及首都区）的樱桃，应在出口前或运输途中采取针对地中海实蝇的冷处理，冷处理技术指标为 0.5℃或以下持续 15d。

c）任何果温探针校正值不应超过±0.3℃。

d）经冷处理培训合格的检验检疫人员，对冷处理进行核查和进行冷处理有效性判定。

8）不合格处理

a）经检验检疫发现包装不符合第 5 条有关规定，该批樱桃不准入境。

b）发现有来自未经 SAG 注册批准的果园、包装厂的樱桃，不准入境。

c）冷处理结果无效的，不准入境。

d）如发现地中海实蝇，该批货物将作退货或销毁处理。

e）如发现苹果蠹蛾、桃白圆盾蚧、澳花蓟马、西花蓟马、智利果卷蛾、卷蛾、樱桃卷叶病菌和李痘病毒等有害生物活体，该批樱桃将作退货或检疫处理。

f）其他不合格情况按一般工作程序要求处理。

9）依据

a）《中华人民共和国国家质量监督检验检疫总局与智利共和国农业部关于智利樱桃输华植物检疫要求的议定书》（2007 年 7 月 13 日签署）；

b）《关于印发〈智利樱桃进境植物检疫要求〉的通知》（国质检动〔2007〕478 号）；

c）《关于修订中智水果植物检疫要求的通知》（国质检动函〔2009〕763 号）。

6.1.6　进境智利蓝莓植物检疫要求

1）水果名称

蓝莓。

2）允许产地

智利第 3～第 11 区和第 14 区以及首都区。

须来自注册果园和包装厂（名单见国家质检总局相关网站）。

3）植物检疫证书内容要求

a）植物检疫证书附加声明栏中注明：该批蓝莓符合《中华人民共和国国家质量监督检验检疫总局与智利共和国农业部关于智利鲜食蓝莓输往中国植物检疫要求的议定书》，不带中方关注的检疫性有害生物）。

b）对于实施出口前冷处理的，应在植物检疫证书上注明冷处理的温度、持续时间及处理设施名称或编号、集装箱号码等。对于实施运输途中冷处理的，应在植物检疫证书上注明冷处理的温度、处理时间、集装箱号码及封识号码等。

4）包装箱标识要求

每个包装箱上必须标注水果种类、国家、产地（区、市或县）、果园或其注册号、包装厂及其注册号等信息。每个托盘货物需用中文标出"输往中华人民共和国"。如没有采用托盘，则每个包装箱上应用中文标出"输往中华人民共和国"。

5）关注的检疫性有害生物

玫瑰短喙象（*Asynonychus cervinus*）、地中海实蝇（*Ceratitis capitata*）、榆蛎盾蚧（*Lepidosaphes ulmi*）、暗色粉蚧（*Pseudococcus viburni*）、蓝莓果腐病菌（*Diaporthe vaccinii*）、蓝莓端腐病菌（*Fusicoccum putrefaciens*）、蓝莓盘多毛孢果腐病菌（*Pestalotia vaccinii*）、塔特雷镰螯螨（*Tydeus tuttlei*）。

6）特殊要求

对产自地中海实蝇检疫区的蓝莓必须采取冷处理，冷处理应在智方监管下，按照出口前冷处理操作程序或运输途中冷处理操作程序进行。冷处理要求为 0.5℃ 或以下持续 15 天。

7）不合格处理

a）如冷处理结果无效，则该批蓝莓将被采取到岸冷处理（如仍可在本集装箱内进行）、退货、销毁或转口等处理措施；

b）如发现包装不符合规定，或有未经批准的果园、包装厂或冷处理设施生产的蓝莓，则该批蓝莓不准入境；

c）如发现第 5 条所列的检疫性有害生物活体，则该批货物作退货、转口、销毁或检疫处理。同时，中方将立即向智方通报，视情况暂停从相关果园、包装厂进口，或者暂停进口智利蓝莓。智方应开展调查，查明原因并采取相应改进措施。中方将根据对改进措施的评估结果，决定是否取消已采取的暂停措施；

d）如发现中方关注的其他检疫性有害生物，则对该批蓝莓作退货、转口、销毁或检疫处理，中方将及时向智方通报，并视情况采取有关检验检疫措施。

8）依据

a）《关于印发智利水果输华植物检疫要求议定书的通知》（国质检动〔2004〕527 号）。

b）《中华人民共和国国家质量监督检验检疫总局与智利共和国农业部关于智利鲜食蓝莓输往中国植物检疫要求的议定书》。

6.2　进境智利水果现场查验与处理

6.2.1　携带有害生物一览表

见表 6-1。

表 6-1　进境智利水果携带有害生物一览表

水果种类	关注有害生物	为害部位	可能携带的其他有害生物
苹果	南美按实蝇、地中海实蝇、苹果蠹蛾、玫瑰短喙象	果肉	梨小食心虫、*Naupactus xanthographus*、*Proeulia auraria*、*Proeulia chrysopteris*
	梨灰盾蚧（桃白圆盾蚧）、苹果绵蚜、榆蛎盾蚧	果皮	红肾圆盾蚧、黄圆蚧、棉蚜、常春藤圆盎盾蚧、黑褐圆盾蚧、红褐圆盾蚧、普氏圆盾蚧、梨枝圆盾蚧、黄猩猩果蝇、菠萝洁粉蚧、西花蓟马、芭蕉蚧、长棘炎盾蚧、吹绵蚧、紫牡蛎盾蚧、槟桁盾蚧、油茶蚧、桑白盾蚧、蔗根粉蚧、拟长尾粉蚧、葡萄粉蚧、粉蚧、梨圆盾蚧、草地夜蛾、苹果红蜘蛛、二点叶螨
	苹果黑星菌、李属坏死环斑病毒、番茄环斑病毒	果肉、果皮	苹果链格孢、葡萄座腔菌、茶藨子葡萄座腔菌、富氏葡萄孢盘菌、尖锐刺盘孢（草莓黑斑病菌）、罗尔状草菌、*Gibberella avenacea*、围小丛壳、果生链核盘菌、核果链核盘菌、仁果干癌丛赤壳菌、意大利青霉、恶疫霉、隐地疫霉菌、大雄疫霉、苹果白粉病菌、核盘菌、齐整小核菌、梨黑星病菌、根癌土壤杆菌、丁香假单胞菌丁香致病变种、苹果花叶病毒
	—	包装箱	欧洲千里光、苹果红蜘蛛、二点叶螨
葡萄	南美按实蝇、地中海实蝇、*Proeulia chrysopteris*	果肉	卷蛾、草地夜蛾
	葡萄蓟马、西花蓟马、榆蛎盾蚧、智利短须螨、葡萄缺节瘿螨、苜蓿蓟马、短须螨、葡萄缺节瘿螨	果皮	红肾圆盾蚧、黄圆蚧、蚕豆蚜、棉蚜、椰圆盾蚧、常春藤圆盎盾蚧、黑褐圆盾蚧、红褐圆盾蚧、梨枝圆盾蚧、黄猩猩果蝇、芭蕉蚧、槟桁盾蚧、吹绵蚧、马铃薯长管蚜、象甲、油茶蚧、突叶并盾蚧、桑白盾蚧、蔗根粉蚧、拟长尾粉蚧、葡萄粉蚧、粉蚧、梨圆盾蚧、葱蓟马、橘矢尖盾蚧、苹果红蜘蛛、二点叶螨
	番茄黑环病毒、番茄环斑病毒、番茄斑萎病毒	果肉、果皮	葡萄座腔菌、茶藨子葡萄座腔菌、富氏葡萄孢盘菌、尖锐刺盘孢（草莓黑斑病菌）、罗尔状草菌、葡萄痂囊腔菌、痂囊腔菌、白粉菌围小丛壳、葡萄球座菌、芝麻茎点枯病菌、果生链核盘菌、意大利青霉、子囊菌、根霉菌、葡萄生拟茎点菌、隐地疫霉菌、大丽花轮枝孢、根癌土壤杆菌、丁香假单胞菌丁香致病变种、苜蓿花叶病毒、黄瓜花叶病毒、葡萄扇叶病毒、花生根结线虫
	散大蜗牛（普通庭院大蜗牛）	包装箱	矛叶蓟、欧洲千里光、苹果红蜘蛛、二点叶螨
猕猴桃	—	果皮	椰圆盾蚧、梨枝圆盾蚧、芭蕉蚧、槟桁盾蚧、桑白盾蚧
	地中海实蝇	果皮、果肉	根癌土壤杆菌

表 6－1(续)

水果种类	关注有害生物	为害部位	可能携带的其他有害生物
李子	榆蛎盾蚧、油茶蚧、桃白圆盾蚧、西花蓟马	果皮	黄圆蚧、红褐圆盾蚧、梨小食心虫、梨枝圆盾蚧、桃白圆盾蚧、苜蓿蓟马、吹绵蚧、突叶并盾蚧、油茶蚧、桑白盾蚧、蔗根粉蚧、葡萄粉蚧、暗色粉蚧、梨圆盾蚧、苹果红蜘蛛
	南美按实蝇、地中海实蝇、苹果蠹蛾、*Proeulia auraria*、*Proeulia chrysopteris*	果肉	黄猩猩果蝇
	李属坏死环斑病毒、番茄黑环病毒、番茄环斑病毒、棉花黄萎病菌、李痘病毒	果皮、果肉	苹果花叶病毒、洋李矮缩病毒、根癌土壤杆菌、果生链核盘菌、恶疫霉、白叉丝单囊壳、核盘菌
樱桃	地中海实蝇、苹果蠹蛾、智利果卷蛾、*Proeulia chrysopteris*	果肉	梨小食心虫、吹绵蚧、梨圆盾蚧
	桃白圆盾蚧、澳花蓟马、西花蓟马	果皮	苹果红蜘蛛
	李痘病毒、李属坏死环斑病毒、棉花黄萎病菌、樱桃卷叶病菌	果皮、果肉	樱桃卷叶病毒、樱桃坏死锈斑驳病毒、葡萄座腔菌、果生链核盘菌、核果链核盘菌、恶疫霉
蓝莓	—	果皮	常春藤圆蛊盾蚧、梨枝圆盾蚧、槟榔盾蚧、葡萄粉蚧、暗色粉蚧、普氏圆盾蚧
	美洲剑线虫	果肉	南方灰翅夜蛾、草地夜蛾
	番茄环斑病毒、越橘间座壳(蓝莓果腐病菌)	果皮、果肉	根癌土壤杆菌、丁香假单胞菌丁香致病变种、葡萄座腔菌、富氏葡萄孢盘菌、果生链核盘菌、*Diaporthe australafricana*

6.2.2　关注有害生物的现场查验方法与处理

6.2.2.1　苹果

6.2.2.1.1　地中海实蝇
　　参见 5.2.2.1.1。

6.2.2.1.2　苹果蠹蛾
　　参见 5.2.2.1.5。

6.2.2.1.3　南美按实蝇
　　参见 5.2.2.4.8。

6.2.2.1.4　苹果绵蚜
　　参见 5.2.2.4.3。

6.2.2.1.5　梨灰盾蚧(桃白圆盾蚧)
　　参见 5.2.2.4.2。

6.2.2.1.6 榆蛎盾蚧

参见 5.2.2.2.15。

6.2.2.1.7 玫瑰短喙象

参见 5.2.2.1.7。

6.2.2.1.8 苹果黑星菌

参见 5.2.2.6.30。

6.2.2.1.9 李属坏死环斑病毒

参见 5.2.2.1.18。

6.2.2.1.10 番茄环斑病毒

参见 5.2.2.1.20。

6.2.2.2 葡萄

6.2.2.2.1 南美按实蝇

参见 5.2.2.4.8。

6.2.2.2.2 地中海实蝇

参见 5.2.2.1.1。

6.2.2.2.3 葡萄蓟马(*Rhipiphorothrips cruentatus* Hood)

现场查验:雌成虫淡褐色,背板前内脊色较暗。前翅缘缨较弱。头宽大于长,具 3 对单眼鬃。前胸背板具宽置的刻纹线,后胸背板具不规则的网纹。雄虫第 9 节背板侧具成对的长且色暗的镰状扩展,伸出腹部末端[见图 6-2(a)]。查验时注意检查葡萄果面有无为害状[见图 6-2(b)],果柄以及包装箱有无藏匿蓟马。

(a) 成虫　　　　　　　　(b) 为害状

图 6-2　葡萄蓟马成虫及为害状[①]

处理:发现携带葡萄蓟马的,做熏蒸除害处理;无处理条件的,对该批葡萄进行退货或销毁处理。

6.2.2.2.4 西花蓟马

参见 5.2.2.2.5。

---

　　① 图分别源自:http://keys. lucidcentral. org/keys/v3/thrips_of_california/identify-thrips/key/california- thysan-optera-2012/Media/Html/browse_ species/Rhipiphorothrips_ cruentatus. htm、http://www. nbair. res. in/insectpests/Rhipiphorothrips-cruentatus. php&h=600&w=800&tbnid=N0oMb3KpLnlm9M;&docid=WMwduy08fAcVTM&ei=kAy9VYv_B4PG0ATbyqGICg&tbm=isch&ved=0CCMQMygIMAhqFQoTCIHyce-iMcCFQMjlAodW2UIoQ。

6.2.2.2.5　榆蛎盾蚧

参见 5.2.2.2.15。

6.2.2.2.6　卷蛾 *Proeulia chrysopteris*（Butler）

现场查验：雌成虫翅展 16mm～18mm，前翅铁锈或砖红色。后翅边缘灰白三角形带扩展超过 2/3。翅顶部具少数不规则排列黑色或灰色斑。后翅边缘可见清晰白赭色三角形斑，静止不动时翅斑纹呈长菱形。后翅淡黄色，基部灰色。头和前胸深灰色。雄虫翅展 13mm～15mm，翅黄赭色并具灰白色带，头和前胸白色，在红灰色边缘具三角形斑（见图 6-2）。幼虫浅绿色。查验时注意检查有无烂果等为害状，检查包装箱内有无成虫。

处理：发现携带此种卷蛾的，做熏蒸除害处理；无处理条件的，对该批葡萄进行退货或销毁处理。

6.2.2.2.7　番茄黑环病毒

参见 5.2.2.2.19。

6.2.2.2.8　番茄环斑病毒

参见 5.2.2.1.20。

6.2.2.2.9　番茄斑萎病毒

参见 3.2.2.1.4。

6.2.2.2.10　智利短须螨（*Brevipalpus chilensis* Baker）

现场查验：雌螨长 0.8mm，体红色，有黑色斑点。背部表皮纹路呈均匀网状。查验时注意用放大镜检查果表、包装箱有无螨及其为害状（见图 6-3）。

图 6-3　卷蛾（*Proeulia chrysopteris*）成虫[①]　　　图 6-4　智利短须螨的成螨和若螨[②]

处理：发现携带智利短须螨的，做熏蒸除害处理；无处理条件的，对该批葡萄进行退货或销毁处理。

6.2.2.2.11　葡萄缺节瘿螨［*Colomerus vitis*（Pagenstecher）］

现场查验：雌螨体蠕形，长 $160\mu m$ ～$200\mu m$，宽 $50\mu m$，淡黄色或乳白色。雄螨体长 $140\mu m$ ～$160\mu m$（见图 6-5）。查验时注意用放大镜检查果表、包装箱有无螨及其为害状。有叶片的，检查叶片有无虫瘿等为害状（见图 6-6）。

[①]　图源自：http://www.elmercurio.com/Campo/Noticias/Redes/2013/12/27/Como-identificar-la-presencia-de-la-lobesia-botrana-en-el-huerto.aspx。

[②]　图源自：http://ppo.ir/Uploads/English/Articles/insect/Chilean-false-red-mite-Brevipalpus-chilensis.pdf。

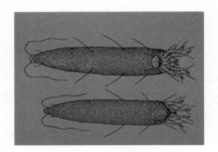

图 6-5　葡萄缺节瘿螨成螨形态①

图 6-6　葡萄缺节瘿螨为害状②

6.2.2.2.12　散大蜗牛(普通庭院大蜗牛)
　　　参见 5.2.2.2.22。

6.2.2.3　猕猴桃

6.2.2.3.1　地中海实蝇
　　　参见 5.2.2.1.1。

6.2.2.4　李子

6.2.2.4.1　榆蛎盾蚧
　　　参见 5.2.2.2.15。

6.2.2.4.2　油茶蚧(橄榄片盾蚧)[*Parlatoria oleae*(Colvee)]

　　现场查验:雌介壳椭圆形,略隆起,灰白色或灰褐色,壳点褐色,偏向一侧,介壳长
1.5mm,宽 1.25mm。雄介壳长扁形,长 1.1mm～1.2mm,宽 0.35mm,灰白色,壳点在一端,
褐色(见图 6-7)。雌成虫紫色,椭圆形,长 1.1mm～1.3mm,宽 0.8mm～0.9mm,臀叶 3 对,
近同大同形,外侧均一深凹切。雄成虫紫色,狭长形,长 1.0mm,交尾器针状。

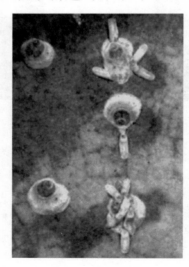

图 6-7　油茶蚧③

---

① 图源自:http://www7.inra.fr/hyppz/RAVAGEUR/6colvit.htm。

② 图源自:http://www.biolib.cz/en/image/id63883/。

③ 图源自:http://www.forestryimages.org/browse/Taxthumb.cfm? fam=166&genus=Parlatoria。

处理:经检测确认携带橄榄片盾蚧的,做熏蒸除害处理;无处理条件的,对该批李子进行退货或销毁。

6.2.2.4.3　桃白圆盾蚧

参见 5.2.2.4.2。

6.2.2.4.4　西花蓟马

参见 5.2.2.2.5。

6.2.2.4.5　南美按实蝇

参见 5.2.2.4.8.。

6.2.2.4.6　地中海实蝇

参见 5.2.2.1.1。

6.2.2.4.7　苹果蠹蛾

参见 5.2.2.1.5。

6.2.2.4.8　卷蛾[*Proeulia auraria*(Clarke)]、卷蛾[*Proeulia chrysopteris*(Butler)]

参见 6.2.2.2.6。

6.2.2.4.9　病毒类[李属坏死环斑病毒、番茄黑环病毒、番茄环斑病毒、李痘病毒(*Plum pox virus*,PPV)]

现场查验:李属坏死环斑病毒、番茄黑环病毒、番茄环斑病毒分别参见 5.2.2.1.18、5.2.2.2.19、5.2.2.1.20。李痘病毒危害寄主植物常见症状包括线纹、坏死环斑、碎叶、带状叶、粗花叶甚至全株枯死,出现症状的叶片呈破碎状,部分会坏死和脱落[见图 6-8(a)],造成果实变形、变色[见图 6-8(b)]。

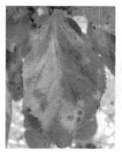

(a) 叶片症状　　　　　　　　　　(b) 李果实症状

图 6-8　李痘病毒为害状[1]

处理:经检测确认携带上述病毒的,对该批李子进行退货或销毁处理。

6.2.2.4.10　棉花黄萎病菌

参见 5.2.2.4.25。

6.2.2.5　樱桃

6.2.2.5.1　地中海实蝇

参见 5.2.2.1.1。

---

[1]　图源自:http://isppv2013.upol.cz/site/?page_id=84。

6.2.2.5.2　苹果蠹蛾

参见 5.2.2.1.5。

6.2.2.5.3　*Proeulia auraria*（Clarke）

参见 6.2.2.2.6。

6.2.2.5.4　*Proeulia chrysopteris*（Butler）

参见 6.2.2.2.6。

6.2.2.5.5　桃白圆盾蚧

参见 5.2.2.4.2。

6.2.2.5.6　澳花蓟马（*Frankliniella australis* Morgan）

参见 5.2.2.2.5。

6.2.2.5.7　西花蓟马

参见 5.2.2.2.5。

6.2.2.5.8　病毒类（李痘病毒、李属坏死环斑病毒）

参见 6.2.2.4.9、5.2.2.1.18。

6.2.2.5.9　棉花黄萎病菌

参见 5.2.2.4.25。

6.2.2.5.10　樱桃卷叶病菌［*Taphrina cerasi*（Fuckel）Sadeb.］

现场查验:引起寄主叶片卷曲、变色。查验时注意有针对性采集样品送样检测。

处理:经检测确认发现樱桃卷叶病菌,对该批樱桃实施退货或销毁处理。

6.2.2.6　蓝莓

6.2.2.6.1　番茄环斑病毒

参见 5.2.2.1.20。

6.2.2.6.2　美洲剑线虫（*Xiphinema americanum* Cobb）

现场查验:美洲剑线虫能传播多种病毒,在无病毒的情况下,果实一般不表现明显的特异症状。其虫体比剑线虫属其他多数种类的虫体小(体长一般不超过 2.2mm),齿针［齿尖针(odontostyle)＋齿托(odontophore)］短,其长度不超过 $150\mu m$。雌虫双生殖腺对伸、发育平衡,阴门横裂、位于体中部,子宫短,无 Z 结构。在卵母细胞和幼虫的肠道内有共生细菌,尾呈短圆锥形、末端圆(见图 6-9)。雄虫少见,其最后面一个腹中生殖乳突靠近成对的泄殖腔前乳突。

处理:经检测确认发现美洲剑线虫的,对该批蓝莓实施退货或销毁处理。

6.2.2.6.3　越橘间座壳(蓝莓果腐病菌)(*Diaporthe vaccinii* Shear,N. Stevens & H. Bain)

现场查验:受侵染叶片出现变色、病斑(见图 6-10),并长出分生孢子器。受侵染果实变红、变软,经常裂口并导致汁液外溢(见图 6-11)。查验时注意有无病症并针对性送样检测。

处理:经检测确认发现越橘间座壳的,对该批蓝莓实施退货或销毁处理。

图 6-9　美洲剑线虫①　　　图 6-10　越橘间座壳造成的叶变色症状②　　　图 6-11　蓝莓果实病症③

6.3　进境智利水果风险管理措施

见表 6-2。

表 6-2　进境智利水果风险管理措施

水果种类	查验重点	农残检测项目	风险管理措施
苹果	果表（病害症状）、果肉（实蝇、象甲、蛾类）	参见美国苹果	
葡萄	果表（介壳虫、蓟马、螨）、果肉（实蝇、蛾类）、包装（蜗牛）	参见美国葡萄	
猕猴桃	果肉（实蝇）	水果共检项目 6 项、浆果和其他小型水果共检项目 41 项,猕猴桃特检项目 5 项;重点监测项目 13 项(镉、铅、乙酰甲胺磷、杀虫脒、地虫硫磷、草甘磷、甲胺磷、氧化乐果、对硫磷、甲基对硫磷、辛硫磷、多菌灵、溴氰菊酯),一般监测项目 39 项(铜、展青霉素、稀土、锌、啶虫脒、涕灭威、艾氏剂、毒杀芬、克百威、氯丹、蝇毒磷、滴滴涕、内吸磷、敌敌畏、狄氏剂、异狄氏剂、灭线磷、苯线磷、杀螟硫磷、甲氰菊酯、倍硫磷、氰戊菊酯和 S-氰戊菊酯、六六六、七氯、氯唑磷、甲基异柳磷、灭蚁灵、久效磷、氯氰菊酯、甲拌磷、硫环磷、甲基硫环磷、磷胺、治螟磷、特丁硫磷、敌百虫、乙烯利、氯吡脲、代森锰锌)	1.现场查验重点查验昆虫、螨类、杂草种子和软体动物,对有病症果实针对性采样送检;口岸不得直接检疫放行。2.发现检疫性实蝇做处理;已放行的实施召回。3.按照质检总局进口水果安全风险监控计划实施抽检;其中展青霉素、氯丹、甲基异柳磷;如果发现超标物质,对此后进境该种货物连续 3 次检测,合格的恢复到抽检状态

表6-2(续)

水果种类	查验重点	农残检测项目	风险管理措施
李子	果表(介壳虫、蓟马、病症)、果肉(实蝇、蛾类)	参见美国樱桃	
樱桃	果表(介壳虫、蓟马、病症)、果肉(实蝇、蛾类)	参见美国樱桃	
蓝莓	果表(病症)	水果共检项目6项、浆果和其他小型水果共检项目41项,无蓝莓特检项目;重点监测项目11项(镉、铅、乙酰甲胺磷、杀虫脒、地虫硫磷、草甘磷、甲胺磷、氧化乐果、对硫磷、甲基对硫磷、辛硫磷),一般监测项目36项(铜、展青霉素、稀土、锌、啶虫脒、涕灭威、艾氏剂、毒杀芬、克百威、氯丹、蝇毒磷、滴滴涕、内吸磷、敌敌畏、狄氏剂、异狄氏剂、灭线磷、苯线磷、杀螟硫磷、甲氰菊酯、倍硫磷、氰戊菊酯和S-氰戊菊酯、六六六、七氯、氯唑磷、甲基异柳磷、灭蚁灵、久效磷、氯氰菊酯、甲拌磷、硫环磷、甲基硫环磷、磷胺、治螟磷、特丁硫磷、敌百虫)	1.现场查验重点查验有无病症,对有病症果实针对性采样送检;口岸不得直接检疫放行。2.发现关注病害做退货或销毁处理。3.按照国家质检总局进口水果安全风险监控计划实施抽检;其中展青霉素、氯丹、甲基异柳磷;如果发现超标物质,对此后进境该种货物连续3次检测,合格的恢复到抽检状态

7 进境中国台湾水果现场查验

7.1 植物检疫要求

目前与中国台湾地区没有签订进口台湾水果的双边议定书，允许台湾香蕉等 22 种水果输往大陆。国家质检总局在 2005 年发布《关于对来自台湾水果实施便捷检验检疫措施的通知》(国质检动函〔2005〕388 号)，对准入的台湾水果要求检验检疫机构实施快速查验：对到港台湾水果实施优先查验、快速查验。对送实验室检测的样品，优先送样、优先检测，保证台湾水果随到随检。加快放行速度。经检验检疫合格的，立即签发《入境货物通关单》；发现疫情的，作检疫除害处理合格后予以放行。加强与台湾企业、协会等有关方面的沟通，及时解决台湾水果在大陆销售中遇到的检验检疫问题。对台湾水果的检疫按照国家质检总局 2005 年第 68 号令《进境水果检验检疫监督管理办法》和《进口台湾水果有关检验检疫疫问题处理原则》(国质检动函〔2005〕649 号)执行。

7.2 进境中国台湾水果现场查验与处理

7.2.1 携带有害生物一览表

见表 7－1。

表 7－1 进境中国台湾水果携带有害生物一览表

水果种类	关注有害生物	为害部位	可能携带的其他有害生物
柑橘、橙	番石榴果实蝇、瓜实蝇、橘小实蝇、蜜柑大实蝇	果肉	腰果刺果夜蛾、茶黄毒蛾、橘腺刺粉蚧、棉铃实夜蛾(棉铃虫)
	榆蛎盾蚧、大洋臀纹粉蚧、刺盾蚧、柑橘吴刺粉虱、南洋臀纹粉蚧、狭咳盾蚧(槟榔盾蚧)、芒果白轮蚧、灰片盾蚧、芒果原绵蚧、梨形原绵蚧	果皮	灰暗圆盾蚧，黄炎盾蚧、小地老虎、螺旋粉虱、红肾圆盾蚧、黄圆蚧、蚕豆蚜、棉蚜、绣线菊蚜、咖啡豆象、椰圆盾蚧、剜股芒蝇、柑橘白轮盾蚧、光管舌尾蚜、龟蜡蚧、红蜡蚧、兰毛呆蓟马、芒果绿棉蚧、黑褐圆盾蚧、红褐圆盾蚧、东方肾盾蚧、咖啡绿软蜡蚧、梨枝圆盾蚧、柑橘粉蚧、菠萝洁粉蚧、芭蕉蚧、吹绵蚧、紫牡蛎盾蚧、长蛎盾蚧、木槿曼粉蚧、稻点绿蝽、橘鳞粉蚧、糠片盾蚧、黄片盾蚧、黑片盾蚧、豆杂色夜蛾、突叶并盾蚧、桂花并盾蚧、桑白盾蚧、康氏粉蚧、拟长尾粉蚧、蛛丝平刺粉蚧、荔蝽、罂粟花蓟马、粉纹夜蛾、橘蚜、橘矢尖盾蚧、矢尖盾蚧、紫红短须螨、柑橘全爪螨、苹果红蜘蛛、柑橘锈螨、侧多食跗线螨、二点叶螨

表 7 - 1(续)

水果种类	关注有害生物	为害部位	可能携带的其他有害生物
柑橘、橙	亚洲柑橘黄龙病菌、难养木质菌、长针线虫、穿刺短体线虫	果肉、果皮	黄猩猩果蝇、草莓交链孢霉、黑曲霉、茶薰子葡座腔菌、富氏葡萄孢盘菌、甘薯长喙壳、玉米弯孢霉菌叶斑病、尖锐刺盘孢(草莓黑斑病菌)、柑橘间座壳、柑橘疮痂病、尖镰孢、灵芝属、围小丛壳菌、葡萄球座菌、果果黑腐菌、毛色二孢、指状青霉、意大利青霉、苎麻疫霉、恶疫霉、辣椒疫霉、柑橘褐腐疫霉菌、隐地疫霉菌、茄绵疫病菌、棕榈疫霉、寄生疫霉、粗糙柑橘痂圆孢、瓜亡草菌、栗枯病菌、油菜菌核病菌、地毯草黄单胞菌柑橘致病变种、放射根瘤菌、生根根瘤菌、柑橘黄龙病菌、苹果茎沟病毒、柑橘速衰病毒、柑橘裂皮类病毒、花生根结线虫、肾形肾状线虫、毛刺线虫
	南方三棘果	包装箱	紫红短须螨、柑橘全爪螨、苹果红蜘蛛、柑橘锈螨、侧多食跗线螨、二点叶螨、圆叶鸭跖草、竹仔菜、长叶车前、罗氏草
菠萝	—	果皮	剜股芒蝇、菠萝白盾蚧、菠萝洁粉蚧、腰果刺果夜蛾、橘腺刺粉蚧、黑盔蚧、突叶并盾蚧、拟长尾粉蚧、葱蓟马、橘矢尖盾蚧、腐食酪螨
	番茄斑萎病毒、心腐病菌、黑腐病菌	果皮、果肉	甘薯长喙壳、奇异长喙壳、毛色二孢、樟疫霉、茄绵疫病菌、棕榈疫霉、姜腐霉病菌、菊欧文氏菌、边缘假单胞菌边缘致病变种
	—	包装箱	腐食酪螨、罗氏草
杨桃	瓜实蝇、橘小实蝇、辣椒实蝇	果肉	荔枝异形小蛾、桃蛀野螟、腰果刺果夜蛾
	赤褐辉盾蚧(刺盾蚧)	果皮	芭蕉蚧、木槿曼粉蚧、二点叶螨
	—	果肉、果皮	围小丛壳
芒果	瓜实蝇、橘小实蝇、辣椒实蝇、南瓜实蝇	果肉	干果斑螟
	大洋臀纹粉蚧、赤褐辉盾蚧(刺盾蚧)、螺旋粉虱、白蛎盾蚧、芒果白轮蚧、槟栉盾蚧、芒果原绵蚧、黑丝盾蚧、南洋臀纹粉蚧、梨形原绵蚧、杰克贝尔氏粉蚧、腹钩蓟马	果皮	灰暗圆盾蚧、黄炎盾蚧、螺旋粉虱、红肾圆盾蚧、黄圆盾蚧、椰圆盾蚧、橄榄链蚧、剜股芒蝇、芒果绿棉蚧、黑褐圆盾蚧、红褐圆盾蚧、菠萝洁粉蚧、腰果刺果夜蛾、橘腺刺粉蚧、棉铃实夜蛾(棉铃虫)、芭蕉蚧、槟栉盾蚧、吹绵蚧、紫牡蛎盾蚧、长蛎盾蚧、木槿曼粉蚧、橘鳞粉蚧、鸟嘴壶夜蛾、黑盔蚧、油茶蚧、糠片盾蚧、黄片盾蚧、突叶并盾蚧、桑白盾蚧、蛛丝平刺粉蚧、罂粟花蓟马、棕榈蓟马、葱蓟马、侧多食跗线螨

表 7 - 1(续)

水果种类	关注有害生物	为害部位	可能携带的其他有害生物
芒果	芒果疮痂病菌、芒果黑细菌性条斑病	果肉、果皮	黄猩猩果蝇、草莓交链孢霉、黑曲霉、茶藨子葡座腔菌、甘薯长喙壳、奇异长喙壳、尖锐刺盘孢（草莓黑斑病菌）、芒果痂囊腔菌、尖镰孢、玉蜀黍赤霉、围小丛壳、毛色二孢、芝麻茎点枯病菌、可可花瘿病菌、橡胶树疫霉、发根土壤杆菌、野油菜黄单胞菌芒果致病变种
	—	包装箱	长叶车前、侧多食跗线螨
木瓜	橘小实蝇、南瓜实蝇	果肉	—
	螺旋粉虱	果皮	梨枝圆盾蚧
	番木瓜疫病菌	果肉、果皮	美澳型核果褐腐菌、苹果褪绿叶斑病毒、木瓜环斑病毒
番石榴	黑纹实蝇（普通果实蝇）、瓜实蝇、橘小实蝇、辣椒实蝇、南瓜实蝇	果肉	干果斑螟
	螺旋粉虱、黑疣粉虱、番石榴白粉虱、柑橘吴刺粉虱、荔枝刺粉蚧、南洋臀纹粉蚧、大洋臀纹粉蚧、芒果原绵蚧、梨形原绵蚧、腹钩蓟马	果皮	灰暗圆盾蚧（黄炎盾蚧）、螺旋粉虱、红肾圆盾蚧、黄圆蚧、棉蚜、椰圆盾蚧、黑褐圆盾蚧、红褐圆盾蚧、桃蛀野螟、菠萝洁粉蚧、腰果刺果夜蛾、橘腺刺粉蚧、芭蕉蚧、槟榔盾蚧、吹绵蚧、长蛎盾蚧、木槿曼粉蚧、橘鳞粉蚧、杨梅缘粉虱、黑盔蚧、黑片盾蚧、桑白盾蚧、拟长尾粉蚧、蛛丝平刺粉蚧、赤褐辉盾蚧、罂粟花蓟马、橘矢尖盾蚧、矢尖盾蚧
	番石榴果实疫病菌	果肉、果皮	黑曲霉、梨生贝氏葡萄座腔菌、葡萄座腔菌、尖锐刺盘孢（草莓黑斑病菌）、尖镰孢、围小丛壳、毛色二孢、芝麻茎点枯病菌、果生链核盘菌、橡胶树疫霉、茄绵疫病菌、花生根结线虫
鲜枣	瓜实蝇、橘小实蝇	果肉	—
	—	果皮	红肾圆盾蚧、椰圆盾蚧、黑褐圆盾蚧、梨枝圆盾蚧、茶翅蝽、芭蕉蚧、木槿曼粉蚧、橘鳞粉蚧、中华星盾蚧、油茶蚧、黑片盾蚧、突叶并盾蚧、腐食酪螨
	—	果肉、果皮	黄曲霉

表7-1(续)

水果种类	关注有害生物	为害部位	可能携带的其他有害生物
香蕉	太平洋臀纹粉蚧	果皮	椰圆盾蚧、红褐圆盾蚧、菠萝洁粉蚧、芭蕉蚧、糠片盾蚧、荔蝽、罂粟花蓟马
	瓜实蝇、橘小实蝇、辣椒实蝇	果肉	—
	香蕉黑条叶斑病菌	果肉、果皮	香蕉刺盘孢、香蕉盘长孢、齐整小核菌
莲雾	南洋臀纹粉蚧、腹钩蓟马	果皮	橘腺刺粉蚧、黑盔蚧、黄片盾蚧
	橘小实蝇、瓜实蝇、南亚果实蝇、圆纹卷叶蛾	果肉	—
	莲雾果实晚疫病菌	果肉、果皮	—
李	螺旋粉虱、榆蛎盾蚧	果皮	红肾圆盾蚧、拟桑盾蚧、山茶片盾蚧、糠片盾蚧、突叶并盾蚧、杨梅缘粉虱、康氏粉蚧、黄圆蚧、龟蜡蚧、垫囊绿绵蜡蚧、绣线菊蚜、杏圆尾蚜、禾谷缢管蚜、温室蓟马
	—	果肉	茶长卷蛾、棉铃虫、黑腹果蝇、桃蛀野螟、梨小食心虫、舞毒蛾、桃蚜
	烟草环斑病毒、番茄环斑病毒、美澳型核果褐腐菌	果肉、果皮	苹果褪绿叶斑病毒、甘薯长喙壳、嗜果刀孢、白叉丝单囊壳、核盘菌、白隔担耳、刺李疣双胞锈菌
	南方三棘果	包装	—
柠檬	南洋臀纹粉蚧、刺盾蚧	果皮	红肾圆盾蚧、黑褐圆盾蚧、红褐圆盾蚧、拟桑盾蚧、紫牡蛎盾蚧、长蛎盾蚧、黑盔蚧、柑盾蚧、糠片盾蚧、矢尖盾蚧、黑片盾蚧、苏铁褐点盾蚧、突叶并盾蚧、炉臀网盾蚧、菠萝洁粉蚧、橘臀纹粉蚧、橘鳞粉蚧、康氏粉蚧、吹绵蚧、银毛吹绵蚧、橘腺刺粉蚧、芭蕉蚧、龟蜡蚧、网蜡蚧、棉蚜、绣线菊蚜、芒果绿棉蚧、垫囊绿绵蜡蚧、橘蚜、红裂螨、柑橘全爪螨、柑橘锈螨、侧多食跗线螨、朱砂叶螨、二点叶螨
	辣椒实蝇	果肉	腰果刺果夜蛾
	亚洲柑橘黄龙病菌	果肉、果皮	柑橘速衰病毒、柑橘裂皮类病毒、发根土壤杆菌
火龙果	—	果皮	康氏粉蚧
	—	果肉、果皮	仙人掌 X 病毒、盘长孢状刺盘孢

表 7-1(续)

水果种类	关注有害生物	为害部位	可能携带的其他有害生物
哈密瓜	瓜类果斑病菌（燕麦食酸菌西瓜亚种）	果肉、果皮	瓜果腐霉
番荔枝	螺旋粉虱、刺盾蚧	果皮	黑褐圆盾蚧、菠萝洁粉蚧、橘腺刺粉蚧、芭蕉蚧、木槿曼粉蚧、突叶并盾蚧、桂花并盾蚧
番荔枝	瓜实蝇、橘小实蝇	果肉	腰果刺果夜蛾
番荔枝	—	果肉、果皮	黑曲霉、围小丛壳、粉红单端孢
槟榔	螺旋粉虱	果皮	椰圆盾蚧、黑褐圆盾蚧、红褐圆盾蚧、长蛎盾蚧、桂花并盾蚧、黑盔蚧、菠萝洁粉蚧、橘腺刺粉蚧、芭蕉蚧
槟榔	橘小实蝇	果肉	—
槟榔	—	果肉、果皮	奇异长喙壳、棕榈疫霉
枣	榆蛎盾蚧	果皮	红肾圆盾蚧、椰圆盾蚧、黑褐圆盾蚧、梨枝圆盾蚧、中华星盾蚧、黑片盾蚧、突叶并盾蚧、芭蕉蚧、木槿曼粉蚧、橘鳞粉蚧、腐食酪螨
枣	瓜实蝇、橘小实蝇	果肉	—
枣	—	果肉、果皮	交链孢菌、黄曲霉、黑曲霉、罗耳阿太菌（齐整小核菌有性态）、葡萄座腔菌、罗尔状草菌、围小丛壳
椰子	螺旋粉虱、黑丝盾蚧、榆蛎盾蚧、刺盾蚧	果皮	红肾圆盾蚧、黑褐圆盾蚧、红褐圆盾蚧、槟栉盾蚧、紫牡蛎盾蚧、长蛎盾蚧、桑白盾蚧、黑盔蚧、黄片盾蚧、黑片盾蚧、橘矢尖盾蚧、突叶并盾蚧、黄圆盾蚧、橄榄链蚧、菠萝洁粉蚧、拟长尾粉蚧、蛛丝平刺粉蚧、橘腺刺粉蚧、木槿曼粉蚧、芭蕉蚧、棉蚜、腐食酪螨
椰子	—	果肉	剜股芒蝇
椰子	—	果肉、果皮	黑曲霉、奇异长喙壳、尖镰孢、围小丛壳、可可毛色二孢、菜豆壳球孢、桂氏疫霉（栗树干腐朽病菌）、棕榈疫霉
枇杷	刺盾蚧	果皮	灰暗圆盾蚧、黑褐圆盾蚧、红褐圆盾蚧、槟栉盾蚧、中华星盾蚧、蛇眼臀网盾蚧、炉臀网盾蚧、桑白盾蚧、乌盔蚧、木槿曼粉蚧、橘鳞粉蚧、杨梅缘粉虱、橄榄链蚧、芒果绿棉蚧、吹绵蚧、银毛吹绵蚧、龟蜡蚧、垫囊绿绵蜡蚧、欧洲桃盔蜡蚧、芭蕉蚧、绣线菊蚜、卵形短须螨、红裂螨、柑橘全爪螨
枇杷	瓜实蝇	果肉	梨小食心虫、桃蛀野螟、茶黄毒蛾、木毒蛾
枇杷	美澳型核果褐腐菌	果肉、果皮	发根土壤杆菌、细极链格孢菌、甘薯长喙壳、枇杷刀孢、尖锐刺盘孢（草莓黑斑病菌）、鲑色伏革菌、果生链核盘菌、棕榈疫霉

表 7 – 1(续)

水果种类	关注有害生物	为害部位	可能携带的其他有害生物
梅	榆蛎盾蚧	果皮	椰圆盾蚧、柿蛎盾蚧、糠片盾蚧、桑白盾蚧、康氏粉蚧、荔蟠
	橘小实蝇	果肉	桃蛀野螟、梨小食心虫
	苹果茎沟病毒、番茄环斑病毒、木质部难养细菌	果肉、果皮	发根土壤杆菌、交链孢菌、葡萄座腔菌、茶藨子葡座腔菌、果生链核盘菌
柿子	榆蛎盾蚧	果皮	红肾圆盾蚧、椰圆盾蚧、黑褐圆盾蚧、红褐圆盾蚧、梨枝圆盾蚧、槟栉盾蚧、柿蛎盾蚧、黄片盾蚧、突叶并盾蚧、桑白盾蚧、芭蕉蚧、木槿曼粉蚧、橘鳞粉蚧、拟长尾粉蚧、杨梅缘粉蚧、二点叶螨
	橘小实蝇	果肉	桃蛀野螟、梨小食心虫、腰果刺果夜蛾、茶黄毒蛾
		果肉、果皮	发根土壤杆、富氏葡萄孢盘菌、柿盘长孢、围小丛壳、果生链核盘菌、瓜果腐霉
桃	榆蛎盾蚧	果皮	椰圆盾蚧、黑褐圆盾蚧、梨枝圆盾蚧、槟栉盾蚧、柿蛎盾蚧、黄片盾蚧、突叶并盾蚧、黄圆蚧、芭蕉蚧、橄榄链蚧、木槿曼粉蚧、拟长尾粉蚧、杨梅缘粉、棉蚜、橘蚜、茶翅蝽、稻点绿蝽、苹果红蜘蛛、侧多食跗线螨、二点叶螨
	瓜实蝇、橘小实蝇	果肉	剜股芒蝇、桃蛀野螟、梨小食心虫、黑腹果蝇、腰果刺果夜蛾
	苹果茎沟病毒、番茄环斑病毒、木质部难养细菌、美澳型核果褐腐菌	果肉、果皮	苹果褪绿叶斑病毒、发根土壤杆菌、边缘假单胞菌边缘致病变种、交链孢菌、黄曲霉、黑曲霉、罗耳阿太菌（齐整小核菌有性态）、梨生贝氏葡萄座腔菌、葡萄座腔菌、茶藨子葡座腔菌、富氏葡萄孢盘菌、嗜果刀孢、尖锐刺盘孢（草莓黑斑病菌）、平头刺盘孢、罗尔状草菌、*Gibberella avenacea*、围小丛壳、可可毛色二孢、菜豆壳球孢、果生链核盘菌、樱桃穿孔球腔菌、栗疫霉黑水病菌、柑橘生疫霉、隐地疫霉菌、*Podosphaera pannosa*、齐整小核菌

7.2.2　关注有害生物的现场查验方法与处理

7.2.2.1　柑橘、橙

7.2.2.1.1　番石榴果实蝇

参见 4.2.2.2.3。

7.2.2.1.2　瓜实蝇、橘小实蝇

参见 1.2.2.2.2、1.2.2.3.4。

7.2.2.1.3　蜜橘大实蝇[*Bactrocera minax*（Enderlein）]

现场查验:查验时注意剖果检查有无实蝇幼虫。成虫在实蝇种类中属大型,主要为橙色至褐色,有黑色颜斑。盾片有缝后侧、中条。肩胛鬃 2 对,小盾鬃 1 对,前翅上鬃一两对,无小盾前中鬃。翅有宽阔的浅黄色前缘带,末端色深(见图 7 - 1)。

处理:发现携带蜜橘大实蝇的,做除害处理;无处理条件的,对该批货物进行退货或销毁处理。

7.2.2.1.4 榆蛎盾蚧

参见 5.2.2.2.15。

7.2.2.1.5 大洋臀纹粉蚧[*Planococcus minor*(Mask.)]

现场查验:查验时注意柑橘果表有无白色腊粉。发现有蚂蚁的,要特别注意细致检查。雌虫体长 3.5mm,体扁,椭圆形,体背密生白色蜡粉,体背各节横向宽长,体侧具毛状粉条,左右各有 18 条,腹端 2 条最长(见图 7 - 2)。在危害果实上形成腊粉状(见图 7 - 3),常招引蚂蚁取食共生。

 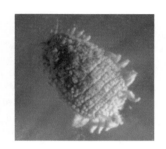 

图 7 - 1　蜜橘大实蝇成虫[①]　　图 7 - 2　大洋臀纹粉蚧雌成虫　　图 7 - 3　大洋臀纹粉蚧在
　　　　　　　　　　　　　　　　　　　　(陈志粦　摄)　　　　　　　　　　柑橘上的为害状[②]

处理:发现柑橘携带大洋臀纹粉蚧的,做熏蒸除害处理,方法见表 7 - 2。

表 7 - 2　熏蒸除害处理方法

温度/℃	剂量/(g/m³)	时间/h
$T \geqslant 21$	32	2
$16 \leqslant T < 21$	40	2
$11 \leqslant T < 16$	48	2
$5 \leqslant T < 11$	56	2

无法实施除害处理的,做退货或销毁处理。

7.2.2.1.6 刺盾蚧

参见 1.2.2.3.2。

7.2.2.1.7 柑橘吴刺粉虱(黑刺粉虱)(*Aleurocanthus woglumi* Ashby)

现场查验:受害叶有黏且透明的斑点,这些斑点覆盖在黑色的烟霉菌丝上,严重为害时,树的外表完全变成黑色。成虫平均体长 1.24mm,头部黄白色,体亮红色,眼红棕色,触角和足白色,有黄色纹。翅上有灰蓝色斑点。常见为若虫形态,若虫体长 0.7mm,黑色,体背上具刺毛 14 对,体周缘泌有明显的白蜡圈;共 3 龄,初龄椭圆形淡黄色,体背生 6 根浅色刺毛,

---

① 图源自:http://cms.cnr.edu.bt/cms/plantprotection/? Fruitfly。

② 图源自:http://www.invasive.org/browse/detail.cfm? imgnum=2103001。

体渐变为灰至黑色,有光泽,体周缘分泌1圈白蜡质物(见图7-4)。

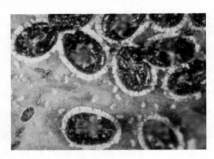

图7-4　柑橘吴刺粉虱(陈志粦　摄)

处理:发现携带柑橘吴刺粉虱的,做除害处理;无处理条件的,对该批货物进行退货或销毁处理。

7.2.2.1.8　南洋臀纹粉蚧

参见2.2.2.1。

7.2.2.1.9　狭唛盾蚧(槟栟盾蚧)[*Hemiberlesia rapax*(Comstock)]

参见5.2.2.3.16。

7.2.2.1.10　芒果白轮蚧[*Aulacaspis tubercularis*(Newstead)]

现场查验:雌成虫前体部充分老熟时远宽于后体部,头瘤粗大。该虫的特点是有一对长喙侧片,片侧有一疣状突(见图7-5)。现场查验时注意柑橘果表有无具有该特征的介壳虫。

处理:对携带芒果白轮蚧的,做熏蒸除害处理;无除害处理条件的,对该批柑橘实施退货或销毁处理。

7.2.2.1.11　梨形原绵蚧[*Protopulvinaria pyriformis*(Cockerell)]

现场查验:雌成虫介壳约2.5mm长,宽长接近。体浅绿色到红棕色(见图7-6)。现场查验时注意柑橘果表有无具有该特征的介壳虫。

图7-5　芒果白轮蚧雌成虫(焦懿　摄)

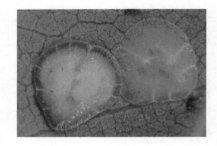

图7-6　梨形原绵蚧①

处理:对携带梨形原绵蚧的,做除害处理;无除害处理条件的,对该批柑橘实施退货或销毁处理。

7.2.2.1.12　亚洲柑橘黄龙病菌

参见4.2.2.3.6。

---

①　图源自:http://www.biodiversidadvirtual.org/insectarium/Protopulvinaria-pyriformis-img323973.html。

7.2.2.1.13　木质部难养细菌

参见 5.2.2.2.7。

7.2.2.1.14　长针线虫属(传毒种类)[Longidorus(Filipjev)Micoletzky]

现场查验:查验时检查柑橘果实有无变色症状,有针对性采样送检。虫体大型,长 2mm～12mm。唇区从非缢缩窄锥形至明显缢缩的纽扣形。侧器一般长袋状,基部单叶或双叶,极少数漏斗状;侧器口孔状,在光学显微镜下难以观察。口针细长,齿针基部平滑,齿针延伸部基部常稍膨大,但不呈明显凸缘状。雌虫生殖系统双向双生殖管型,两生殖管发育程度一致,子宫内无特殊的分化结构。雄虫后部腹中交配乳突接近于交合刺。雌雄虫尾形相似,常较短,锥形至半圆形。

处理:发现携带长针线虫的,做除害处理;无法实施除害处理的,做退货或销毁处理。

7.2.2.1.15　穿刺短体线虫(Pratylenchus penetrans Cobb)

现场查验:雌虫虫体温和热杀死后呈直形。表皮纹纤细,侧区具 4 条侧线,外部 2 条侧线为锯齿状,外部的 2 条侧带在虫体后部区域被横纹折断,中部侧带有的地方有不规则的横纹,侧线不延至尾端,截止于尾的中部。唇区较高,稍分离,有 3 条唇环。口针发达,口针基球为宽圆形。雄虫常见,体长略短于雌虫,形态与雌虫相似。侧区 4 条侧线一直延伸至交合伞处(见图 7-7)。查验时检查柑橘果实有无变色症状,有针对性采样送检。

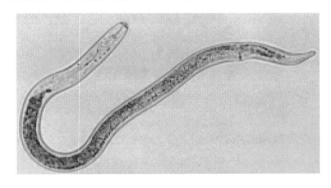

图 7-7　穿刺短体线虫(Vanstone 摄)①

处理:发现携带穿刺短体线虫的,做熏蒸除害处理。

7.2.2.1.16　南方三棘果

参见 5.2.2.2.21。

7.2.2.2　菠萝

7.2.2.2.1　番茄斑萎病毒

参见 3.2.2.1.4。

7.2.2.2.2　心腐病(Fusarium momiliforme var. subgludinas)、黑腐病(Thielavopsis poradoxa)

现场查验:剖果检查菠萝有无腐烂症状,针对性送样检测。

处理:经检测确认为心腐病或黑腐病的,该批菠萝做退货或销毁处理。

---

① 图源自:https://www.agric.wa.gov.au/carrots/pratylenchus-penetrans-horticulturally-significant-root-lesion-nematode。

7.2.2.3 杨桃

7.2.2.3.1 瓜实蝇
参见1.2.2.2.2。

7.2.2.3.2 橘小实蝇
参见1.2.2.3.4。

7.2.2.3.3 辣椒实蝇
参见2.2.2.3.4。

7.2.2.3.4 赤褐辉盾蚧（刺盾蚧）
参见1.2.2.3.2。

7.2.2.4 芒果

7.2.2.4.1 瓜实蝇、橘小实蝇
参见1.2.2.2.2、1.2.2.3.4。

7.2.2.4.2 辣椒实蝇
参见2.2.2.3.4。

7.2.2.4.3 南瓜实蝇
参见1.2.2.3.7。

7.2.2.4.4 大洋臀纹粉蚧
参见7.2.2.1.5。

7.2.2.4.5 赤褐辉盾蚧（刺盾蚧）
参见1.2.2.3.2。

7.2.2.4.6 螺旋粉虱
参见1.2.2.3.1。

7.2.2.4.7 白蛎盾蚧[*Aonidomytilus albus*（Cockerell）]
现场查验：雌成虫灰白至暗棕色，贝壳形。
处理：发现携带白蛎盾蚧的，进行除害处理，无法处理的，退货或销毁。

7.2.2.4.8 芒果白轮蚧
参见7.2.2.1.10。

7.2.2.4.9 槟栉盾蚧
参见5.2.2.3.16。

7.2.2.4.10 芒果原绵蚧[*Milviscutulus mangiferae*（Green）]
现场查验：雌成虫体扁平，略呈不规则三角形，左右常不对称。前端钝狭，后端较宽，产卵前黄绿色，产卵时褐色，背硬化（见图7-8）。体长1.6mm～4.4mm，宽1.3mm～3.4mm。
处理：发现携带芒果原绵蚧的，进行除害处理；无法处理的，退货或销毁。

7.2.2.4.11 黑丝盾蚧
参见1.2.2.1.4。

7.2.2.4.12 南洋臀纹粉蚧
参见2.2.2.1。

7.2.2.4.13 梨形原绵蚧
参见7.2.2.1.11。

7.2.2.4.14 杰克贝尔氏粉蚧（*Pseudococcus jackbeardsleyi* Gimpel & Miller）
现场查验：雌虫体近桃红色，卵圆形，无翅，长约2.8mm，宽约1.5mm。腹部有14～

27 条背口缘管,平均 21 条。第 7 节有背口缘管。眼膜周围有盘状孔,股节后有半透明毛孔。基节中部和前侧面与触角之间有成簇的腹口缘管(见图 7 - 9)。

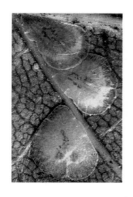

图 7 - 8　芒果原绵蚧①

图 7 - 9　杰克贝尔氏粉蚧(陈志粦　摄)

处理:发现携带杰克贝尔氏粉蚧的,进行除害处理,无法处理的,退货或销毁。

7.2.2.4.15　腹钩蓟马(葡萄蓟马)

参见 6.2.2.2.3。

7.2.2.4.16　芒果疮痂病菌(*Elsinoe mangiferae* Bitancourt & Jenkins)、芒果黑细菌性条斑病[*Xanthomonas campestris* pv. *Mangiferaeindicae* (Patel et al.) Dye]

现场查验:嫩叶感染芒果疮痂病菌后叶面产生淡褐色至棕褐色小斑点、在叶背的叶脉处产生稍隆起的椭圆形小病斑。隆起部分中央稍开裂。受害嫩叶常向一侧扭曲,稍皱缩,重病叶脱落,在较老叶上病斑稍大,灰褐色。中央白色至灰色,有一狭窄的褐色边缘,其上产生黑色小粒,后期病部脱落形成穿孔。染病嫩梢产生稍微凹陷的椭圆形斑点或不规则形灰色病斑。潮湿时,在病斑上产生灰色至褐色绒毛状物。叶上感染芒果黑细菌性条斑病后,开始产生水渍状深绿色小斑点,后逐渐扩大,因受叶脉限制而形成多角形斑;幼果受害后先产生暗绿色水渍状小病斑,以后扩大形成溃汤状病斑,有时纵裂并从裂口流出胶质。查验时注意有无病症,采样送检。

处理:检测发现芒果携带芒果疮痂病菌或芒果黑细菌性条斑病的,该批芒果进行退货或销毁处理。

7.2.2.5　木瓜

7.2.2.5.1　螺旋粉虱

参见 1.2.2.3.1。

7.2.2.5.2　橘小实蝇

参见 1.2.2.3.4。

7.2.2.5.3　南亚果实蝇(南瓜实蝇)

参见 1.2.2.3.7。

7.2.2.5.4　番木瓜疫病菌(棕榈疫霉病菌)[*Phytophthora palmivora* (E. J. Butler) E. J. Butler]

现场查验:感病果实产生水渍状褐色斑点,斑点扩大成不规则形块斑,通常病健交界处有明显分界线,严重时整个果面被斑块覆盖。病果腐烂,浅黑色,后变干成木乃伊状僵果挂

---

①　图源自:http://www.fsca-dpi.org/floridainsectgallery/hemiptera.htm。

在树上不落。在潮湿条件下病果表面常出现一层白色霉状物,由病原菌的菌丝、孢囊梗和孢子囊组成。

处理:经检测发现番木瓜疫病菌的,该批木瓜做退货或销毁处理。

7.2.2.6　番石榴

7.2.2.6.1　黑纹实蝇(普通果实蝇)

参见 4.2.2.6.1。

7.2.2.6.2　瓜实蝇、橘小实蝇

参见 1.2.2.2.2、1.2.2.3.4。

7.2.2.6.3　辣椒实蝇

参见 2.2.2.3.4。

7.2.2.6.4　南瓜实蝇

参见 1.2.2.3.7。

7.2.2.6.5　大洋臀纹粉蚧

参见 7.2.2.1.5。

7.2.2.6.6　螺旋粉虱

参见 1.2.2.3.1。

7.2.2.6.7　黑疣粉虱(*Aleurotuberculatus guyavae* Takahishi)

现场查验:若虫体淡黄色,老熟若虫褐色。该虫分泌蜜露易诱发烟煤病。查验时注意有无虫体及叶片烟煤病。

处理:发现携带黑疣粉虱的,进行除害处理,无法处理的,退货或销毁。

7.2.2.6.8　柑橘吴刺粉虱

参见 7.2.2.1.7。

7.2.2.6.9　荔枝刺粉蚧(*Planococcus dorsospinosus* Ezzat & McConnell)

现场查验:该虫隶属于臀纹粉蚧属,查验时注意有无臀纹粉蚧成虫或若虫。

处理:发现携带荔枝刺粉蚧的,进行除害处理,无法处理的,退货或销毁。

7.2.2.6.10　南洋臀纹粉蚧

参见 2.2.2.1.1。

7.2.2.6.11　芒果原绵蚧

参见 7.2.2.4.10。

7.2.2.6.12　梨形原绵蚧

参见 7.2.2.1.11。

7.2.2.6.13　腹钩蓟马

参见 6.2.2.2.3。

7.2.2.6.14　番石榴果实疫病菌

现场查验:感病果实产生水渍状斑点,斑点扩大成不规则形块斑,严重时整个果面被斑块覆盖。病果腐烂、发臭,呈典型疫霉病症状。

处理:经检测发现番石榴果实疫病的,该批番石榴做退货或销毁处理。

7.2.2.7　鲜枣

7.2.2.7.1　瓜实蝇

参见 1.2.2.2.2。

7.2.2.7.2　橘小实蝇

参见 1.2.2.3.4。

7.2.2.7.3　榆蛎盾蚧

参见 5.2.2.2.15。

7.2.2.8　香蕉

7.2.2.8.1　瓜实蝇

参见 1.2.2.2.2。

7.2.2.8.2　橘小实蝇

参见 1.2.2.3.4。

7.2.2.8.3　辣椒实蝇

参见 2.2.2.3.4。

7.2.2.8.4　太平洋臀纹粉蚧

参见 7.2.2.1.5。

7.2.2.8.5　香蕉黑条叶斑病菌

参见 1.2.2.1.6。

7.2.2.9　莲雾

7.2.2.9.1　瓜实蝇

参见 1.2.2.2.2。

7.2.2.9.2　橘小实蝇

参见 1.2.2.3.4。

7.2.2.9.3　南亚果实蝇（南瓜实蝇）

参见 1.2.2.3.7。

7.2.2.9.4　南洋臀纹粉蚧

参见 2.2.2.1.1。

7.2.2.9.5　腹钩蓟马

参见 6.2.2.2.3。

7.2.2.9.6　圆纹卷叶蛾〔*Platypeplus mormopa*（Meyrick）〕

现场查验:幼虫略呈纺锤形,体长 10mm～12mm,头部褐色,躯体红棕色或绿棕色,活泼。

处理:发现携带圆纹卷叶蛾的,进行除害处理,无法处理的,退货或销毁。

7.2.2.9.7　莲雾果实晚疫病（棕榈疫霉）

参见 7.2.2.5.4。

7.2.2.10　李

7.2.2.10.1　螺旋粉虱

参见 1.2.2.3.1。

7.2.2.10.2　榆蛎盾蚧

参见 5.2.2.2.15。

7.2.2.10.3　烟草环斑病毒

参见 5.2.2.1.19。

7.2.2.10.4　番茄环斑病毒

　　参见 5.2.2.1.20。

7.2.2.10.5　美澳型核果褐腐菌

　　参见 5.2.2.1.12。

7.2.2.10.6　南方三棘果

　　参见 5.2.2.2.21。

7.2.2.11　柠檬

7.2.2.11.1　辣椒实蝇

　　参见 2.2.2.3.4。

7.2.2.11.2　南洋臀纹粉蚧

　　参见 2.2.2.1.1。

7.2.2.11.3　刺盾蚧

　　参见 1.2.2.3.2。

7.2.2.11.4　亚洲柑橘黄龙病菌

　　参见 4.2.2.3.6。

7.2.2.12　哈密瓜

7.2.2.12.1　瓜类果斑病菌（燕麦食酸菌西瓜亚种）〔*Acidovorax avenae* subsp. *citrulli* (Schaad et al.) Willens et al.〕

　　现场查验：叶片上病斑呈圆形、多角形，边缘开始的"V"字型病斑，病斑背面可溢出白色菌脓，后期病斑干枯。果实上症状，在果实朝上的表皮，首先出现水浸状小斑点，逐渐变褐，稍凹陷，后期受感染的果皮经常会龟裂（见图 7-10）。查验时注意病症并针对性采样送检。

图 7-10　瓜类果斑病菌（燕麦食酸菌西瓜亚种）为害状①

　　处理：经检测发现携带瓜类果斑病菌的，对该批哈密瓜进行退货或销毁处理。

7.2.2.13　番荔枝

7.2.2.13.1　瓜实蝇

　　参见 1.2.2.2.2。

7.2.2.13.2　橘小实蝇

　　参见 1.2.2.3.4。

7.2.2.13.3　螺旋粉虱

　　参见 1.2.2.3.1。

7.2.2.13.4　刺盾蚧

　　参见 1.2.2.3.2。

7.2.2.14　槟郎

7.2.2.14.1　螺旋粉虱

　　参见 1.2.2.3.1。

---

　　①　图源自：http://wiki.bugwood.org/Acidovorax_avenae_pv._citrulli。

7.2.2.14.2　橘小实蝇

参见 1.2.2.3.4。

7.2.2.15　椰子

7.2.2.15.1　螺旋粉虱

参见 1.2.2.3.1。

7.2.2.15.2　黑丝盾蚧

参见 1.2.2.1.4。

7.2.2.15.3　榆蛎盾蚧

参见 5.2.2.2.15。

7.2.2.15.4　刺盾蚧

参见 1.2.2.3.2。

7.2.2.16　枇杷

7.2.2.16.1　瓜实蝇

参见 1.2.2.2.2。

7.2.2.16.2　刺盾蚧

参见 1.2.2.3.2。

7.2.2.16.3　美澳型核果褐腐菌

参见 5.2.2.1.12。

7.2.2.17　梅

7.2.2.17.1　橘小实蝇

参见 1.2.2.3.4。

7.2.2.17.2　榆蛎盾蚧

参见 5.2.2.2.15。

7.2.2.17.3　苹果茎沟病毒［*Apple stem grooving virus*（ASGV）］

现场查验：感病叶片产生褪绿斑,其后成为坏死斑,顶部叶片表现斑驳,后期叶缘下卷、畸形。查验时注意有无叶片呈上述病症。

处理：经检测发现携带苹果茎沟病毒的,对该批梅进行退货或销毁处理。

7.2.2.17.4　番茄环斑病毒

参见 5.2.2.1.20。

7.2.2.17.5　木质部难养细菌

参见 5.2.2.2.7。

7.2.2.18　柿子

7.2.2.18.1　橘小实蝇

参见 1.2.2.3.4。

7.2.2.18.2　榆蛎盾蚧

参见 5.2.2.2.15。

7.2.2.19 桃

7.2.2.19.1 瓜实蝇
参见1.2.2.2.2。

7.2.2.19.2 橘小实蝇
参见1.2.2.3.4。

7.2.2.19.3 榆蛎盾蚧
参见5.2.2.2.15。

7.2.2.19.4 苹果茎沟病毒
参见7.2.2.17.3。

7.2.2.19.5 番茄环斑病毒
参见5.2.2.1.20。

7.2.2.19.6 木质部难养细菌
参见5.2.2.2.7。

7.2.2.19.7 美澳型核果褐腐菌
参见5.2.2.1.12。

7.3 进境中国台湾水果风险管理措施

见表7-3。

表7-3 进境中国台湾水果风险管理措施

水果种类	查验重点	农残检测项目	风险管理措施
柑橘、橙	果肉（实蝇、线虫）、果表（介壳虫、病害症状）、包装箱（杂草种子）	参见泰国橘、橙	
菠萝	果表（病症）	参照菲律宾菠萝	1.现场查验时未发现检疫性病害,可在口岸做出检疫初步合格判定,给以放行。2.发现检疫性病害销毁或退货,已放行的实施召回。3.按照国家质检总局进口水果安全风险监控计划实施抽检;其中展青霉素、乙烯利、氯丹、甲基异柳磷可不监测;如果发现超标物质,对此后进境该种货物连续3次检测,合格的恢复到抽检状态
杨桃	果肉（实蝇）、果表（介壳虫）	参见泰国杨桃	
芒果	果肉（实蝇）、果表（介壳虫、蓟马）	参见菲律宾芒果	

表7-3(续)

水果种类	查验重点	农残检测项目	风险管理措施
木瓜	果肉(实蝇)、果表(粉虱、果蝇、病症)	参见菲律宾木瓜	
番石榴	果肉(实蝇)、果表(介壳虫、粉虱、蓟马、病症)	参见杨桃	
鲜枣	果肉(实蝇)	水果共检项目6项、核果共检项目41项、枣特检项目6项；重点监测项目10项(镉、铅、杀虫脒、地虫硫磷、草甘膦、甲胺磷、氧化乐果、对硫磷、甲基对硫磷、辛硫磷、二氧化硫、焦亚硫酸钾、焦亚硫酸钠、亚硫酸钠、亚硫酸氢钠、低亚硫酸钠)、一般监测项目54项(铜、展青霉素、稀土、锌、乙酰甲胺磷、啶虫脒、涕灭威、艾氏剂、毒杀芬、克百威、氯丹、蝇毒磷、滴滴涕、内吸磷、狄氏剂、异狄氏剂、灭线磷、苯线磷、杀螟硫磷、甲氰菊酯、倍硫磷、氰戊菊酯和S-氰戊菊酯、六六六、七氯、氯唑磷、甲基异柳磷、灭蚁灵、久效磷、氯菊酯、甲拌磷、硫环磷、甲基硫环磷、磷胺、治螟磷、特丁硫磷、敌百虫、敌敌畏、硫代二丙酸二月桂酯、乙氧基喹、氢化松香甘油酯、对羟基苯甲酸酯类及其钠盐、辛基苯氧聚乙烯氧基、松香季戊四醇酯、聚二甲基硅氧烷、山梨酸及其钾盐、稳定态二氧化氯、蔗糖脂肪酸酯、2,4-二氯苯氧乙酸、巴西棕榈蜡、桂醛、多菌灵、乐果、马拉硫磷、抗蚜威)	1.现场查验重点查验昆虫，对有病症果实针对性采样送检；口岸不得直接检疫放行。2.发现携带中方关注有害生物的货物，做除害处理，无法处理的，退货或销毁。3.按照国家质检总局进口水果安全风险监控计划实施抽检；其中展青霉素、氯丹、甲基异柳磷、乙氧基喹、对羟基苯甲酸酯类及其钠盐(对羟基苯甲酸甲酯钠、对羟基苯甲酸乙酯及其钠盐)、聚二甲基硅氧烷、山梨酸及其钾盐、巴西棕榈蜡、桂醛可不监测；如果发现超标物质，对此后进境该种货物连续3次检测，合格的恢复到抽检状态
香蕉	果肉(实蝇)、果表(粉虱、病症)	参见菲律宾香蕉	

表 7 - 3(续)

水果种类	查验重点	农残检测项目	风险管理措施
莲雾	果肉(实蝇、蛾)、果表(粉虱、蓟马、病症)	参见越南火龙果	
李	果表(粉虱、介壳虫、病症)	参见美国李子	
柠檬	果肉(实蝇)、果表(介壳虫、病症)	水果共检项目 6 项、柑橘类水果共检项目 46 项、经表面处理的鲜水果共检项目 19 项、柠檬特检项目 23 项;重点监测项目 17 项(镉、铅、克百威、杀虫脒、地虫硫磷、甲胺磷、氧化乐果、对硫磷、甲基对硫磷、辛硫磷、二氧化硫、焦亚硫酸钾、焦亚硫酸钠、亚硫酸钠、亚硫酸氢钠、低亚硫酸钠、溴氰菊酯),一般监测项目 77 项[铜、展青霉素、稀土、锌、4-苯基苯酚、乙酰甲胺磷、涕灭威、艾氏剂、毒杀芬、氯丹、蝇毒磷、滴滴涕、内吸磷、敌敌畏、狄氏剂、联苯醚、异狄氏剂、灭线磷、苯线磷、杀螟硫磷、甲氰菊酯、倍硫磷、六六六、七氯、氯唑磷、甲基异柳磷、灭蚁灵、久效磷、氯菊酯、甲拌磷、硫环磷、甲基硫环磷、磷胺、紫胶(虫胶)、2-苯基苯酚钠盐、治螟磷、特丁硫磷、敌百虫、乙萘酚、啶虫脒、氰戊菊酯和 S-氰戊菊酯、草甘膦、硫代二丙酸二月桂酯、乙氧基喹、氢化松香甘油酯、对羟基苯甲酸酯类及其钠盐、辛基苯氧聚乙烯氧基、松香季戊四醇酯、聚二甲基硅氧烷、山梨酸及其钾盐、稳定态二氧化氯、蔗糖脂肪酸酯、2,4-二氯苯氧乙酸、巴西棕榈蜡、桂醛、双甲脒、三唑锡、联苯菊酯、溴螨酯、噻嗪酮、多菌灵、丁硫克百威、毒死蜱、四螨嗪、氯氰菊酯和高效氯氰菊酯、三氯杀螨醇、除虫脲、乐果、噁唑菌酮、苯丁锡、氟虫脲、噻螨酮、抑霉唑、马拉硫磷、亚胺硫磷、炔螨特、噻菌灵]	1.现场查验时未发现检疫性实蝇、介壳虫、病症果实,可在口岸做出检疫初步合格判定,给以放行。2.发现检疫性病害销毁或退货;检疫性实蝇、介壳虫做处理;已放行的实施召回。3.按照国家质检总局进口水果安全风险监控计划实施抽检;其中展青霉素、三唑锡、除虫脲、苯丁锡、炔螨特、单甲脒和单甲脒盐酸盐、乙氧基喹、对羟基苯甲酸酯类及其钠盐、聚二甲基硅氧烷、山梨酸及其钾盐、巴西棕榈蜡、桂醛、氯丹、甲基异柳磷可不监测;如果发现超标物质,对此后进境该种货物连续 3 次检测,合格的恢复到抽检状态

表 7 - 3(续)

水果种类	查验重点	农残检测项目	风险管理措施
火龙果		参见越南火龙果	
哈密瓜	果表(病症)	水果共检项目 6 项、经表面处理的鲜水果共检项目 19 项、无特检项目；重点监测项目 8 项(镉、铅、二氧化硫、焦亚硫酸钾、焦亚硫酸钠、亚硫酸钠、亚硫酸氢钠、低亚硫酸钠)，一般监测项目 17 项(铜、展青霉素、稀土、锌、硫代二丙酸二月桂酯、乙氧基喹、氢化松香甘油酯、对羟基苯甲酸酯类及其钠盐、辛基苯氧聚乙烯氧基、松香季戊四醇酯、聚二甲基硅氧烷、山梨酸及其钾盐、稳定态二氧化氯、蔗糖脂肪酸酯、2,4-二氯苯氧乙酸、巴西棕榈蜡、桂醛)	1.现场查验时未发现病症果实，可在口岸做出检疫初步合格判定，给以放行。2.发现检疫性病害销毁或退货；已放行的实施召回。3.按照质检总局进口水果安全风险监控计划实施抽检；其中展青霉素、乙氧基喹、对羟基苯甲酸酯类及其钠盐(对羟基苯甲酸甲酯钠、对羟基苯甲酸乙酯及其钠盐)、聚二甲基硅氧烷、山梨酸及其钾盐、巴西棕榈蜡、桂醛可不监测
番荔枝	果肉(实蝇)、果表(粉虱、介壳虫、病症)	参见越南火龙果	
槟郎	果肉(实蝇)、果表(粉虱)	参见越南火龙果	
椰子	果表(粉虱、介壳虫)	参见越南火龙果	
枇杷	果肉(实蝇)、果表(介壳虫、病症)	水果共检项目 6 项、仁果类水果共检项目 41 项、热带水果共检项目 41 项；重点监测项目 11 项(镉、铅、杀虫脒、地虫硫磷、甲胺磷、氧化乐果、对硫磷、辛硫磷、甲基对硫磷、乙酰甲胺磷、草甘膦)，一般监测项目 36 项(铜、展青霉素、稀土、锌、啶虫脒、涕灭威、艾氏剂、毒杀芬、克百威、氯丹、蝇毒磷、滴滴涕、内吸磷、敌敌畏、狄氏剂、异狄氏剂、灭线磷、苯线磷、杀螟硫磷、甲氰菊酯、倍硫磷、氰戊菊酯和 S-氰戊菊酯、六六六、七氯、氯唑磷、甲基异柳磷、灭蚁灵、久效磷、氯菊酯、甲拌磷、硫环磷、甲基硫环磷、磷胺、治螟磷、特丁硫磷、敌百虫)	1.现场查验时未发现检疫性实蝇、介壳虫、病症果实，可在口岸做出检疫初步合格判定，给以放行。2.发现检疫性病害销毁或退货；检疫性实蝇、介壳虫做处理；已放行的实施召回。3.按照国家质检总局进口水果安全风险监控计划实施抽检；其中展青霉素、氯丹、甲基异柳磷可不监测；如果发现超标物质，对此后进境该种货物连续 3 次检测，合格的恢复到抽检状态

表7-3(续)

水果种类	查验重点	农残检测项目	风险管理措施
梅	果肉(实蝇)、果表(介壳虫、病症)	水果共检项目6项、核果共检项目41项、梅特检项目1项;重点监测项目10项(镉、铅、杀虫脒、地虫硫磷、草甘膦、甲胺磷、氧化乐果、对硫磷、甲基对硫磷、辛硫磷),一般监测项目38项(铜、展青霉素、稀土、锌、乙酰甲胺磷、啶虫脒、涕灭威、艾氏剂、毒杀芬、克百威、氯丹、蝇毒磷、滴滴涕、内吸磷、狄氏剂、异狄氏剂、灭线磷、苯线磷、杀螟硫磷、甲氰菊酯、倍硫磷、氰戊菊酯和S-氰戊菊酯、六六六、七氯、氯唑磷、甲基异柳磷、灭蚁灵、久效磷、氯菊酯、甲拌磷、硫环磷、甲基硫环磷、磷胺、治螟磷、特丁硫磷、敌百虫、敌敌畏、亚胺唑)	1.现场查验时未发现检疫性实蝇、介壳虫、病症果实,可在口岸做出检疫初步合格判定,给以放行。2.发现检疫性病害销毁或退货;检疫性实蝇、介壳虫做处理;已放行的实施召回。3.按照国家质检总局进口水果安全风险监控计划实施抽检;其中展青霉素、氯丹、甲基异柳磷可不监测;如果发现超标物质,对此后进境该种货物连续3次检测,合格的恢复到抽检状态
柿子	果肉(实蝇)、果表(介壳虫)	水果共检项目6项、浆果类水果共检项目41项,无柿子特检项目;重点监测项目11项(镉、铅、乙酰甲胺磷、杀虫脒、地虫硫磷、草甘膦、甲胺磷、氧化乐果、对硫磷、甲基对硫磷、辛硫磷),一般监测项目36项(铜、展青霉素、稀土、锌、啶虫脒、涕灭威、艾氏剂、毒杀芬、克百威、氯丹、蝇毒磷、滴滴涕、内吸磷、敌敌畏、狄氏剂、异狄氏剂、灭线磷、苯线磷、杀螟硫磷、甲氰菊酯、倍硫磷、氰戊菊酯和S-氰戊菊酯、六六六、七氯、氯唑磷、甲基异柳磷、灭蚁灵、久效磷、氯氰菊酯、甲拌磷、硫环磷、甲基硫环磷、磷胺、治螟磷、特丁硫磷、敌百虫)	1.现场查验时未发现检疫性实蝇、介壳虫果实,可在口岸做出检疫初步合格判定,给以放行。2.发现检疫性实蝇、介壳虫做处理;已放行的实施召回。3.按照国家质检总局进口水果安全风险监控计划实施抽检;其中展青霉素、氯丹、甲基异柳磷可不监测;如果发现超标物质,对此后进境该种货物连续3次检测,合格的恢复到抽检状态

表 7 - 3(续)

水果种类	查验重点	农残检测项目	风险管理措施
桃	果肉(实蝇)、果表(介壳虫、病症)	水果共检项目6项、核果共检项目40项、桃特检项目7项;重点监测项目10项(镉、铅、杀虫脒、地虫硫磷、草甘膦、甲胺磷、氧化乐果、对硫磷、甲基对硫磷、辛硫磷),一般监测项目43项(铜、展青霉素、稀土、锌、乙酰甲胺磷、啶虫脒、涕灭威、艾氏剂、毒杀芬、克百威、氯丹、蝇毒磷、滴滴涕、内吸磷、狄氏剂、异狄氏剂、灭线磷、苯线磷、杀螟硫磷、甲氰菊酯、倍硫磷、氰戊菊酯和S-氰戊菊酯、六六六、七氯、氯唑磷、甲基异柳磷、灭蚁灵、久效磷、氯菊酯、甲拌磷、硫环磷、甲基硫环磷、磷胺、治螟磷、特丁硫磷、敌百虫、敌敌畏、多菌灵、氯氰菊酯和高效氯氰菊酯、敌敌畏、乐果、腈苯唑、马拉硫磷、抗蚜威)	1.现场查验时未发现检疫性实蝇、介壳虫、病症果实,可在口岸做出检疫初步合格判定,给以放行。2.发现检疫性病害销毁或退货;检疫性实蝇、介壳虫做处理;已放行的实施召回。3.按照国家质检总局进口水果安全风险监控计划实施抽检;其中展青霉素、氯丹、甲基异柳磷、腈苯唑可不监测;如果发现超标物质,对此后进境该种货物连续3次检测,合格的恢复到抽检状态

⑧ 进境意大利水果现场查验

8.1 植物检疫要求

目前意大利水果中,只有猕猴桃获得中方检疫准入,中意双方签署了《意大利猕猴桃输华植物检疫要求议定书》,根据议定书内容,中方制定了意大利输华猕猴桃植物检疫要求。意大利猕猴桃进境植物检疫要求具体如下:

1)法律法规依据

《中华人民共和国进出境动植物检疫法》《中华人民共和国进出境动植物检疫法实施条例》《中华人民共和国国家质量监督检验检疫总局和意大利农业、食品与林业政策部关于意大利猕猴桃输华植物检疫要求议定书》(2008 年 9 月 2 日草签)。

2)允许进境的商品名称

新鲜猕猴桃果实(学名:*Actinidia chinensis* 和 *Actinidia deliciosa*,英文名:Kiwi fruit)。

3)允许的产地

输华猕猴桃须来自以下产区:皮埃蒙特、威尼托、拉齐奥、艾米利亚-罗马涅。

4)批准的果园和包装厂

猕猴桃果园、包装厂应经意大利农业、食品与林业政策部(MAFFP)注册登记,并经中国国家质检总局(AQSIQ)批准。

5)关注的检疫性有害生物名单

地中海实蝇(*Ceratitis capitata*)、无花果蜡蚧(*Ceroplastes rusci*)、葡萄花翅小卷蛾(*Lobesia botrana*)、蛾蜡蝉科[*Metealfa pruinosa*(Hom.,Flatidae)]、丁香假单胞菌猕猴桃致病型(*Pseudomonas syringae* pv. Actinidiae)。

6)装运前要求

a)果园管理

在 MAFFP 指导下,输华猕猴桃果园应采取有效的监测、预防和有害生物综合管理措施,以避免和控制中方关注的检疫性有害生物发生。

在 AQSIQ 要求,MAFFP 向 AQSIQ 提供中方关注的检疫性有害生物的监测调查报告及综合管理措施的有关程序和结果。

b)包装厂管理

包装过程应受 MAFFP 检疫监管,确保输华猕猴桃不带昆虫,螨类,植物枝、叶和土壤,并经感观检查不带有烂果。

输华猕猴桃须与非输华水果分开,单独包装和储藏。

c)包装要求

输华猕猴桃必须用符合中国植物检疫要求的干净卫生、未使用过的材料包装。

每个包装箱上应用英文标出产地、果园和包装厂的名称或注册号，并在每个载货托盘上标明"输往中华人民共和国"英文字样。

d）冷处理要求

在出口前或运输途中，须在意方监管下对输华猕猴桃进行冷处理以杀灭地中海实蝇，冷处理的指标为果肉中心温度 1.1℃ 或以下持续 14d，或 1.7℃ 或以下持续 16d，或 2.1℃ 或以下持续 18d。

e）植物检疫及证书要求

植物检疫证书附加声明栏中注明："The consignment has been strictly quarantine inspected and is considered to conform with the requirements described in the Protocol of Phytosanitary Requirements for the Export of Kiwi Fruit from Italy to China, and is free from the quarantine pests concerned by China"（该批货物已经严格检疫，符合《意大利输华猕猴桃植物检疫要求议定书》的要求，不带有中方关注的检疫性有害生物）。

运输途中集装箱冷处理的温度、处理时间、集装箱号码和封识号，必须在植物检疫证书中处理栏内注明。

7）进境要求

a）有关证书核查

ⅰ）核查植物检疫证书是否符合本要求第 6 条第 5 项的规定。

ⅱ）核查进境猕猴桃是否附有国家质检总局颁发的《进境动植物检疫许可证》。

ⅲ）核查由船运公司下载的冷处理记录（运输途中冷处理方式），以及由 MAFFP 官方检疫官员签字盖章的"果温探针校正记录"正本。

b）进境检验检疫

ⅰ）根据《检验检疫工作手册》植物检验检疫分册有关规定，对进境猕猴桃实施检验检疫。

ⅱ）经冷处理培训合格的检验检疫人员，对以运输途中冷处理方式的冷处理结果进行核查：

（1）核查冷处理温度记录。任何 1 个果温探针温度记录均应符合证书注明处理温度技术指标，否则冷处理无效。冷处理的指标为果肉中心温度。

（2）果温探针安插的位置须符合以下要求：

（3）对果温探针进行校正检查。

果温探针安插的位置：

——1 号探针安插在集装箱内货物首排顶层中央位置；

——2 号探针安插在距集装箱门 1.5m（40ft 集装箱）或 1m（20ft 集装箱）的中央，并在货物高度一半的位置；

——3 号探针安插在距集装箱门 1.5m 的左侧，并在货物高度一半的位置；

——2 个空间温度探针分别安插在集装箱的入风口和回风口处。

任何果温探针校正值不应超过 ±0.3℃。温度记录的校正检查应在对冷处理温度记录核查后，初步判定符合冷处理条件的情况下进行。

果温探针校正检查方法

1）材料及工具

标准水银温度计、手持扩大镜、保温壶、洁净的碎冰块、蒸馏水。

2）果温探针的校正方法

a）将碎冰块放入保温壶内,然后加入蒸馏水,水与冰混合的比例约为1∶1;

b）将标准温度计和温度探针同时插入冰水中,并不断搅拌冰水,同时用手持扩大镜观测标准温度计的刻度值,使冰水温度维持在0℃,然后记录3支温度探针显示的温度读数,重复3次,取平均值。例如:

探针	第1次读数	第2次读数	第3次读数	校正
1号	0.1	0.1	0.1	−0.1
2号	−0.1	−0.1	−0.1	+0.1
3号	0.0	0.0	0.0	0.0

c）冷处理无效判定

不符合第7条第2项第2点情况之一的,则判定为冷处理无效。

8）不符合要求的处理

a）冷处理结果无效的,不准入境。

b）经检验检疫发现包装不符合第6条第3项有关规定,则该批猕猴桃不准入境。

c）有来自未经指定的果园、包装厂的猕猴桃,不准入境。

d）发现地中海实蝇活虫,对该批猕猴桃作退货或销毁处理,并暂停意大利猕猴桃输华。

e）如发现第5条中关注的有害生物和其他检疫性有害生物,对该批猕猴桃作退货、销毁或检疫处理(仅限于能够进行有效除害处理的情况),并视截获情况暂停相关果园、包装厂猕猴桃输华。

9）其他检验要求

根据《中华人民共和国食品安全法》和《中华人民共和国进出口商品检验法》的有关规定,进境猕猴桃的安全卫生项目应符合我国相关标准。

8.2 进境意大利水果现场查验与处理

8.2.1 携带有害生物一览表

见表8-1。

表8-1 进境意大利水果携带有害生物一览表

水果种类	关注有害生物	为害部位	可能携带的其他有害生物
猕猴桃	地中海实蝇、葡萄花翅小卷蛾	果肉	
	无花果蜡蚧、蛾蜡蝉科	果皮	椰圆盾蚧、梨枝圆盾蚧、芭蕉蚧、槟栉盾蚧、苹绵粉蚧、桑白盾蚧
	蛾蜡蝉、丁香假单胞菌猕猴桃致病型	果肉、果皮	蛾蜡蝉科、根癌土壤杆菌

8.2.2　关注猕猴桃有害生物的现场查验方法与处理

8.2.2.1　地中海实蝇

参见 5.2.2.1.1。

8.2.2.2　无花果蜡蚧 [*Ceroplastes rusci*(L.)]

现场查验：虫体椭圆形，体外覆盖一层坚固的蜡质分泌物，其边缘由红色的沟划分成 8 块，前面 1 块，两侧面各 3 块，尾部中间 1 块。每 1 块均有凹入的蜡眼，蜡眼内含有白蜡堆积物。背部单独 1 块也是由红色沟与边缘块分开，其中央有硬化块（即中央核）。覆盖物一般呈灰白色到浅粉色，或是浅黄色。产卵前期，虫体强烈凸起，甚至呈卵形。产卵开始后，覆盖物的颜色变暗，呈褐色。背面蜡块显著凸起，边缘蜡块相应变小，红色的沟也变浅，虫体呈馒头状（见图 8-1）。查验时检查果表有无馒头状介壳（见图 8-2），有针对性地采样送检。

图 8-1　无花果蜡蚧形态[①]　　图 8-2　无花果蜡蚧在枝条上的为害状(Doug Caldwell 摄)[②]

处理：对携带无花果蜡蚧的，做熏蒸除害处理；无除害处理条件的，对该批猕猴桃实施退货或销毁处理。

8.2.2.3　葡萄花翅小卷蛾 [*Lobesia botrana*(Denis et Schiffermuller)]

现场查验：成虫体长 6mm～8mm，翅展 10mm～13mm。头、腹奶油色，胸部也奶油色，但有黑斑，及锈褐色的背毛丛。足有浅奶油色和褐色相间出现的带纹。前翅有包括黑色、褐色、奶油色、红色和蓝色的斑驳状图纹，其底色为蓝灰和褐色，有浅奶油色边。翅前、后和外缘鳞片颜色深于翅底色；缘毛褐色，端部色浅；外缘有一奶油色基线。翅下表褐灰色，至前缘和端部颜色渐深。后翅浅褐灰色，至端渐深；下表浅灰色。雌雄差异不大（见图 8-3）。卵扁平，大小（0.65mm～0.90mm）×（0.45mm～0.75mm）。单产，极少 2 或 3 粒成串。初产时奶白色，后变浅灰色，半透明，有彩虹光斑。幼虫开始绿色，长约 1mm，老熟时长 9mm～11mm，宽 2mm，颜色多变，可能是绿色、玫瑰色、红色或红褐色，头蜜黄色，眼点黑色（见图 8-4）。幼虫 5 龄。初蛹奶油色或浅褐色、浅绿色或浅蓝色，但数小时后变成褐色或深褐色。幼虫为害实造成烂果（见图 8-5），查验果实有无卵粒或被害果粒，剖干烂果检查有无幼虫。对于表面有异常现象的鲜果，可以剖果观察有无幼虫。

---

① 图源自：http://www.alexagri.net/forum/archive/index.php/t-2322.html。
② 图源自：http://idtools.org/id/citrus/pests/factsheet.php? name=Fig+wax+scale。

图8-3　葡萄花翅小卷蛾成虫①　　图8-4　葡萄花翅小卷蛾幼虫②　　图8-5　葡萄花翅小卷蛾造成
葡萄烂果③

　　处理:对携带葡萄花翅小卷蛾的,做熏蒸除害处理;无除害处理条件的,对该批猕猴桃实施退货或销毁。

8.2.2.4　蛾蜡蝉[*Metealfa pruinosa*(Hom.,Flatidae)]

　　现场查验:成虫体长4cm~7cm,成虫、幼虫和蛹被白色蜡质层。成虫体近透明至淡灰色,复眼黄色,前翅有透明斑(见图8-6)。查验时注意检查果实及叶上有无蜡絮(见图8-7),剖果检查有无幼虫。

图8-6　蛾蜡蝉成虫④

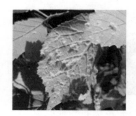

图8-7　蛾蜡蝉在叶片上的为害状⑤

　　处理:对携带蛾蜡蝉的,做熏蒸除害处理;无除害处理条件的,对该批猕猴桃实施退货或销毁处理。

8.2.2.5　丁香假单胞菌猕猴桃致病型(*Pseudomonas syringae* pv. Actinidiae)

　　现场查验:该细菌造成猕猴桃果实出现变色、萎缩等症状(见图8-8),叶片出现黑斑、褐斑,斑点逐步扩大(见图8-9)。查验时注意检查有无上述症状。

图8-8　丁香假单胞菌猕猴桃致病型造成果实萎缩⑥

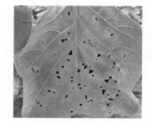

图8-9　在叶片上的为害状⑦

---

①　图源自:http://idtools.org/id/leps/tortai/Lobesia_botrana.htm。

②　图源自:http://www.corbisimages.com/stock-photo/rights-managed/42-26949517/european-grapevine-moth-lobesia-botrana-mature-larva。

③　图源自:http://www.economiayviveros.com.ar/agosto2013/actualidad_floricola_4.html。

④　图源自:http://www.evasion.it/Metcalfa_pruinosa.htm。

⑤　图源自:http://www.lucianabartolini.net/metcalfa_pruinosa.htm。

⑥　图源自:http://www.topnews.net.nz/content/217981-researchers-unveil-two-psa-illness-factors。

⑦　图源自:http://www.eppo.int/QUARANTINE/Alert_List/bacteria/P_syringae_pv_actinidiae.htm。

处理：对携带丁香假单胞菌猕猴桃致病型的，对该批猕猴桃实施退货或销毁处理。

8.3 进境意大利水果风险管理措施

见表 8－2。

表 8－2 进境意大利水果风险管理措施

水果种类	查验重点	农残检测项目	风险管理措施
猕猴桃	果肉（实蝇、蛾）、果皮（介壳虫、病害症状）	参见智利猕猴桃	

9 进境埃及水果现场查验

9.1 植物检疫要求

目前埃及水果中,只有柑橘获得中方检疫准入,中埃双方签署了埃及输华柑橘植物卫生条件议定书,根据议定书内容,中方制定了埃及输华柑橘植物检疫要求。埃及柑橘进境植物检疫要求具体要求如下:

1)法律法规依据

《中华人民共和国进出境动植物检疫法》《中华人民共和国进出境动植物检疫法实施条例》《中华人民共和国国家质量监督检验检疫总局和阿拉伯埃及共和国农业土地开垦部关于埃及输华柑橘植物卫生条件议定书》(2006 年 6 月 17 日签署)。

2)允许进境商品名称

柑橘类水果(*Citrus* sp.)。

3)批准的果园、包装厂和出口前冷处理设施

柑橘果园、包装厂和出口前冷处理设施应经埃及中央植物检疫局(CAPQ)审核注册,并经中国国家质检总局(AQSIQ)确认,名单可在总局网站上查询。

4)关注的检疫性有害生物名单

石榴螟(*Ectomyelois ceratoniae*)、桃实蝇(*Bactrocera zonata*)、地中海实蝇(*Ceratitis capitata*)、无花果蜡蚧(*Ceroplastes rusci*)、高粱穗隐斑螟(*Cryptoblabes gnidiella*)、芒果白轮蚧(*Aulacaspis tubercularis*)、黑丝盾蚧(*Ischnaspis longirostris*)、柑橘溃疡病(*Xanthomonas campest* pv. *citri*)、柠檬干枯菌(*Phoma tracheiphila*)。

5)装运前要求

a)果园管理。

ⅰ)CAPQ 应组织柑橘果园种植者,对中方关注的检疫性实蝇、柑橘溃疡病等有害生物进行全面的监测,并制定果园疫情调查、取样等监测指南,一旦疫情暴发或发生重大变化,应及时通知 AQSIQ。

ⅱ)在 CAPQ 检疫监管下,柑橘果园应采取有害生物控制计划,确保中方关注的检疫性有害生物得到有效控制。有害生物监测数据可用来指导果园疫情防治工作,如通过实蝇诱捕截获量及果实感染率等,决定针对实蝇的化学防治时间、用药量等。为防止农药残留超标,果园种植者应科学施用农药,并保留详细的农药施用记录。

b)包装厂管理。

ⅰ)包装厂加工的柑橘应来自 CAPQ 注册果园,包装厂应保存供货记录,确保柑橘具有溯源性。

ⅱ)包装前,柑橘应进行清洗、处理、打蜡和分级。

ⅲ)为有效防止病害再次感染,对柑橘进行采后消毒处理,药剂包括 1.25% 碳酸钠溶液、0.1% 硫酸铜溶液、2% 高锰酸钾或 8% 硼酸溶液等。

c）包装要求。

ⅰ）柑橘包装材料应干净卫生、未使用过。

ⅱ）柑橘包装箱上标明：产品名称、品种、货物代码、批次号、包装日期、出口目的地。

d）冷处理要求。

ⅰ）柑橘须进行针对实蝇的冷处理。冷处理技术指标见表9－1。

表9－1　针对实蝇的柑橘冷处理技术指标

果肉温度/℃	处理持续时间/d
0.00 或以下	10
0.55 或以下	11
1.11 或以下	12
1.66 或以下	14
2.22 或以下	16

ⅱ）冷处理可选择采用出口前冷处理或运输途中冷处理两种方式。

e）植物检疫证书要求。

ⅰ）对出口检验检疫合格的输华柑橘，CAPQ 应出具植物检疫证书，并在附加声明中应注明"The consignment was produced and inspected in compliance with Agreement on plant quarantine between AQSIQ and CAPQ"（该批货物根据 AQSIQ 和 CAPQ 签署的植物检疫议定书进行生产和检验）。

ⅱ）运输途中冷处理的，还应注明"CAPQ have supervised the calibration and the placement of temperature sensors into the fruit within the container(s) in accordance with the requirements of the Agreement and cold disinfestations treatment has been initiated"（CAPQ 根据议定书要求已对集装箱果温探针校正、安插实施监督，冷处理正式开始）。

ⅲ）冷处理的温度、处理时间和集装箱号码及封识号须在植物检疫证书中注明。出口前冷处理的，应在植物检疫证书上标出处理设施名称。

6）进境要求

a）允许入境港口。

北京、天津、大连、青岛、南京、上海。

b）有关证书核查。

ⅰ）核查植物检疫证书是否符合第5条第5项的规定。

ⅱ）核查进境柑橘是否附有国家质检总局颁发的《进境动植物检疫许可证》。

ⅲ）出口前冷处理的，需要提供由 CAPQ 官员签字盖章的"果温探针校正记录"和温度记录数据正本。

ⅳ）运输途中冷处理的，核查由船运公司下载的冷处理记录和由 CAPQ 官员签字盖章的"果温探针校正记录"正本。

c）进境检验检疫。

ⅰ）根据《检验检疫工作手册》植物检验检疫分册第11章的有关规定，对进境柑橘进行检验检疫。

ⅱ）经冷处理培训合格的检验检疫人员，对运输途中冷处理进行以下核查：

（1）核查冷处理温度记录。根据第 5 条第 4 项第 1 点所列冷处理技术指标，任何 1 个果温探针温度记录均须达到选定冷处理温度值或以下，并连续相应时间。

（2）果温探针安插的位置须符合附件 9－1 要求。

（3）对果温探针进行校正检查（见附件 9－2）。任何果温探针校正值不应超过±0.6℃。温度记录的校正检查应在对冷处理温度记录核查后，初步判定符合冷处理条件的情况下进行。

ⅲ）运输途中冷处理无效判定。

不符合第 6 条第 3 项第 2 点情况之一的，则判定为冷处理无效。

7）不符合要求的处理

a）经检验检疫发现包装不符合第 5 条第 3 项有关规定，该批柑橘不准入境。

b）发现有来自未经 CAPQ 注册批准的果园、包装厂或冷处理设施的柑橘，不准入境。

c）运输途中冷处理未完成或失效后，可在抵达中国口岸后重新进行冷处理。重新冷处理仍不合格的，则对该批货物作退货、销毁处理。

d）如果发现活的检疫性有害生物，则对该批货物作退货、销毁或检疫处理。

e）出现违规情况的，AQSIQ 将采取暂停相关果园、包装厂对华出口柑橘，甚至暂停进口埃及柑橘。在采取暂停或恢复措施前，可核查 CAPQ 有关程序。

8）其他检验要求

根据《中华人民共和国食品卫生法》和《中华人民共和国进出口商品检验法》的有关规定，进境柑橘的安全卫生项目应符合我国相关安全卫生标准。

附件 9－1

果温探针安插的位置

1 号探针安插在集装箱内货物首排顶层中央位置；

2 号探针安插在距集装箱门 1.5m（40ft 集装箱）或 1m（20ft 集装箱）的中央，并在货物高度一半的位置；

3 号探针安插在距集装箱门 1.5m（40ft 集装箱）或 1m（20ft 集装箱）的左侧，并在货物高度一半的位置。

安插位置见附图 9－1。

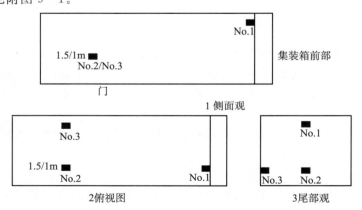

附图 9－1　安插位置示意图

附件 9-2

果温探针校正检查方法

1）材料及工具

标准水银温度计、手持扩大镜、保温壶、洁净的碎冰块、蒸馏水。

2）果温度探针的校正方法

a）将碎冰块放入保温壶内，然后加入蒸馏水，水与冰混合的比例约为 1:1；

b）将标准温度计和温度探针同时插入冰水中，并不断搅拌冰水，同时用手持扩大镜观测标准温度计的刻度值，使冰水温度维持在 0℃，然后记录 3 支温度探针显示的温度读数，重复 3 次，取平均值。例如：

探针	第 1 次读数	第 2 次读数	第 3 次读数	校正值
1 号	0.1	0.1	0.1	−0.1
2 号	−0.1	−0.1	−0.1	+0.1
3 号	0.0	0.0	0.0	0.0

9.2 进境埃及水果现场查验与处理

9.2.1 携带有害生物一览表

见表 9-2。

表 9-2 进境埃及水果携带有害生物一览表

水果种类	关注有害生物	为害部位	可能携带的其他有害生物
柑橘	高粱穗隐斑螟、桃实蝇、地中海实蝇、石榴螟、玫瑰短喙象	果肉	棉铃实夜蛾（棉铃虫）
	无花果蜡蚧、芒果白轮蚧、黑丝盾蚧、榆蛎盾蚧	果皮	灰暗圆盾蚧（黄炎盾蚧）、红肾圆盾蚧、东方肾圆盾蚧、蚕豆蚜、棉蚜、椰圆盾蚧、常春藤圆盅盾蚧、柑橘白轮盾蚧、黑褐圆盾蚧、红褐圆盾蚧、菠萝洁粉蚧、橘腺刺粉蚧、芭蕉蚧、槟榔盾蚧、吹绵蚧、紫牡蛎盾蚧、长蛎盾蚧、木槿曼粉蚧、马铃薯长管蚜、稻点绿蟪、橘鳞粉蚧、杨梅缘粉虱、黑盆蚧、糠片盾蚧、黄片盾蚧、黑片盾蚧、突叶并盾蚧、橘花巢蛾、桑白盾蚧、拟长尾粉蚧、橘矢尖盾蚧、骆驼刺属橘芽瘿螨、刘氏短须螨、苹果红蜘蛛、二点叶螨

表 9 - 2(续)

水果种类	关注有害生物	为害部位	可能携带的其他有害生物
柑橘	柠檬干枯菌、柑橘溃疡病	果肉、果皮	剡股芒蝇、锞纹夜蛾、黄猩猩果蝇、海灰翅夜蛾、草莓交链孢霉、柑橘链格孢、黑曲霉、富氏葡萄孢盘菌、柑橘间座壳、尖镰孢、地霉属、柑果黑腐菌、毛色二孢、指状青霉、意大利青霉、柠檬干枯菌、恶疫霉、柑橘褐腐疫霉菌、隐地疫霉菌、茄绵疫病菌、核盘菌、齐整小核菌、瓜亡革菌、根癌土壤杆菌、柠檬螺原体、柑橘粗糙病毒、柑橘速衰病毒、柑橘裂皮类病毒、芒果半轮线虫、花生根结线虫
	普通庭院大蜗牛（散大蜗牛）	包装箱	长叶车前、骆驼刺属橘芽瘿螨、刘氏短须螨、苹果红蜘蛛、二点叶螨

9.2.2 关注柑橘有害生物的现场查验方法与处理

9.2.2.1 芒果白轮蚧

参见 7.2.2.1.10。

9.2.2.2 桃实蝇

参见 2.2.2.3.7。

9.2.2.3 地中海实蝇

参见 5.2.2.1.1。

9.2.2.4 无花果蜡蚧

参见 8.2.2.1.2。

9.2.2.5 高粱穗隐斑螟[*Cryptoblabes gnidiella*(Milliere)]

现场查验：成虫翅展 11mm～16mm。前翅淡棕褐色,有玫瑰红鳞片混杂其间。前缘及中室有白色斑点,中室末端有一深色斑。后翅白色半透明,翅脉暗黑,沿翅前缘有一狭窄深色带(见图 9 - 1)。查验时注意剖果检查有无幼虫,注意果实有无烂果、虫粪等为害状,包装箱内有无成虫。

图 9 - 1　高粱穗隐斑螟[1]

处理：对携带高粱穗隐斑螟的,做熏蒸除害处理;无除害处理条件的,对该批柑橘实施退货或销毁处理。

---

[1]　图源自:http://www2.nrm.se/en/svenska_fjarilar/c/cryptoblabes_gnidiella.html。

9.2.2.6 石榴螟[Ectomyelois ceratoniae(Zeller)]

现场查验：成虫前翅褐灰色，带浅褐色的图案，内线和亚端线明显，其间颜色较深，端线深浅相间。后翅纯白色，翅展19mm～28mm(见图9-2)。幼虫粉色，头部红褐色，老熟幼虫18mm～20mm长。前胸盾黄色，中胸和腹第8节亚背毛(气门上方)有骨环包围，第1～7节亚背毛上方仅有细小的灰褐色新月形骨化斑(见图9-3)。蛹红褐色，胸背有隆脊，腹背有强刻点，腹第1～7节背面有成对的角状突起，有时末对成双叉状。臀棘2根，末端下弯(见图9-4)。幼虫不取食果实的外壳，而是钻入果仁中为害，通常通过果实开裂线的裂缝进入核仁，也有10%的幼虫是从果实的柄钻入坚果内危害，一般在果实内部化蛹。查验时注意剖果检查有无幼虫、蛹，注意果实有无烂果、虫粪等为害状，包装箱内有无成虫。

图9-2　石榴螟成虫形态①

图9-3　石榴螟幼虫②

图9-4　石榴螟蛹③

处理：对携带石榴螟的，做熏蒸除害处理；无除害处理条件的，对该批柑橘实施退货或销毁。

9.2.2.7 黑丝盾蚧

参见1.2.2.1.4。

9.2.2.8 榆蛎盾蚧

参见5.2.2.2.15。

9.2.2.9 玫瑰短喙象

参见5.2.2.1.7。

9.2.2.10 柑橘溃疡病菌

参见4.2.2.3.7。

9.2.2.11 柠檬干枯菌[Phoma tracheiphila(Petri)L. A. Kantsch. & Gikaschvili]

现场查验：该病的症状主要体现在寄主的木质部。叶片可能产生变色(见图9-5)。在果实上的表现不明显。主要依靠实验室检测确认。现场查验时注意观察带叶片果有无变色。

---

① 图源自：http://fruitex.cat/patologies-del-noguer/polilla-del-nogal。

② 图源自：http://www.academia.edu/8241718/Entomofaune_de_la_palmeraie_dEl-Atteuf_%C3％A0_Gharda％C3％AFa_Alg％C3％A9rie_。

③ 图源自：http://kenanaonline.com/users/Orchards-Azhar/posts/408895&h＝230&w＝209&tbnid＝cFXo87fd dANaeM：&docid＝HtIDRBbpJhksZM&ei＝X9y9VaG-O8KxmAXC8oHQCQ&tbm＝isch&ved＝0CE8QMygqMCpqFQ oTCOHpnd-EiscCFcIYpgodQnkAmg。

图 9-5　柠檬干枯病在寄主叶片上的症状①

处理：对携带柠檬干枯菌的，对该批柑橘实施退货或销毁处理。

9.2.2.12　散大蜗牛（普通庭院大蜗牛）

参见 5.2.2.2.22。

9.3　进境埃及水果风险管理措施

见表 9-3。

表 9-3　进境埃及水果风险管理措施

原产地	水果种类	查验重点	农残检测项目	风险管理措施
埃及	柑橘	果肉（实蝇、蛾）、果皮（介壳虫、病害症状）、包装箱（蜗牛）	参见泰国橘	

---

① 　图源自：http://www.padil.gov.au/pests-and-diseases/pest/main/136626/4735。

⑩ 进境日本水果现场查验

10.1 植物检疫要求

中日双方未签署过有关日本水果输华的植物检疫双边协议，中方没有针对传统贸易水果苹果、梨提出关注的有害生物名单，因此对日本苹果的检疫按照国家质检总局 2005 年第 68 号令《进境水果检验检疫监督管理办法》执行。

10.2 进境日本水果现场查验与处理

10.2.1 携带有害生物一览表

见表 10 - 1。

表 10 - 1　进境日本水果携带有害生物一览表

水果种类	关注有害生物	为害部位	可能携带的其他有害生物
苹果	橘小实蝇、荷兰石竹卷叶蛾、玫瑰短喙象	果肉	黄斑长翅卷蛾、棉褐带卷蛾、苹果银蛾、桃蛀果蛾、苹小食心虫、梨小食心虫、桃蛀野螟、李小食心虫、南川卷蛾、苹褐卷蛾、冬尺蠖蛾、桃白小卷蛾、芽白小卷蛾
	榆蛎盾蚧、日本金龟子	果皮	红肾圆盾蚧、黄圆盾蚧、棉蚜、常春藤圆盘盾蚧、绵毛小花甲、黑褐圆盾蚧、红褐圆盾蚧、普氏圆盾蚧、梨枝圆盾蚧、斑须蝽、菠萝洁粉蚧、苹果绵蚜、西花蓟马、茶翅蝽、异色瓢虫、芭蕉蚧、槟榔盾蚧、吹绵蚧、紫牡蛎盾蚧、柿蛎盾蚧、长白盾蚧、苹果瘤蚜、中华星盾蚧、梨星盾蚧、糠片盾蚧、黄片盾蚧、白星花金龟、桑白盾蚧、康氏粉蚧、拟长尾粉蚧、梨圆盾蚧、苹果红蜘蛛、二点叶螨
	美澳型核果褐腐菌、栗黑水疫霉菌、苹果黑星菌、梨火疫病菌、苹果茎沟病毒、李属坏死环斑病毒、藜草花叶病毒、烟草环斑病毒、番茄环斑病毒	果肉、果皮	黄猩猩果蝇、草莓交链孢霉、苹果链格孢、黄曲霉、梨生贝氏葡萄座腔菌、葡萄座腔菌、茶藨子葡萄座腔菌、富氏葡萄孢盘菌、灰葡萄孢、尖锐刺盘孢（草莓黑斑病菌）、盘长孢状刺盘孢、寄生隐丛赤壳、尖镰孢、燕麦镰刀菌、仁果粘壳孢、围小丛壳、山田胶锈、果生链核盘菌、核果链核盘菌、仁果干癌丛赤壳菌、指状青霉、扩展青霉、冰岛青霉、意大利青霉、恶疫霉、隐地疫霉菌、法雷疫霉、大雄疫霉、苹果白粉病菌、核盘菌、齐整小核菌、粉红单端孢、苹果黑腐皮壳、梨黑星病菌、发根土壤杆菌、根癌土壤杆菌、洋葱伯克氏菌、大黄欧文氏菌、丁香假单胞菌丁香致病变种、苹果锈果类病毒、苹果褪绿叶斑病毒、苹果花叶病毒、烟草花叶病毒、烟草坏死病毒、卢斯短体线虫
	—	包装箱	欧洲千里光、苹果红蜘蛛、二点叶螨

表 10 - 1(续)

水果种类	关注有害生物	为害部位	可能携带的其他有害生物
梨	苹果绵蚜、榆蛎盾蚧、日本金龟子	果皮	红肾圆盾蚧、梨黄粉蚜、黑褐圆盾蚧、红褐圆盾蚧、梨枝圆盾蚧、斑须蝽、茶翅蝽、异色瓢虫、芭蕉蚧、槟节盾蚧、吹绵蚧、长白盾蚧、苹果瘤蚜、杨梅缘粉虱、梨星盾蚧、突叶并盾蚧、白星花金龟、桑白盾蚧、康氏粉蚧、拟长尾粉蚧、梨圆盾蚧、芽白小卷蛾、橘蚜
	橘小实蝇	果肉	黄斑长翅卷蛾、梨巢斑蛾(拟)、棉褐带卷蛾、桃蛀果蛾、苹小食心虫、梨小食心虫、桃蛀野螟、茶黄毒蛾、梨实叶蜂、南川卷蛾、冬尺蠖蛾、苹褐卷蛾、桃白小卷蛾
	梨火疫病菌、卢斯短体线虫、美澳型核果褐腐菌、苹果黑星菌	果皮、果肉	苹果褪绿叶斑病毒、洋李矮缩病毒、烟草坏死病毒、发根土壤杆菌、根癌土壤杆菌、大黄欧文氏菌、边缘假单胞菌、丁香假单胞菌、草莓交链格孢霉、梨链格孢、苹果链格孢、黑曲霉、罗耳阿太菌、梨生贝氏葡萄座腔菌、罗尔状草腐菌、桃梨叶埋盘、仁果粘壳孢、围小丛壳、果生链核盘菌、梨褐斑球腔菌、仁果干癌丛赤壳菌、扩展青霉、梨叶点霉、恶疫霉、隐蔽叉丝单囊壳、白叉丝单囊壳、齐整小核菌、梨黑星病菌、苹果锈果类病毒
	—	包装箱	苹果红蜘蛛、侧食多附线螨

10.2.2 关注有害生物的现场查验方法与处理

10.2.2.1 苹果

10.2.2.1.1 橘小实蝇
　　参见 1.2.2.3.4。

10.2.2.1.2 荷兰石竹卷叶蛾
　　参见 5.2.2.1.3。

10.2.2.1.3 榆蛎盾蚧
　　参见 5.2.2.2.15。

10.2.2.1.4 玫瑰短喙象
　　参见 5.2.2.1.7。

10.2.2.1.5 日本金龟子
　　参见 5.2.2.1.8。

10.2.2.1.6 美澳型核果褐腐菌
　　参见 5.2.2.1.12。

10.2.2.1.7 栗黑水疫霉菌
　　参见 5.2.2.1.16。

10.2.2.1.8 苹果黑星菌
　　参见 5.2.2.6.31。

10.2.2.1.9 梨火疫病菌

参见 5.2.2.1.17。

10.2.2.1.10 苹果茎沟病毒

参见 7.2.2.17.3。

10.2.2.1.11 李属坏死环斑病毒

参见 5.2.2.1.18。

10.2.2.1.12 藜草花叶病毒

参见 5.2.2.2.17。

10.2.2.1.13 烟草环斑病毒

参见 5.2.2.1.19。

10.2.2.1.14 番茄环斑病毒

参见 5.2.2.1.20。

10.2.2.2 梨

10.2.2.2.1 苹果绵蚜

参见 5.2.2.4.3。

10.2.2.2.2 榆蛎盾蚧

参见 5.2.2.2.15。

10.2.2.2.3 日本金龟子

参见 5.2.2.1.8。

10.2.2.2.4 橘小实蝇

参见 1.2.2.3.4。

10.2.2.2.5 梨火疫病菌

参见 5.2.2.1.17。

10.2.2.2.6 卢斯短体线虫(*Pratylenchus loosi* Loof)

现场查验:雌虫温和热杀死后虫体近直形,虫体较纤细。表皮纹细而不明显,侧区较宽,具有 4 条(个别 5 或 6 条)侧线,侧带光滑无横纹,唇环 2 条,前部唇环明显窄于第 2 条唇环,唇拐角钝圆。口针发达,粗短,口针基球较大,高 2.4μm,宽 3.2μm,呈郁金香花形。雄虫常见,虫体前部体宽变窄,口针基球也明显变窄。其他特征与雌虫相似。交合刺明显,引带长 3μm~4.5μm,交合伞较窄,侧尾腺孔位于尾的中后部。

处理:经检测发现携带卢斯短体线虫的,对该批梨实施除害处理,无法处理的,退货或销毁。

10.2.2.2.7 美澳型核果褐腐菌

参见 5.2.2.1.12。

10.2.2.2.8 苹果黑星病菌

参见 5.2.2.6.31。

10.3 进境日本水果风险管理措施

见表 10-2。

表 10 - 2　进境日本水果风险管理措施

水果种类	查验重点	农残检测项目	风险管理措施
苹果	参见美国苹果		
梨	参见美国梨		

⑪ 进境新西兰水果现场查验

11.1 植物检疫要求

在获得中方检疫准入的苹果、樱桃、柑橘、猕猴桃、李、梨、梅等7种水果中,除苹果外,其他均属于传统贸易,未签订议定书,也没有提出关注的有害生物名单,因此对新西兰苹果检疫时,按照双边议定书执行,其他种类按国家质检总局2005年第68号令《进境水果检验检疫监督管理办法》执行。新西兰苹果进境植物检疫要求具体如下:

《新西兰苹果输华植物检疫要求议定书》《新西兰苹果输华检验检疫补充要求》(补充牛眼果腐病菌)。

1) 水果名称

苹果(*Malus domestica*)。

2) 允许产地

无特殊规定。

3) 允许入境口岸

无特殊规定。

4) 植物检疫证书要求

植物检疫证书附加声明应注明"The consignment is in compliance with requirements described in the Protocol of Phytosanitary Requirements for the Export of Apple from New Zealand to China and is free from the quarantine pests concern to China."(该批苹果符合《新西兰苹果输华植物检疫要求议定书》的要求,不带中方关注的检疫性有害生物)。

5) 包装要求

a) 包装前苹果应经过清洗、分级和检查,以去除中方关注的检疫性有害生物(见附件)和植株残体。包装过程中将由一名经NZMAF批准的检疫官实施检疫,以确保符合中国植物检疫要求。

b) 输华苹果包装箱上应用英文或中文标出货物名称、原产国、果园、包装厂名称或注册号、包装厂地址。每个包装箱或包装箱托盘上应用中文标明"输往中华人民共和国"字样。输华苹果包装材料应干净卫生、未使用过,符合中国进境植物检疫要求和安全卫生标准。

6) 关注的检疫性有害生物

梨火疫病菌(*Erwinia amylovora*),卷叶蛾类〔包括新西兰斜栉柄卷蛾(*Ctenopseustis obliquana*)、*C. herana*、苹淡褐卷蛾(*Epiphyas postvittana*)、*Planotortrix excessana*、*P. octo*、新西兰桉松卷蛾(*Pyrgotis plagiatana*)〕,苹叶瘿蚊(*Dasineura mali*),苹果边腐病菌(*Phialophora malorum*),苹果蠹蛾(*Cydia pomonella*),苹果绵蚜(*Eriosoma lanigerum*),拟长尾粉蚧(*Pseudococcus longispinus*)、欧洲枝溃疡病菌(*Neonetria galligena*),苹果壳色单隔孢溃疡病菌(*Botryosphaeria stevensii*),美澳型核果褐腐菌(*Monilinia fructicola*),苹果树炭疽病菌(*Pezicula malicorticis*),苹果黑星菌(*Venturia inaequalis*)。

7）特殊要求

a）输华苹果果园、包装厂和冷库须在 NZMAF 注册。获得注册的企业名单在苹果出口季节开始（通常是每年三月）前由 NZMAF 提供给 AQSIQ，并在 NZMAF 网站上公布并及时更新，任何增加或重要变更及时通知 AQSIQ。

b）在 MAF 指导下，输华苹果果园应实施良好农业规范（GAP）和水果综合生产（IFP）管理体系，以避免或控制中方关注的检疫性有害生物发生。所有注册企业应建立溯源体系，以确保苹果从生产到出田能够溯源。

c）新方确保输华苹果成熟和无火疫病症状，且果实未感染火疫病菌，从而最大程度降低火疫病传入中国的风险。新方果园应通过实施 IFP 管理体系来防控苹果蠹蛾。

8）不合格处理

中方如发现关注有害生物活体，该批货物将做除害、退货或销毁处理。

9）依据

a）《中华人民共和国国家质量监督检验检疫总局与新西兰农林部关于新西兰苹果输华植物检疫要求的议定书》（2011 年 9 月 28 日签署）；

b）《关于印发进口新西兰苹果检验检疫要求的通知》（国质检动〔2014〕48 号）。

11.2 进境新西兰水果现场查验与处理

11.2.1 携带有害生物一览表

见表 11-1。

表 11-1 进境新西兰水果携带有害生物一览表

水果种类	关注有害生物	为害部位	可能携带的其他有害生物
苹果	苹果蠹蛾、卷叶蛾 6 种、玫瑰短喙象	果肉	梨小食心虫、苹淡褐卷蛾、庭园象甲
	榆蛎盾蚧、拟长尾粉蚧、萍叶瘿蚊、苹果绵蚜	果皮	红肾圆盾蚧、棉蚜、常春藤圆蛊盾蚧、梨枝圆盾蚧、西花蓟马、芭蕉蚧、槟榔盾蚧、吹绵蚧、紫牡蛎盾蚧、糠片盾蚧、桑白盾蚧、蔗根粉蚧、粉蚧、笠齿盾蚧、梨圆盾蚧、苹果红蜘蛛、二点叶螨
	牛眼果腐病菌、苹果边腐病菌、欧洲枝溃疡病菌、苹果壳色单隔孢溃疡病菌、美澳型核果褐腐病菌、苹果树炭疽病菌、苹果黑星菌、梨火疫病菌、苹果茎沟病毒、李属坏死环斑病毒、烟草环斑病毒、番茄环斑病毒	果肉、果皮	草莓交链孢霉、茶藨子葡座腔菌、富氏葡萄孢盘菌、尖锐刺盘孢（草莓黑斑病菌）、罗尔状草菌、尖镰孢、燕麦镰刀菌、围小丛壳、核果链核盘菌、仁果干癌丛赤壳菌、壳青霉、意大利青霉、恶疫霉、隐地疫霉菌、法雷疫霉、大雄疫霉、苹果白粉病菌、核盘菌、齐整小核菌、梨黑星病菌、根癌土壤杆菌、丁香假单胞菌丁香致病变种、苹果褪绿叶斑病毒、苹果花叶病毒、樱桃锉叶病毒、烟草坏死病毒
	南方三棘果	包装箱	欧洲千里光、苹果红蜘蛛、二点叶螨

表 11 - 1(续)

水果种类	关注有害生物	为害部位	可能携带的其他有害生物
柑橘（橘、橙、柠檬）	玫瑰短喙象	果皮	红肾圆盾蚧、棉蚜、吹绵蚧、紫牡蛎盾蚧、马铃薯长管蚜、黑盔蚧、糠片盾蚧、黑片盾蚧、桑白盾蚧、蔗根粉蚧、暗色粉蚧、橘蚜、橘矢尖盾蚧
	斐济实蝇、橘花巢蛾	果肉	海岛实蝇、苹淡褐卷蛾
	柑橘顽固病螺原体	果皮、果肉	柑橘速衰病毒、柑橘裂皮类病毒、根癌土壤杆菌、丁香假单胞菌丁香致病变种、绿黄假单胞菌、野油菜黄单胞菌柑橘致病变种、草莓交链孢霉、柑橘链格孢、罗耳阿太菌（齐整小核菌有性态）、富氏葡萄孢盘菌、尖锐刺盘孢（草莓黑斑病菌）、柑橘间座壳、柑橘痂囊腔菌、地霉属、藤仓赤霉、围小丛壳、柑橘球座菌（柑果黑腐菌）、芝麻茎点枯病菌、意大利青霉、柑橘生疫霉、柑橘褐腐疫霉菌、烟草疫霉（茄绵疫病菌）、核盘菌、粗糙柑橘痂圆孢
	—	包装箱	橘芽瘿螨、苹果红蜘蛛、侧多食跗线螨、二点叶螨、矛叶蓟
樱桃	—	果皮	吹绵蚧、梨圆盾蚧、苹果红蜘蛛
	—	果肉	梨小食心虫
	南芥菜花叶病毒、李痘病毒、李属坏死环斑病毒、草莓潜（隐）环斑病毒、烟草环斑病毒、棉花黄萎病菌	果皮、果肉	樱桃卷叶病毒、樱桃坏死锈斑驳病毒、樱桃锉叶病毒、核果链核盘菌、恶疫霉
葡萄	榆蛎盾蚧	果皮	红肾圆盾蚧、棉蚜、常春藤圆盅盾蚧、梨枝圆盾蚧、苜蓿蓟马、芭蕉蚧、槟榔盾蚧、吹绵蚧、马铃薯长管蚜、黑盔蚧、桑白盾蚧、蔗根粉蚧、拟长尾粉蚧、暗色粉蚧、梨圆盾蚧、罂粟花蓟马、葱蓟马
	—	果肉	苹淡褐卷蛾、庭园象甲
	南芥菜花叶病毒、桃丛簇花叶病毒、草莓潜（隐）环斑病毒、烟草环斑病毒、番茄环斑病毒、番茄斑萎病毒、棉花黄萎病菌	果皮、果肉	苜蓿花叶病毒、苹果褪绿叶斑病毒、黄瓜花叶病毒、葡萄扇叶病毒、烟草坏死病毒、草莓交链孢霉、柑橘链格孢、罗耳阿太菌（齐整小核菌有性态）、茶藨子葡座腔菌、富氏葡萄孢盘菌、尖锐刺盘孢（草莓黑斑病菌）、葡萄痂囊腔菌、痂囊腔菌、尖镰孢、围小丛壳、意大利青霉、葡萄生拟茎点菌、隐地疫霉菌、葡萄生单轴霉、根癌土壤杆菌、丁香假单胞菌丁香致病变种、绿黄假单胞菌、柑橘裂皮类病毒

表 11－1(续)

水果种类	关注有害生物	为害部位	可能携带的其他有害生物
葡萄	散大蜗牛、南方三棘果	包装箱	苹果红蜘蛛、侧多食跗线螨、二点叶螨、矛叶蓟、欧洲千里光
猕猴桃	—	果皮	常春藤圆盾蚧、梨枝圆盾蚧、芭蕉蚧、槟榔盾蚧、桑白盾蚧
	—	果肉	苹淡褐卷蛾
	—	果皮、果肉	根癌土壤杆菌、丁香假单胞菌猕猴桃致病变种、丁香假单胞菌丁香致病变种、绿黄假单胞菌、罗耳阿太菌(齐整小核菌有性态)、富氏葡萄孢盘菌、罗尔状草菌、尖镰孢、芝麻茎点枯病菌、恶疫霉、隐地疫霉菌、大雄疫霉、核盘菌
	散大蜗牛	包装箱	二点叶螨
李	榆蛎盾蚧	果皮	梨枝圆盾蚧、苜蓿蓟马、吹绵蚧、糠片盾蚧、桑白盾蚧、暗色粉蚧、笠齿盾蚧、梨圆盾蚧
	—	果肉	梨小食心虫、棉铃实夜蛾
	李属坏死环斑病毒、烟草环斑病毒、番茄环斑病毒、棉花黄萎病菌	果皮、果肉	苹果花叶病毒、樱桃小果病毒、洋李矮缩病毒、根癌土壤杆菌、甘薯长喙壳、恶疫霉、白叉丝单囊壳、核盘菌
	南方三棘果	包装箱	苹果红蜘蛛
梨	苹果绵蚜、榆蛎盾蚧	果皮	红肾圆盾蚧、梨枝圆盾蚧、苹淡褐卷蛾、芭蕉蚧、槟榔盾蚧、吹绵蚧、桑白盾蚧、拟长尾粉蚧、暗色粉蚧、笠齿盾蚧、梨圆盾蚧、橘蚜、梨埃瘿螨、苹果红蜘蛛、侧多食跗线螨
	苹果蠹蛾	果肉	梨小食心虫
	梨火疫病菌、美澳型核果褐腐菌、苹果树炭疽病菌、苹果黑星菌	果皮、果肉	苹果褪绿叶斑病毒、洋李矮缩病毒、烟草坏死病毒、根癌土壤杆菌、边缘假单胞菌边缘致病变种、丁香假单胞菌栖菜豆致病变种、草莓交链孢霉、罗耳阿太菌(齐整小核菌有性态)、茶藨子葡座腔菌、罗尔状草菌、桃梨叶埋盘、围小丛壳、仁果干癌丛赤壳菌、恶疫霉、隐蔽叉丝单囊壳、白叉丝单囊壳、齐整小核菌、梨黑星病菌
梅	—	果皮	糠片盾蚧、桑白盾蚧、梨圆盾蚧
	—	果肉	梨小食心虫
	苹果茎沟病毒、梨火疫病菌	果皮、果肉	根癌土壤杆菌、丁香假单胞菌猕猴桃致病变种、丁香假单胞菌丁香致病变种、茶藨子葡座腔菌、畸形外囊菌

11.2.2　关注有害生物的现场查验方法与处理

11.2.2.1　苹果

11.2.2.1.1　苹果蠹蛾

参见5.2.2.1.5。

11.2.2.1.2　卷叶蛾

包括新西兰斜栉柄卷蛾[*Ctenopseustis obliquana*（Walker）]、*C. herana*（Feld. & Rogen）、苹淡褐卷蛾[*Epiphyas postvittana*（Walker）]、[*Planotortrix excessana*（Walker）]、*P. octo* Dugdale、新西兰桉松卷蛾[*Pyrgotis plagiatana*（Walter）]。

现场查验：新西兰斜栉柄卷蛾成虫翅展25mm，前翅色斑变化大，从灰色到深棕色（见图11-1）。老熟幼虫长约20mm，体色从绿到灰黄（见图11-2）。

图11-1　新西兰斜栉柄卷蛾成虫①　　　图11-2　新西兰斜栉柄卷蛾幼虫②

C. herana 成虫翅展18mm～20mm，前翅颜色变化大，通常栗棕色，但少数从黑棕色到淡黄褐色（见图11-3）。

（a）雌成虫　　　　　　　　　　（b）雄成虫

图11-3　*C. herana* 雌成虫与雄成虫③

苹淡褐卷蛾雄成虫前翅长6mm～10mm，翅前端红棕色，其余部分亮棕色（见图11-4）；雌成虫前翅长7mm～13mm，红棕色区域小，仅在翅尖（见图11-5）。

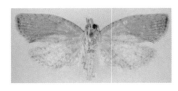 

（a）雄成虫　　　　　　　　　　（b）雌成虫

图11-4　苹淡褐卷蛾雄成虫与雌成虫④

---

① 图源自：http://idtools.org/id/leps/tortai/Ctenopseustis_obliquana.htm。
② 图来源同图11-1。
③ 图源自：https://en.wikipedia.org/wiki/Ctenopseustis_herana。
④ 图源自：http://www.gbif.org/species/1737131v。

Planotortrix excessana 成虫翅展 16mm～30mm,体暗褐色(见图 11 - 5)。

(a)雄成虫　　　　　　　　　　　　(b)雌成虫

图 11 - 5　*Planotortrix excessana* 成虫①

P. octo 成虫见图 11 - 6。

新西兰桉松卷蛾成虫翅展18mm,前翅卷缩,灰赭色,近基部颜色渐深。后翅卷曲,近基本赭色,有灰色斑点。

查验时注意剖果。

处理:经检测发现携带上述卷蛾的,对该批苹果实施除害处理;无法处理的,退货或销毁。

图 11 - 6　*Planotortrix octo* 成虫②　　　　图 11 - 7　拟长尾粉蚧雌成虫③

11.2.2.1.3　榆蛎盾蚧

参见 5.2.2.2.15。

11.2.2.1.4　拟长尾粉蚧[*Pseudococcus longispinus*(Targioni Tozzetti)]

现场查验:雌成虫体黄色,被白色蜡粉,有一棕色体节(见图 11 - 7)。查验时注意检查果表有无介壳虫或蜡粉。

处理:经检测发现携带拟长尾粉蚧的,对该批苹果实施除害处理;无法处理的,退货或销毁。

11.2.2.1.5　玫瑰短喙象

参见 5.2.2.1.7。

11.2.2.1.6　苹叶瘿蚊[*Dasineura mali*(Kieffer)]

现场查验:注意果实表面和包装内有无成虫。成虫体长 1.5mm～2.0mm,体黑棕色,雌虫腹部红色(见图 11 - 8)。幼虫白色或乳白色,老熟变红色或黄色。蛹黄色。

处理:经检测发现携带苹叶瘿蚊的,对该批苹果实施除害处理;无法处理的,退货或销毁。

---

①　图源自:http://idtools.org/id/leps/tortai/Planotortrix_excessana.htm。

②　图源自:https://en.wikipedia.org/wiki/Planotortrix_octo。

③　图源自:http://www.sel.barc.usda.gov/scalekeys/mealybugs/key/mealybugs/media/html/Species/Pseudococcus_longispinus/Pseudococcus_longispinus.html。

图 11-8　苹叶瘿蚊成虫(Jerry Cross 摄)[①]

11.2.2.1.7　苹果绵蚜
　　参见 5.2.2.4.3。

11.2.2.1.8　美澳型核果褐腐菌
　　参见 5.2.2.1.12。

11.2.2.1.9　苹果树炭疽病菌
　　参见 5.2.2.1.14。

11.2.2.1.10　苹果黑星菌
　　参见 5.2.2.6.31。

11.2.2.1.11　梨火疫病菌
　　参见 5.2.2.1.17。

11.2.2.1.12　苹果边腐病菌
　　参见 5.2.2.6.23。

11.2.2.1.13　欧洲枝溃疡病菌[*Neonetria galligena*(Bres.)Rossman & Samuels]
　　现场查验:真菌病害,造成溃疡症状,查验时注意针对性采样。
　　处理:经检测发现携带欧洲枝溃疡病菌的,对该批苹果做退货或销毁处理。

11.2.2.1.14　苹果壳色单隔孢溃疡病菌(*Botryosphaeria stevensiis* Shoemaker)
　　现场查验:真菌病害,造成溃疡症状,查验时注意针对性采样。
　　处理:经检测发现携带苹果壳色单隔孢溃疡病菌的,对该批苹果做退货或销毁处理。

11.2.2.1.15　苹果茎沟病毒
　　参见 7.2.2.17.3。

11.2.2.1.16　李属坏死环斑病毒
　　参见 5.2.2.1.18。

11.2.2.1.17　烟草环斑病毒
　　参见 5.2.2.1.19。

11.2.2.1.18　番茄环斑病毒
　　参见 5.2.2.1.20。

11.2.2.1.19　南方三棘果
　　参见 5.2.2.2.21。

---

　　① 图源自:http://blogs.cornell.edu/jentsch/2014/07/15/apple-leaf-curling-midge-damage-this-season-in-ny-and-new-england-july-15/

11.2.2.2　柑橘(橙、橘、柠檬)

11.2.2.2.1　玫瑰短喙象

参见 5.2.2.1.7。

11.2.2.2.2　斐济实蝇

参见 5.2.2.5.16。

11.2.2.2.3　橘花巢蛾(*Pravs citri* Mill.)

现场查验:成虫翅展 10mm～12mm,身体暗黄褐色。翅有长的缘毛。前翅有灰褐色的斑纹,在翅顶和后缘呈暗褐色。后翅非常狭窄,黄褐色(见图 11-9)。幼虫身体颜色淡,呈浅褐色或污白色,头部和胸部背面颜色较深(见图 11-10)。查验时注意剖果检查有无幼虫。

　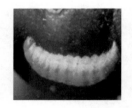

图 11-9　橘花巢蛾成虫形态[①]　　　图 11-10　橘花巢蛾幼虫[②]

处理:经检测发现携带橘花巢螟,做熏蒸除害处理;不具备除害处理条件的,对该批货物进行退货或销毁。

11.2.2.2.4　柑橘顽固病螺原体

参见 5.2.2.5.23。

11.2.2.2.5　病毒〔南芥菜花叶病毒、李痘病毒、李属坏死环斑病毒、草莓潜(隐)环斑病毒、烟草环斑病毒〕

现场查验:查验时注意针对性采样。

处理:经检测发现携带上述病毒的,对该批水果做退货或销毁处理。

11.2.2.2.6　棉花黄萎病菌

参见 5.2.2.4.25。

11.2.2.3　葡萄

11.2.2.3.1　榆蛎盾蚧

参见 5.2.2.2.15。

11.2.2.3.2　病毒(南芥菜花叶病毒、桃丛簇花叶病毒、草莓潜(隐)环斑病毒、烟草环斑病毒、番茄环斑病毒、番茄斑萎病毒)

现场查验:查验时注意针对性采样。

处理:经检测发现携带上述病毒的,对该批水果做退货或销毁处理。

11.2.2.3.3　棉花黄萎病菌

参见 5.2.2.4.25。

---

①　图源自:http://www.microlepidoptera.nl/nieuws/nieuws.php? id=41。
②　图源自:http://www.agroziraat.com/zanasayfa/turuncgiller.html。

11.2.2.3.4　散大蜗牛

　　参见5.2.2.2.22。

11.2.2.3.5　南方三棘果

　　参见5.2.2.2.21。

11.2.2.4　猕猴桃

11.2.2.4.1　散大蜗牛

　　参见5.2.2.2.22。

11.2.2.5　李

11.2.2.5.1　榆蛎盾蚧

　　参见5.2.2.2.15。

11.2.2.5.2　病毒(李属坏死环斑病毒、烟草环斑病毒、番茄环斑病毒)

　　现场查验:查验时注意针对性采样。

　　处理:经检测发现携带上述病毒的,对该批李退货或销毁。

11.2.2.5.3　棉花黄萎病菌

　　参见5.2.2.4.25。

11.2.2.5.4　南方三棘果

　　参见5.2.2.2.21。

11.2.2.6　梨

11.2.2.6.1　苹果蠹蛾

　　参见5.2.2.1.5。

11.2.2.6.2　苹果绵蚜

　　参见5.2.2.4.3。

11.2.2.6.3　榆蛎盾蚧

　　参见5.2.2.2.15。

11.2.2.6.4　梨火疫病菌

　　参见5.2.2.1.17。

11.2.2.6.5　美澳型核果褐腐菌

　　参见5.2.2.1.12。

11.2.2.6.6　苹果树炭疽病菌

　　参见5.2.2.1.14。

11.2.2.6.7　苹果黑星菌

　　参见5.2.2.6.31。

11.2.2.7　梅

11.2.2.7.1　苹果茎沟病毒

　　参见7.2.2.17.3。

11.2.2.7.2　梨火疫病菌

　　参见5.2.2.1.17。

11.3　进境新西兰水果风险管理措施

　　见表11－2。

表 11-2 进境新西兰水果风险管理措施

水果种类	查验重点	农残检测项目	风险管理措施
苹果	果表(介壳虫、绵蚜、病症)、果肉(蠹蛾、卷蛾、象甲)、包装(杂草)	参见美国苹果	
柑橘(橙、橘、柠檬)	果肉(实蝇、蛾、象甲)、果表(病症)	参见泰国橘、橙、柚	
葡萄	果表(介壳虫、病症)、包装(蜗牛、杂草)	参见美国葡萄	
猕猴桃	包装(蜗牛)	参见智利猕猴桃	
李	果表(介壳虫、病症)、包装(杂草)	参见美国李子	
梨	果表(介壳虫、绵蚜、病症)、果肉(蠹蛾)	参见美国梨	
梅	果表(病症)	参见中国台湾梅	

12 进境加拿大水果现场查验

12.1 植物检疫要求

目前加拿大水果中,只有樱桃以试验形式获得中国检疫准入,从 2013 年起加拿大 BC 省试验性对华输出樱桃,并根据每年的进口检疫情况进行评估,制定下一年的植物检疫要求。目前双方已就加拿大 BC 省产樱桃对华永久准入植物检疫安排达成一致。2014 年加拿大 BC 省鲜食樱桃试进口检验检疫要求具体如下:

1) 法律法规依据

《中华人民共和国进出境动植物检疫法》《中华人民共和国进出境动植物检疫法实施条例》《中华人民共和国食品安全法》《中华人民共和国食品安全法实施条例》《进境水果检验检疫监督管理办法》(质检总局令第 68 号)《中华人民共和国国家质量监督检验检疫总局与加拿大食品检验署关于不列颠哥伦比亚省鲜食樱桃出口中国的植物检疫议定书》。

2) 允许进境商品名称

新鲜樱桃果实(以下简称樱桃),学名:*Prunus avium*,英文名:Cherry。

3) 试进口的产地

加拿大不列颠哥伦比亚省(BC 省)。

4) 批准的果园、包装厂注册登记

输华樱桃果园、包装厂须经加拿大食品检验署(CFIA)注册,并由 AQSIQ 和 CFIA 共同批准,其名单可在质检总局网站上查询。

5) 关注的有害生物名单

关注的检疫性有害生物名单:

黑樱桃绕实蝇(*Rhagoletis fausta*)、西部樱桃实蝇(*Rhagoletis indifferens*)、苹果实蝇(*Rhagoletis pomonella*)、樱桃峰斑螟(*Acrobasis tricolorella*)、果黄卷蛾(*Archips podana*)、玫瑰色卷蛾(*Choristoneura rosaceana*)、樱小食心虫(*Grapholita packardi*)、杏小食心虫(*Grapholita prunivora*)、芽广翅小卷蛾(*Hedya nubiferana*)、苹果芽小卷蛾(*Platynota idaeusalis*)、李瘤蚜(*Myzus cerasi*)、美澳型核果褐腐病菌(*Monilinia fructicola*)、核果树溃疡病菌(*Pseudomonas syringae* pv. *morsprunorum*)、樱桃小果病毒(*Little cherry virus*);关注的其他有害生物名单:斑翅果蝇(*Drosophila suzukii*)。

6) 果园管理

a) 所有出口果园应实施良好农业操作规范(GAP),维持果园卫生,并执行有害生物综合防治(IPM),包括如病虫害监测、化学或生物防治以及农事操作等控制措施。

b) 所有出口果园应在 CFIA 的指导下,对中方关注的检疫性有害生物进行监测,并采取相应的控制措施。应 AQSIQ 要求,由 CFIA 向 AQSIQ 提供有害生物监测及防治的记录。

c) CFIA 应及时向 AQSIQ 通报加拿大新发生且对中国具有检疫意义的有害生物。

7）包装要求

a）CFIA应检查确认出口中国樱桃的处理、包装、储存、装载和运输符合议定书要求进行，不带有害生物、烂果、枝叶、根和土壤。包装好的樱桃应立即进入冷库冷藏，防止有害生物再次感染。

b）樱桃包装材料应干净卫生、未使用过，符合中国相关植物检疫要求。包装箱如有通气孔，须用防虫纱网（最大孔径 1.6mm）覆盖以防有害生物进入，或者将整个托盘用防虫纱网覆盖。

c）每个包装箱上应注明原产地、果园注册号、包装厂和包装厂注册号，每个托盘货物应标注"输往中华人民共和国"中文字样，若未采用托盘，则每个包装箱上应标注"输往中华人民共和国"中文字样。

8）特别保障措施

2014 年试进口期间，针对中方关注的实蝇和鳞翅目有害生物，加方须采取特别保障措施（见附件 12－1），以等效替代冷处理要求。保障措施包括果园监控、包装厂管理、红糖水漂浮法检测程序、预检以及指定入境口岸等。

9）出口前检查

中方将在 2014 年樱桃采收季节派专家赴加，对部分批次货物实施抽查预检，预检合格的，中加双方检验检疫人员联合签发预检证书。同时，加方须对每批符合议定书要求的樱桃出具一份植物检疫证书，并对集装箱加施封识。

10）证书要求

a）经产地预检合格的樱桃，需随附预检证书，并记录所检批次樱桃情况。

b）加方签发的植物检疫证书应注明封识号，并在附加声明中注明："The consignment is in compliance with the Phytosanitary Arrangement between the General Administration of Quality Supervision，Inspection and Quarantine of the People's Republic of China and the Canadian Food Inspection Agency for the Export to China of Fresh Cherries from the Province of British Columbia of Canada and is free of quarantine pests of concern to People's Republic of China."（该批货物符合《中华人民共和国国家质量监督检验检疫总局与加拿大食品检验署关于向中国出口不列颠哥伦比亚省鲜食樱桃的植物检疫议定书》并且不带中华人民共和国所关注的检疫性有害生物）。

11）进境检验检疫

试进口期间，允许进境口岸为北京首都机场、上海、广州、南沙海港、深圳海港、大连海港。

樱桃到达进境口岸时，应向出入境检验检疫机构（CIQ）报检。检验检疫人员对进境动植物检疫许可证、植物检疫证书等单证进行核查，并经检验检疫合格后予以放行。对于植物检疫证书已注明预检证书号码，且经核实预检证书（原件或复印件）确认该批樱桃已接受产地预检，应免抽样检疫，予以快速验放。

如发现来自未经批准的果园、包装厂，则该批货物不准进境。

试进口期间，结合常规感官检查，还应按照附件 12－1 红糖水漂浮法有关要求，对加拿大樱桃实施批批检查。如检出黑樱桃实蝇、西部樱桃实蝇、苹果实蝇或食心虫的活体，则该批货物做退货、转口、销毁或除害处理。同时，AQSIQ 将立即通报 CFIA，暂停从相关果园进口。CFIA 应进行调查分析，查明原因并采取适当措施。AQSIQ 可暂停进口加拿大樱桃，并根据对 CFIA 采取措施的评估情况，决定是否恢复进口。

如发现第 5 条中的其他检疫性有害生物或加拿大未曾报道过的有害生物,AQSIQ 将采取退货、转口、销毁或除害处理。AQSIQ 将通报 CFIA 暂停从相关果园进口。CFIA 应进行调查分析,查明原因,并实施适当措施。根据截获疫情严重程度,AQSIQ 可暂停从加拿大进口樱桃,并将根据对 CFIA 采取措施的评估情况,决定是否恢复进口。

如不符合我国食品安全国家标准,则按照《中华人民共和国食品安全法》及其实施条例的有关规定处理。

12) 回顾性审查

如果在加拿大检测出新的中方关注的樱桃有害生物,AQSIQ 将进行进一步风险分析,并与 CFIA 磋商修订检疫性有害生物名单和相关植物检疫要求。

在 2014 年出口季节结束后,中加双方将对实蝇及鳞翅目有害生物所采取的特别保障措施进行评估。

附件 12 - 1

针对实蝇和食心虫的附加措施

根据对 2013 年试出口情况的评估,针对实蝇(*Rhagoletis* spp.)和食心虫(*Grapholita* spp.)的附加植物检疫措施如下:

1) 果园监控

针对黑樱桃绕实蝇、西部樱桃实蝇及苹果实蝇:

所有注册果园将必须进行化学控制。CFIA 应确认从樱桃坐果至采收,主要针对实蝇及其在叶子和果实上的为害症状,每周 1 次进行肉眼检查。检查重点是果园周边,尤其是靠近未受管理的区域。监控结果将在需要时向 AQSIQ 提供。CFIA 应确认针对实蝇的化学防治以及其他适当措施落实到位。根据 BC 省果实生产综合指南,针对实蝇要实施强制措施。如在果园监测中在樱桃果实上发现实蝇,CFIA 将在本出口季节暂停该果园向中国出口。如果在采收的樱桃果实上检出实蝇,CFIA 将在本出口季节暂停该果园向中国出口。所有注册果园需设置黄板诱捕监测实蝇,并配合使用碳酸胺试剂,以增强诱捕效果。每个果园悬挂黄板数量不能少于 4 个,当果园面积大于 10acre(注:1acre=4046.85m²),将按照每 2acre 悬挂 1 个黄板的密度要求,悬挂的黄板数可不多于 20 个。诱捕应从樱桃坐果开始,持续到采收期结束。在生产季节,每周检查 1 次黄板;采收前 1 个星期,检查 2 次。黄板和碳酸胺液体需每 2 周至少更换 1 次。如表面被植物残体覆盖,应及时更换。碳酸铵诱剂应根据制造商规定予以更换,应确保整个生长季节有效。如果根据计算,一个注册果园中,在连续 2 周的时间里,平均每个黄板上诱捕到的实蝇数量超过 2 头,则该果园在本出口季节将被暂停,有关情况应向 AQSIQ 通报。

2) 包装

在加工包装过程中的任何环节,如果发现实蝇或食心虫幼虫,则该相关果园产的樱桃将不允许在本出口季节继续出口。

所有注册的包装厂需要有额外的防护措施以防止果实在包装过程中再受有害生物感染。

3) 红糖水漂浮法检测程序

按以下表格进行抽样(不适用于实验室培养);按约每 20L 清水加 3kg 红糖的比例配制

红糖水;补充加入少量水或糖,至糖度计的度数显示糖浓度为 15~18。将樱桃放入桶中,压成碎片,但不能过度用力,以免挤压幼虫。将红糖水加到压碎的樱桃中,直到液面覆盖过樱桃碎片,并适当搅拌;静置 10min 以上;在充足的光源下,检查悬浮于液面的幼虫;如在红糖水检测中发现了幼虫,收取幼虫并装入标识的器皿中。借助显微镜对样品进行观察,并鉴定收集到的幼虫。如在红糖水检测中发现了实蝇及食心虫幼虫,该货物检验不合格,不得对该批货物出口出证。此外,相关果园在当季不得继续出口。如在红糖水监测中发现果蝇类幼虫,但未超出规定水平,应视为合格。

附表 12-1 红糖水检测抽样表

货物中的数量/箱	最少需抽取的数量/箱
1~50	2
51~100	3
101~200	4
201~350	6
351~500	8
501~750	10
751~1,200	12
1,201~2,000	15
2,001~3,500	20
3,501~5,000	25
5,001~10,000	32
10,001~20,000	40
20,001~40,000	50
>40,001	60

按附表 12-1 对应的数量要求抽取相应箱数,再在每箱中选取 35 个樱桃果(每箱 5kg)或 50 个樱桃果(每箱 9kg)用于红糖水检测。如取样在包装线中进行,则需选取同等数量的樱桃用于检测。樱桃样品须具代表性,各种大小规格的樱桃按比例进行抽样。

4)预检

2 位 CIQ 检疫员赴加拿大开展预检工作,重点关注实蝇等有害生物监测工作环节以及出口前检疫查验环节。内容包括:

代表性抽查审核果园和包装厂。对 CFIA 所实施的肉眼调查和红糖水检测在内的出口检查程序进行考察。经预检合格的输华樱桃需随附中加双方检疫官共同签署的"加拿大樱桃预检证书"以及由 CFIA 签发的带有附加声明的植物检疫证书。随附预检证书的樱桃将在进境口岸予以快速验放。对于一个预检批次使用多份植物检疫证书的,CFIA 须进行核销,并在植物检疫证书附加声明中注明预检证书系列号。对于未实施预检的樱桃,经检疫符合本议定书规定的,将由 CFIA 出具植物检疫证书,不出具预检证书。

5)入境口岸

试进口期间,货物限在以下口岸入境:北京首都机场、上海、广州白云机场、广州海港、南沙海港、深圳海港、青岛海港、大连海港。

12.2　进境加拿大水果现场查验与处理

12.2.1　携带有害生物一览表

见表 12-1。

表 12-1　进境加拿大水果携带有害生物一览表

水果种类	关注有害生物	为害部位	可能携带的其他有害生物
樱桃	西部樱桃实蝇、苹果实蝇、樱桃峰斑螟、果黄卷蛾、玫瑰色卷蛾、樱小食心虫、杏小食心虫、芽广翅小卷蛾、苹果芽小卷蛾	果肉	蔷薇黄卷蛾、冬尺蠖、葡萄褐卷蛾、苹白小卷蛾、八字地老虎
	李瘤蚜、斑翅果蝇	果皮	拟缘蝽、梨粘叶蜂、梨叶蜂、榆黄毛萤叶甲、梨圆蚧、杨笠圆盾蚧、桃粉大尾蚜、苹果全爪螨、棉叶螨
	美澳型核果褐腐病菌、核果树溃疡病菌、樱桃小果病毒、樱桃锉叶病毒、樱桃病毒 A、李属坏死环斑病毒、番茄环斑病毒、草莓潜隐环斑病毒	果肉、果皮	桃炭疽病菌、桃褐腐核盘菌、扩展青霉、樱桃白腐病菌、樱桃黑星病菌、桃粉霉穿孔病菌、大丽轮枝菌、桃 X 病植原体、核果树细菌性溃疡病、苹果枯黄叶斑病毒、苹果花叶病毒

12.2.2　关注樱桃有害生物的现场查验方法与处理

12.2.2.1　黑樱桃绕实蝇

参见 5.2.2.3.4。

12.2.2.2　西部樱桃实蝇

参见 5.2.2.3.3。

12.2.2.3　苹果实蝇

参见 5.2.2.1.9。

12.2.2.4　樱桃峰斑螟［*Acrobasis tricolorella*(Grote)］

现场查验:翅展约 25mm。前翅底色灰色,具白斑,有一条棕白色条带。后翅白色,有灰色边缘(见图 12-1)。查验时注意剖果检查有无幼虫。

处理:发现携带樱桃峰斑螟的,对该批樱桃实施除害处理;无法处理的,退货或销毁。

图 12-1　樱桃峰斑螟成虫①

12.2.2.5　果黄卷蛾 *Archips podana* (Scopoli)

现场查验:翅展约 18mm～26mm。前翅褐色,有黑色斑纹,雌雄斑纹差异较大(见图 12-2)。

(a)雄成虫　　　　　　　　　　　　(b)雌成虫

图 12-2　果黄卷蛾成虫(Grichanov I. Ya. 摄)[1]

处理:发现携带果黄卷蛾的,对该批樱桃实施除害处理;无法处理的,退货或销毁。

12.2.2.6　玫瑰色卷蛾[*Choristoneura rosaceana* (Harris)]

参见 5.2.2.3.8(蔷薇斜条卷叶蛾)。

12.2.2.7　樱小食心虫

参见 5.2.2.1.4。

12.2.2.8　杏小食心虫

参见 5.2.2.1.6。

12.2.2.9　芽广翅小卷蛾[*Hedya nubiferana* (Haworth)]

现场查验:成虫翅展 15mm～21mm,前翅有赭白色区域,混杂银色和灰色,其余部分由暗棕色、深灰色和黑色组成。后翅灰色。幼虫长 18mm～20mm,腹部灰绿色到深橄榄绿色,头黑色。现场查验时注意剖果检查(见图 12-3、见图 12-4)。

图 12-3　芽广翅小卷蛾成虫[2]　　　　图 12-4　芽广翅小卷蛾幼虫[3]

处理:发现携带芽广翅小卷蛾的,对该批樱桃实施除害处理,无法处理的,退货或销毁。

12.2.2.10　苹果芽小卷蛾[*Platynota idaeusalis* (Walker)]

现场查验:成虫翅展 12mm～25mm,颜色从灰色到棕色,前翅近基部 1/3 深灰色,端部颜色变棕色。翅边缘通常有亮色斑(见图 12-5)。老熟幼虫体长 18mm～20mm,亮棕色。

处理:发现携带苹果芽小卷蛾的,对该批樱桃实施除害处理;无法处理的,退货或销毁。

---

[1]　图源自:http://www.agroatlas.ru/en/content/pests/Archips_podana/。

[2]　图源自:http://www.nrm.se/en/svenska_fjarilar/h/hedya_nubiferana.html。

[3]　图源自:http://www.lepiforum.de/lepiwiki.pl? Hedya_Nubiferana。

图 12-5 苹果芽小卷蛾成虫①

图 12-6 李瘤蚜(Lynette 摄)②

12.2.2.11 李瘤蚜[*Myzus cerasi*(F.)]

现场查验:体色深棕色到黑色,背部硬化(见图 12-6)。

处理:发现携带李瘤蚜的,对该批樱桃实施除害处理;无法处理的,退货或销毁。

12.2.2.12 美澳型核果褐腐病菌

参见 5.2.2.1.12。

12.2.2.13 核果树溃疡病菌

参见 5.2.2.4.23。

12.2.2.14 病毒(樱桃小果病毒、樱桃锉叶病毒、樱桃病毒 A、李属坏死环斑病毒、番茄环斑病毒、草莓潜隐环斑病毒)

现场查验:注意检查樱桃有无坏死、溃烂、斑痂等感染病毒症状,有针对性地取样送检。

处理:经检测发现携带上述病毒的,对该批樱桃做退货或销毁处理。

12.2.2.15 斑翅果蝇(*Drosophila suzukii* Matsumura)

现场查验:成虫体长 2mm~3.5mm,翅展 5mm~6.5mm。体黄色到棕色,腹部有暗色带,眼红色。雄虫在翅近边缘处有明显暗色斑(见图 12-7),雌成虫无此特征。雄成虫前足第 1、第 2 胫节有暗色带。雌成虫产卵器尖长,锯齿状。幼虫白色,体长 3.5mm。查验时注意果实表面及包装箱内有无成虫,果皮下有无幼虫。

图 12-7 斑翅果蝇(雄)③

---

① 图源自:http://idtools.org/id/leps/tortai/Platynota_idaeusalis.htm。

② 图源自:http://bugguide.net/node/view/186935。

③ 图源自:http://www.eppo.int/QUARANTINE/Alert_List/insects/drosophila_suzukii.htm。

处理:经检测发现斑翅果蝇的,对该批樱桃做除害处理;无法处理的,退货或销毁。

12.3 进境加拿大水果风险管理措施

见表 12 - 2。

表 12 - 2 进境加拿大水果风险管理措施

水果种类	查验重点	农残检测项目	风险管理措施
樱桃	果皮(蚜虫、果蝇、病症),果肉(实蝇、蛾)	参见美国樱桃	

⑬ 进境西班牙水果现场查验

13.1 植物检疫要求

目前西班牙水果中,只有柑橘获得中方检疫准入,中西双方签署了《西班牙柑橘输华植物检疫要求议定书》,根据议定书内容,中方制定了西班牙输华柑橘植物检疫要求。西班牙柑橘进境植物检疫要求具体如下:

1)法律法规依据

《中华人民共和国进出境动植物检疫法》《中华人民共和国进出境动植物检疫法实施条例》《中华人民共和国国家质量监督检验检疫总局和西班牙农渔食品部关于西班牙柑橘输华植物卫生要求议定书》(2005 年 11 月 14 日签署)。

2)允许进境商品名称

柑橘,具体种类包括:橙子(*Citrus sinensis*)、柠檬(*Citrus limon*)、袖子(*Citrus paradisi*)和橘子(*Citrus reticulata*)。

3)允许的产地

西班牙巴伦西亚(Valencia)、穆尔西亚(Murcia)、卡斯蒂利翁(Castellon)和韦尔瓦(Huelva)。

4)批准的果园和包装厂

柑橘果园、包装厂应经西班牙农渔食品部(MAPA)审核注册,并经中国国家质检总局(AQSIQ)核准确认,名单可在总局网站上查询。

5)关注的检疫性有害生物名单

地中海实蝇(*Ceratitis capitata*)、石榴螟(*Ectomyelois ceratoniae*)、橘花巢蛾(*Prays citri*)、石竹卷蛾(*Cacoecia pronubana*)、梨形原绵腊蚧(*Protopulvinaria pyriformis*)、长椭圆软蚧(*Coccus longulus*)、苜蓿蓟马(*Frankliniella occidentalis*)、柑橘粉虱(*Bemisia citricola*)、软毛粉虱(*Aleurothrixus floccosus*)、粉虱(*Paraleyrodes* sp. nr. *citri*)、台湾罗里螨(*Lorryia formosa*)、螺原体(*Spiroplasma citri*)。

6)装运前要求

a)果园管理。

ⅰ)输华柑橘应来自石榴螟的非疫生产点(果园)。

ⅱ)在 MAPA 检疫监管下,柑橘果园应采取有效的监测、预防和有害生物综合管理措施(IPM),避免和控制中方关注的检疫性有害生物发生,并维持果园植物卫生状况。应 AQSIQ要求,MAPA 应提供病虫害监测、预防和综合管理措施的有关程序和结果。

b)包装厂管理。

ⅰ)包装前,柑橘应经过人工选果、杀菌、水洗、烘干、打蜡等工序。柑橘的包装、储藏、冷处理和装运过程,须在 MAPA 检疫监管下进行,确保不带昆虫、螨类、枝、叶、土壤和烂果。

ⅱ)包装好的柑橘应单独储藏,避免受有害生物再次感染。

c）包装要求。

ⅰ）柑橘包装材料应干净卫生、未使用过，符合中国有关植物检疫要求。

ⅱ）柑橘的每1个包装箱上应用英文标明"输往中华人民共和国"，并用英文标出产地、果园和包装厂的名称或相应注册号。

d）冷处理要求。

装箱前的柑橘需预冷至果肉温度达4℃或以下。在运输途中，柑橘须在制冷集装箱中进行针对地中海实蝇的冷处理。冷处理技术指标为果实中心温度1.1℃持续15d或1.7℃持续17d，或2.1℃持续21d。

e）植物检疫证书要求。

ⅰ）植物检疫证书附加声明中应用英文注明"The consignment is in compliance with requirements described in the Protocol of Phytosanitary Requirements for the Export of Citrus Fruit from Spain to China signed at Madrid on November 14th, 2005 and is free from the quarantine pests of concern to China"（该批货物符合2005年11月14日在马德里签署的《西班牙柑橘输华植物卫生要求议定书》要求，不带有中方关注的检疫性有害生物）。

ⅱ）冷处理的温度、处理时间和集装箱号码及封识号必须在植物检疫证书中注明。

7）进境要求

a）允许入境港口。

大连、天津、北京、青岛和上海。

b）有关证书核查。

ⅰ）核查植物检疫证书是否符合第6条第5项的规定。

ⅱ）核查进境柑橘是否附有AQSIQ颁发的《进境动植物检疫许可证》。

ⅲ）核查由船运公司下载的冷处理记录和由MAPA官员签字盖章的"果温探针校正记录"正本。

c）进境检验检疫。

ⅰ）根据《检验检疫工作手册》植物检验检疫分册第11章的有关规定，对进境柑橘实施检验检疫，加强对中方关注的12种有害生物的针对性检疫。

ⅱ）经冷处理培训合格的检验检疫人员，对以下冷处理要求进行核查：

（1）核查冷处理温度记录。处理温度和时间应当达到第6条第4项的要求。

（2）果温探针安插的位置须符合附件13-1要求。

（3）对果温探针进行校正检查（见附件13-2）。任何果温探针校正值不应超过±0.3℃。温度记录的校正检查应在对冷处理温度记录核查后，初步判定符合冷处理条件的情况下进行。

ⅲ）冷处理无效判定。

不符合第7条第3项第2点情况之一的，则判定为冷处理无效。

8）不符合要求的处理

a）经检验检疫发现包装不符合第6条第3项有关规定，该批柑橘不准入境。

b）发现有来自未经MAPA注册的果园、包装厂或冷处理设施生产加工的柑橘，不准入境。

c）冷处理结果无效的，不准入境。

d）发现地中海实蝇活虫或石榴螟，该批柑橘作退货或销毁处理，中方将及时向MAPA

通报有关情况并暂停西班牙柑橘输华。

发现议定书中其他检疫性有害生物,该批柑橘作退货、销毁或检疫处理(仅限有有效除害处理的情况),中方将及时向 MAPA 通报有关情况,并视情况暂停相关果园、包装厂对华出口柑橘的资格。

发现其他检疫性有害生物,按照《中华人民共和国进出境动植物检疫法》及其实施条例的有关规定进行相应检疫处理。

9)其他检验要求

根据《中华人民共和国食品卫生法》和《中华人民共和国进出口商品检验法》的有关规定,进境柑橘的安全卫生项目应符合我国相关安全卫生标准。

附件 13－1

果温探针安插的位置

1 号探针(果内)安插在集装箱内货物首排顶层中央位置;

2 号探针(果内)安插在距集装箱门 1.5m(40ft 集装箱)或 1m(20ft 集装箱)的中央,并在货物高度一半的位置;

3 号探针(果内)安插在距集装箱门 1.5m 或 1m(20ft 集装箱)的左侧,并在货物高度一半的位置;

2 个空间温度探针分别安插在集装箱的入风口和回风口处。

附件 13－2

果温探针校正检查方法

1)材料及工具

标准水银温度计、手持扩大镜、保温壶、洁净的碎冰块、蒸馏水。

2)果温度探针的校正方法

a)将碎冰块放入保温壶内,然后加入蒸馏水,水与冰混合的比例约为 1:1;

b)将标准温度计和温度探针同时插入冰水中,并不断搅拌冰水,同时用手持扩大镜观测标准温度计的刻度值,使冰水温度维持在 0℃,然后记录 3 支温度探针显示的温度读数,重复 3 次,取平均值。例如:

探针	第 1 次读数	第 2 次读数	第 3 次读数	校正值
1 号	0.1	0.1	0.1	−0.1
2 号	−0.1	−0.1	−0.1	0.1
3 号	0.0	0.0	0.0	0.0

任何读数超过±0.3℃的探针则不符合要求,都必须更换。

13.2 进境西班牙水果现场查验与处理

13.2.1 携带有害生物一览表

见表 13－1。

表 13 - 1　进境西班牙水果携带有害生物一览表

水果种类	关注有害生物	为害部位	可能携带的其他有害生物
柑橘	地中海实蝇、石榴螟、橘花巢蛾、荷兰石竹卷蛾、玫瑰短喙象	果肉	剜股芒蝇
	梨形原绵蜡蚧、长椭圆软蚧、西花蓟马、柑橘粉虱、软毛粉虱、粉虱、台湾罗里螨、苜蓿蓟马	果皮	红肾圆盾蚧、蚕豆蚜、棉蚜、椰圆盾蚧、常春藤圆蚕盾蚧、黑褐圆盾蚧、红褐圆盾蚧、长椭圆软蚧、芭蕉蚧、吹绵蚧、紫牡蛎盾蚧、长蛎盾蚧、马铃薯长管蚜、糠片盾蚧、黄片盾蚧、黑片盾蚧、突叶并盾蚧、蔗根粉蚧、橘矢尖盾蚧
	螺原体	果肉、果皮	黄猩猩果蝇、草莓交链孢霉、柑橘链格孢、富氏葡萄孢盘菌、尖锐刺盘孢（草莓黑斑病菌）、柑橘间座壳、围小丛壳、柑果黑腐菌、毛色二孢、意大利青霉、棕榈疫霉、核盘菌、粗糙柑橘痂圆孢、发根土壤杆菌、根癌土壤杆菌、丁香假单胞菌丁香致病变种、绿黄假单胞菌、柑橘鳞皮病毒、柑橘速衰病毒、柑橘石果病
	台湾罗里螨	果皮、包装箱	矛叶蓟、橘芽瘿螨、二点叶螨

13.2.2　关注柑橘有害生物的现场查验方法与处理

13.2.2.1　地中海实蝇

参见 5.2.2.1.1。

13.2.2.2　石榴螟

参见 9.2.2.1.6。

13.2.2.3　橘花巢蛾

参见 11.2.2.2.3。

13.2.2.4　荷兰石竹卷叶蛾

参见 5.2.2.1.3。

13.2.2.5　梨形原绵蜡蚧

参见 7.2.2.1.11。

13.2.2.6　长椭圆软蚧[*Coccus longulus*(Douglas)]

现场查验：介壳灰色，长椭圆形，边缘扁平。介壳干后颜色变为深棕色（见图 13 - 1）。查验时注意检查果表、叶有无介壳。

处理：发现携带长椭圆软蚧的，做熏蒸除害处理；无处理条件的，对该批柑橘进行退货或销毁处理。

图 13 - 1　长椭圆软蚧形态[①]

---

① 图源自：http://bugguide.net/node/view/487910/bgpage。

13.2.2.7　西花蓟马

参见 5.2.2.2.5。

13.2.2.8　玫瑰短喙象

参见 5.2.2.1.7。

13.2.2.9　柑橘粉虱(*Bemisia citricola* Gomez-Menor)

现场查验:注意果表、包装箱内有无粉虱(见图 13-2)。粉虱具有一定的飞翔能力,查验时注意隔离。

处理:发现携带柑橘粉虱的,做熏蒸除害处理;无处理条件的,对该批柑橘进行退货或销毁处理。

图 13-2　柑橘粉虱形态①　　　　　　　图 13-3　软毛粉虱形态②

13.2.2.10　软毛粉虱[*Aleurothrixus floccosus*(Maskell)]

现场查验:成虫体长 1.5mm。翅膀白色,腹部黄白色,覆一层白粉(见图 13-3)。成虫受惊扰不象其他粉虱一样反应剧烈。查验时注意果表、包装箱内有无粉虱。

处理:发现携带软毛粉虱的,做熏蒸除害处理;无处理条件的,对该批柑橘进行退货或销毁处理。

13.2.2.11　粉虱(*Paraleyrodes* sp. nr. Citri)

现场查验:查验时注意果表、包装箱内有无粉虱。

处理:发现携带该粉虱的,做熏蒸除害处理;无处理条件的,该批柑橘退货或销毁。

13.2.2.12　台湾罗里螨(*Lorryia formosa* Cooreman)

现场查验:体长小于 0.25mm,黄色(见图 13-4)。由于体形微小,查验时注意用放大镜在果表和包装箱内仔细检查。

处理:发现携带台湾罗里螨的,做熏蒸除害处理;无处理条件的,对该批柑橘进行退货或销毁处理。

13.2.2.13　柠檬螺原体(*Spiroplasma citri* Saglio et al.)

现场查验:体感病叶片较正常叶片小,塌陷,有时出现斑驳、变色。感病果实出现塌陷、畸形(见图 13-5)。查验时注意果实、叶片有无上述症状,有针对性采样送检。

处理:发现携带柠檬螺原体的,对该批柑橘做退货或销毁处理。

---

① 图源自:http://www. aqsiqsrrc. org. cn。

② 图源自:http://www. viarural. com. ar/viarural. com. ar/insumosagropecuarios/agricolas/agroquimicos/cheminova/especies/aleurothrixus-floccosus-01. htm。

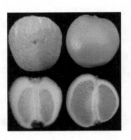

图 13-4　台湾罗里螨形态(Eric Erbe 摄)①　　　图 13-5　柠檬螺原体造成的柑橘畸形症状②

13.3　进境西班牙水果风险管理措施

见表 13-2。

表 13-2　进境西班牙水果风险管理措施

水果种类	查验重点	农残检测项目	风险管理措施
橙	果肉(实蝇、象甲、蛾)、果皮(介壳虫、蓟马、粉虱、螨虫、病害症状)、包装箱(螨虫)	参见泰国橘	

---

① 图源自：https://en. wikipedia. org/wiki/Lorryia_formosa。
② 图源自：http://www. plantmanagementnetwork. org/pub/php/symposium/melhus/8/stubborn/。

⑭ 进境印度尼西亚水果现场查验

14.1 植物检疫要求

印尼香蕉、龙眼、山竹、蛇皮果获得输华检疫检疫资格,其中香蕉、龙眼和山竹为传统贸易,蛇皮果双方签订了植物检疫要求议定书。对印尼香蕉、龙眼和山竹检疫时按照国家质检总局 2005 年第 68 号令《进境水果检验检疫监督管理办法》执行,对蛇皮果检疫按双边议定书要求执行。进境印度尼西亚蛇皮果植物检疫要求具体如下:

1) 水果名称

蛇皮果[*Salacca zalacca*(Gaerter)Voss],英文名称为:Salacca。

2) 允许产地

须来自注册果园和包装厂(名单见国家质检总局网站)。

3) 允许入境口岸

无具体规定。

4) 证书要求

植物检疫证书附加声明中应注明"The consignment is in compliance with requirements described in the Protocol of Plant Quarantine Requirements for the Export of Salacca Fruit from Indonesia to China, and is free from the quarantine pests of concern to China"("该批蛇皮果符合《印度尼西亚蛇皮果输往中国植物检疫要求议定书》的规定,不带中方关注的检疫性有害生物")。

5) 包装要求

a) 包装材料应干净卫生、未使用过,符合中国有关植物检疫要求。

b) 每个包装箱上应用英文标出货物名称、产地、果园、包装厂的名称或注册号,同时用中文标明"本产品输往中华人民共和国"字样。

6) 关注的检疫性有害生物

杨桃实蝇(*Bactrocera carambolae* Drew & Hancock)、木瓜实蝇(*Bactrocera papayae* Drew & Hancock)、菠萝白粉蚧(Dysmicoccus brevipes(Cockerell))、油棕穗腐病菌(*Marasmius palmivorus* Sharples)。

7) 特殊要求

无。

8) 不合格处理

a) 经检验检疫发现包装不符合第 5 条规定的,不准入境。

b) 发现来自未经注册的果园、包装厂,不准入境。

c) 发现杨桃实蝇或木瓜实蝇,该批货物做退货或销毁处理,并暂停印尼蛇皮果输华。

d) 发现其他检疫性有害生物,将采取检疫处理、退货或销毁措施。并视情况暂停相关包装厂和果园的蛇皮果输华。

e）发现安全卫生项目不合格，则该批水果做退货或销毁处理。

9）依据

a）《中华人民共和国国家质量监督检验检疫总局和印度尼西亚共和国农业部关于印度尼西亚蛇皮果输往中国植物检疫要求议定书》（2008 年 9 月 4 日签署）；

b）《关于印发〈印度尼西亚蛇皮果进境植物检疫要求〉的通知》（国质检动函〔2008〕635号）。

14.2　进境印度尼西亚水果现场查验与处理

14.2.1　携带有害生物一览表

见表 14－1。

表 14－1　进境印度尼西亚水果携带有害生物一览表

水果种类	关注有害生物	为害部位	可能携带的其他有害生物
香蕉	辣椒实蝇、香蕉实蝇	果肉	—
	—	果表	灰暗圆盾蚧（黄炎盾蚧）、红肾圆盾蚧、椰圆盾蚧、黑褐圆盾蚧、红褐圆盾蚧、菠萝洁粉蚧、芭蕉蚧、黄片盾蚧、香蕉交脉蚜、葡萄粉蚧、荔蝽
	香蕉细菌性枯萎病菌（2号小种）	果肉、果表	可可球色单隔孢、香蕉芽枝霉、香蕉刺盘孢、赤霉属、齐整小核菌、香蕉束顶病毒、芒果半轮线虫、花生根结线虫
龙眼	—	果皮	荔蝽
	橘小实蝇	果肉	爻纹细蛾、桃蛀野螟、腰果刺果夜蛾
山竹	杨桃实蝇、番木瓜实蝇	果肉	围小丛壳
蛇皮果	杨桃实蝇、木瓜实蝇	果肉	—
	菠萝白粉蚧、油棕穗腐病菌	果皮、果肉	—

14.2.2　关注有害生物的现场查验方法与处理

14.2.2.1　香蕉

14.2.2.1.1　辣椒实蝇

参见 2.2.2.3.4。

14.2.2.1.2　香蕉实蝇

参见 1.2.2.1.2。

14.2.2.1.3　香蕉细菌性枯萎病菌（2号小种）［*Fusarium oxysporum* f. sp. *cubense race 2* (Foc.)］

现场查验：查验时注意有无香蕉腐烂、皱缩、畸形症状，针对性采样送检。

处理：经检测发现携带香蕉枯萎病菌 2 号小种的，对该批香蕉实施退货或销毁处理。

14.2.2.2　龙眼

14.2.2.2.1　橘小实蝇

　　参见 1.2.2.3.4。

14.2.2.3　山竹

14.2.2.3.1　杨桃实蝇

　　参见 3.2.2.4.1。

14.2.2.3.2　番木瓜实蝇

　　参见 3.2.2.2.2。

14.2.2.4　蛇皮果

14.2.2.4.1　杨桃实蝇

　　参见 3.2.2.4.1。

14.2.2.4.2　木瓜实蝇

　　参见 3.2.2.2.2。

14.2.2.4.3　菠萝白粉蚧［*Dysmicoccus brevipes*（Cockerell）］

图 14-1　菠萝白粉蚧雌成虫（Ray Gill 摄）[①]

　　现场查验：雌成虫体饱满，凸起，粉色。蜡丝 17 对，侧蜡丝通常短于体宽的 1/4（见图 14-1）。形态与新菠萝灰粉蚧近似。

　　处理：发现携带菠萝白粉蚧的，对该批蛇皮果实施除害处理；无法处理的，退货或销毁。

14.2.2.4.4　油棕穗腐病菌（*Marasmius palmivorus* Sharples）

　　现场查验：检查有无真菌为害症状，针对性采样送检。

　　处理：经检测发现油棕穗腐病菌，对该批货物实施退货或销毁处理。

14.3　进境印度尼西亚水果风险管理措施

　　见表 14-2。

表 14-2　进境印度尼西亚水果风险管理措施

水果种类	查验重点	农残检测项目	风险管理措施
香蕉	果表（介壳虫）、果肉（实蝇）、果实畸形、腐烂（检疫性病害）	参见菲律宾香蕉	
龙眼	果肉（实蝇）	参见越南龙眼	
山竹	果肉（实蝇）	参见越南火龙果	
蛇皮果	果表（介壳虫、病症）、果肉（实蝇）	参见越南火龙果	

　　[①]　图源自：http://idtools.org/id/scales/factsheet.php? name=6715。

⑮ 进境阿根廷水果现场查验

15.1 植物检疫要求

阿根廷柑橘、苹果、梨获得输华检疫准入资格。双方就柑橘签署了双边议定书,根据议定书内容,中方制定了阿根廷柑橘进境植物检疫要求。苹果、梨双方正在制定双边议定书。进境阿根廷柑橘植物检疫要求具体如下:

1)水果名称

橙(*Citrus sinensis*)、葡萄柚(*Citrus paradisi*)、橘(*Citrus reticulata*)及其杂交品种,英文名分别为 Orange、Grapefruit、Mandarin。

不包括柠檬(*Citrus limon*,英文名:Lemon)。

2)允许产地

须来自注册果园及包装厂(名单见国家质检总局网站)。

3)指定入境口岸

大连、天津、北京、上海、青岛、南京。

4)有关证书内容要求

a)在植物检疫证书上应注明产区和加工厂,并在处理栏内注明采用的冷处理的温度、处理时间以及集装箱号码及封识号,证明该批货物符合该议定书规定的检疫要求,不带有中方关注的检疫性有害生物。

b)附有由 SENASA 和 AQSIQ 共同指定签名检疫官签发的"果温探针校正记录"正本。

5)包装箱标识要求

每个包装箱上应有明显的"本产品输往中华人民共和国"的中文字样以及用英文标出产地、果园、包装厂、储藏设施的名称或注册号。

6)关注的检疫性有害生物

南美按实蝇(*Anastrepha fraterculus*)、地中海实蝇(*Ceratitis capitata*)、柑橘扁软蚧(*Coccus perlatus*)、橄榄片盾蚧(*Parlatoria oleae*)、柑橘澳洲痂囊腔菌(*Elsinoe australis*)、柑橘溃疡病菌(*Xanthomonas axonopodis* pv. *citri* Vauterin)、柑橘鳞片病毒(*Citrus psorosis virus*)、柑橘疯病菌(*Citrus Leprosis rhabdo virus*)、柑橘顽固病菌(*Spiroplasma citri*)、柑橘枯萎病菌[Citrus blight disease (declinamiento 或 fruta bolita)]。

7)特殊要求

核查冷处理有效性,任何一个果温探针温度记录均须达到以下规定温度、规定时间。

葡萄柚:2.3℃或以下,连续处理 21d 或以上;

橙:2.2℃或以下,连续处理 21d 或以上;

橘及其他杂交品种:1.1℃或以下连续处理 15d 或以上;或者 1.67℃或以下处理 17d 或以上。

8）不合格处理

a）如果截获地中海实蝇或南美按实蝇活体，该批货物将被转口或销毁，AQSIQ 将立即通报 SENASA，并暂停阿根廷柑橘输华项目。

b）如确认冷处理无效，则该批货物作退货、转口或销毁处理。

c）其他不合格情况按一般程序要求处理。

9）依据

阿根廷柑橘果实输华植物卫生条件的议定书。

15.2　进境阿根廷水果现场查验与处理

15.2.1　携带有害生物一览表

见表 15 - 1。

表 15 - 1　进境阿根廷水果携带有害生物一览表

水果种类	关注有害生物	为害部位	可能携带的其他有害生物
柑橘	南美按实蝇、西印度实蝇、南美西番莲实蝇、暗色实蝇、地中海实蝇、玫瑰短喙象、绕实蝇	果肉	剜股芒蝇、象甲、南方灰翅夜蛾
	柑橘扁软蚧、榆蛎盾蚧、橄榄片盾蚧	果皮	灰暗圆盾蚧（黄炎盾蚧）、红肾圆盾蚧、黄圆蚧、蚕豆蚜、棉蚜、常春藤圆盅盾蚧、黑褐圆盾蚧、褐圆盾蚧、梨枝圆盾蚧、菠萝洁粉蚧、橘腺刺粉蚧、芭蕉蚧、长棘炎盾蚧、槟栉盾蚧、吹绵蚧、紫牡蛎盾蚧、长蛎盾蚧、马铃薯长管蚜、稻点绿蜢、黑盔蚧、糠片盾蚧、黄片盾蚧、黑片盾蚧、木薯粉蚧（拟）、桑白盾蚧、康氏粉蚧、拟长尾粉蚧、葡萄粉蚧、粉蚧属、梨圆盾蚧、橘蚜、橘矢尖盾蚧、橘芽瘿螨、苹果红蜘蛛、侧多食跗线螨、二点叶螨
	柑橘澳洲痂囊腔菌、柑橘枯萎病菌、柠檬螺原体（柑橘顽固病菌）、地毯草黄单胞菌柑橘致病变种（柑橘溃疡病菌）、柑橘粗糙病毒（柑橘疯病菌）、柑橘鳞片病毒、柑橘溃疡病菌	果肉、果皮	莓交链孢霉、柑橘链格孢、黑曲霉、茶蔍子葡座腔菌、富氏葡萄孢盘菌、尖锐刺盘孢（草莓黑斑病菌）、罗尔状草菌、柑橘间座壳、南方痂囊腔菌、柑橘痂囊腔菌、尖镰孢、围小丛壳、葡萄球座菌、柑果黑腐病、毛色二孢、柑橘脂点病菌、指状青霉、意大利青霉、苎麻疫霉、恶疫霉、辣椒疫霉、柑橘生疫霉、柑橘褐腐疫霉菌、隐地疫霉菌、茄绵疫病菌、棕榈疫霉、小核盘菌、核盘菌、齐整小核菌、粗糙柑橘痂圆孢、瓜亡革菌、根癌土壤杆菌、难养木质菌、柑橘环斑病毒、柑橘速衰病毒、花生根结线虫
	散大蜗牛	包装箱	阿根廷蚁、矛叶蓟、长叶车前、罗氏草、橘芽瘿螨、苹果红蜘蛛、侧多食跗线螨、二点叶螨

表 15 - 1(续)

水果种类	关注有害生物	为害部位	可能携带的其他有害生物
苹果	苹果绵蚜、榆蛎盾蚧、玫瑰短喙象	果皮	红肾圆盾蚧、黄圆蚧、棉蚜、常春藤圆盅盾蚧、黑褐圆盾蚧、红褐圆盾蚧、梨枝圆盾蚧、菠萝洁粉蚧、桃白圆盾蚧、苜蓿蓟马、异色瓢虫、槟榄盾蚧、吹绵蚧、糠片盾蚧、黄片盾蚧、桑白盾蚧、康氏粉蚧、拟长尾粉蚧、葡萄粉蚧、暗色粉蚧、笠齿盾蚧、梨圆盾蚧
	南美按实蝇、西印度实蝇、暗色实蝇、地中海实蝇、苹果蠹蛾	果肉	梨小食心虫、草地夜蛾
	李属坏死环斑病毒、烟草环斑病毒、番茄环斑病毒、苹果黑星菌	果皮、果肉	苹果褪绿叶斑病毒、苹果花叶病毒、番茄丛矮病毒、苹果锈果类病毒、根癌土壤杆菌、洋葱伯克氏菌、丁香假单胞菌丁香致病变种、欧洲千里光、草莓交链孢霉、黄曲霉、黑曲霉、罗耳阿太菌、茶藨子葡座腔菌、富氏葡萄孢盘菌、草本枝孢、尖锐刺盘孢、尖镰孢、围小丛壳、美澳型核果褐腐菌、核果链核盘菌、仁果干癌丛赤壳菌、新丛赤壳属、指状青霉、意大利青霉、恶疫霉、隐地疫霉菌、掘氏疫霉、大雄疫霉、烟草疫霉、白叉丝单囊壳、核盘菌、齐整小核菌、梨黑星病菌
	—	包装箱	苹果红蜘蛛、二点叶螨
梨	苹果绵蚜、榆蛎盾蚧	果皮	红肾圆盾蚧、黑褐圆盾蚧、红褐圆盾蚧、梨枝圆盾蚧、桃白圆盾蚧、异色瓢虫、芭蕉蚧、槟榄盾蚧、吹绵蚧、油茶蚧、桑白盾蚧、康氏粉蚧、拟长尾粉蚧、葡萄粉蚧、暗色粉蚧、笠齿盾蚧、梨圆盾蚧、橘蚜、梨埃瘿螨
	南美按实蝇、地中海实蝇、苹果蠹蛾	果肉	梨小食心虫
	木质部难养细菌、美澳型核果褐腐菌、苹果黑星菌	果皮、果肉	苹果褪绿叶斑病毒、洋李矮缩病毒、苹果锈果类病毒、癌土壤杆菌、边缘假单胞菌边缘致病变种、丁香假单胞菌栖菜豆致病变种、草莓交链孢霉、黑曲霉、罗耳阿太菌(齐整小核菌有性态)、茶藨子葡座腔菌、罗尔状草菌、罗尔状草菌、围小丛壳、仁果干癌丛赤壳菌、恶疫霉、白叉丝单囊壳、齐整小核菌、梨黑星病菌
	—	包装箱	苹果红蜘蛛、侧多食跗线螨

15.2.2　关注有害生物的现场查验方法与处理

15.2.2.1　柑橘

15.2.2.1.1　南美按实蝇

参见 5.2.2.4.8。根据《进境阿根廷柑橘植物检疫要求》(国质检动函〔2005〕481 号)要求,发现南美按实蝇的做退货或销毁处理。

15.2.2.1.2　西印度实蝇

参见 5.2.2.4.9。

15.2.2.1.3　南美西番莲实蝇[*Anastrepha pseudoparallela*(Loew)]

现场查验:成虫在实蝇中个体相对较大,黄褐色。中胸背板橙黄色。中带、侧带和小盾片浅黄色。后胸背板橘黄色。翅长 8.0mm～9.2mm,带纹橙褐色(见图 15-1)。查验时注意检查果实有无为害状,剖果查看有无实蝇幼虫。

图 15-1　南美西番莲实蝇成虫[①]

处理:发现携带实蝇,做熏蒸除害处理;无处理条件的,对该批柑橘进行退货或销毁。

15.2.2.1.4　暗色实蝇

参见 5.2.2.5.8。

15.2.2.1.5　地中海实蝇

参见 5.2.2.1.1。

15.2.2.1.6　柑橘扁软蚧

现场查验:有关该虫的资料较少,形态不详。现场查验时注意检查果实表面有无蜡蚧。

处理:经检测确认携带柑橘扁软蚧,做熏蒸除害处理;无处理条件的,对该批柑橘进行退货或销毁。

15.2.2.1.7　榆蛎盾蚧

参见 5.2.2.2.15。

15.2.2.1.8　玫瑰短喙象

参见 5.2.2.1.7。

15.2.2.1.9　橄榄片盾蚧(油茶蚧)

参见 6.2.2.4.2。

15.2.2.1.10　绕实蝇(*Rhagoletis ferruginea* Hendel)

现场查验:该虫成虫形态如图 15-2。现场查验时注意剖果并检查果实有无为害状。

处理:发现携带实蝇,做熏蒸除害处理;无处理条件的,对该批柑橘进行退货或销毁。

图 15-2　绕实蝇(*R. ferruginea*)成虫形态[②]

---

① 图源自:http://agrolink.com.br/agricultura/problemas/busca/mosca-das-frutas_477.html。

② 图源自:http://www.lea.esalq.usp.br/me/fotos/Diptera/Tephritidae/3425.jpg。

15.2.2.1.11　柑橘澳洲痂囊腔菌(*Elsinoe australis* Bitanc. & Jenkins)

现场查验:该病在果实上症状明显(见图 15-3)。查验时注意检查果实表面有无为害症状。

处理:经检测发现携带柑橘澳洲痂囊腔菌,对该批柑橘进行退货或销毁处理。

图 15-3　柑橘澳洲痂囊腔菌在柑橘果实上的症状[①]　图 15-4　柑橘鳞片病毒在柑橘叶片上的为害状[②]

15.2.2.1.12　柑橘顽固病菌

参见 5.2.2.5.23。

15.2.2.1.13　柑橘溃疡病菌

参见 4.2.2.3.7。

15.2.2.1.14　柑橘鳞片病毒(*Citrus psorosis virus*)

现场查验:感染该病的柑橘叶片出现花叶(见图 15-4),果实出现小果、畸形等症状。现场查验时注意检查有无病毒感染症状。

15.2.2.1.15　柑橘疯病菌(*Citrus Leprosis rhabdo virus*)

现场查验:感染该病的叶片和果实出现明显症状,造成叶片出现黄色斑点,果实坍陷、腐烂等(见图 15-5)。柑橘疯病菌主要通过螨类传播,查验时主要检查柑橘有无病症和螨类。

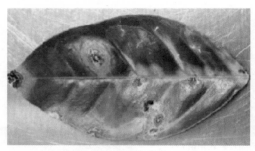 

(a)叶片上的症状　　　　　　　　　　(b)果实上的症状

图 15-5　柑橘疯病菌在柑橘上的症状(Alanis　摄)[③]

处理:经检测发现携带柑橘疯病菌,对该批柑橘进行退货或销毁处理。

---

　①　图源自:http://portal. sinavef. gob. mx/alertasMostrarPublico. php。

　②　图源自:http://keshilluesibujqesor. al/? p=2026。

　③　图源自:http://www. nappo. org/en/data/files/download/Draft％20Standards/Leprosis％20de％20los％20citricos％2006-01-2015-e. pdf。

15.2.2.1.16　柑橘枯萎病菌(Citrus blight disease)

　　现场查验:该病病源不详。造成叶片延叶脉褪绿。查验时注意检查果实、叶片有无病症,有针对性采样送检。

　　处理:经检测发现携带柑橘枯萎病菌的,做退货或除害处理。

15.2.2.1.17　散大蜗牛(普通庭院大蜗牛)

　　参见 5.2.2.2.22。

15.2.2.2　苹果

15.2.2.2.1　苹果绵蚜

　　参见 5.2.2.4.3。

15.2.2.2.2　榆蛎盾蚧

　　参见 5.2.2.2.15。

15.2.2.2.3　玫瑰短喙象

　　参见 5.2.2.1.7。

15.2.2.2.4　南美按实蝇

　　参见 5.2.2.4.8。

15.2.2.2.5　西印度实蝇

　　参见 5.2.2.4.9。

15.2.2.2.6　暗色实蝇

　　参见 5.2.2.5.8。

15.2.2.2.7　地中海实蝇

　　参见 5.2.2.1.1。

15.2.2.2.8　苹果蠹蛾

　　参见 5.2.2.1.5。

15.2.2.2.9　病毒(李属坏死环斑病毒、烟草环斑病毒、番茄环斑病毒)

　　参见 5.2.2.1.18、5.2.2.1.19、5.2.2.1.20。

15.2.2.2.10　苹果黑星菌

　　参见 5.2.2.6.31。

15.2.2.3　梨

15.2.2.3.1　苹果绵蚜

　　参见 5.2.2.4.3。

15.2.2.3.2　榆蛎盾蚧

　　参见 5.2.2.2.15。

15.2.2.3.3　南美按实蝇

　　参见 5.2.2.4.8。

15.2.2.3.4　地中海实蝇

　　参见 5.2.2.1.1。

15.2.2.3.5　苹果蠹蛾

　　参见 5.2.2.1.5。

15.2.2.3.6　木质部难养细菌

　　参见 5.2.2.2.7。

15.2.2.3.7 美澳型核果褐腐菌

参见 5.2.2.1.12。

15.2.2.3.8 苹果黑星菌

参见 5.2.2.6.31。

15.3 进境阿根廷水果风险管理措施

见表 15 - 2。

表 15 - 2 进境阿根廷水果风险管理措施

水果种类	查验重点	农残检测项目	风险管理措施
柑橘	果肉(实蝇、象甲)、果皮(介壳虫、病害症状)、包装箱(蜗牛)	参见泰国橘	
苹果	果肉(实蝇、象甲、蠹蛾)、果皮(蚜虫、介壳虫、病症)	参见美国苹果	
梨	果肉(实蝇、蠹蛾)、果皮(蚜虫、介壳虫、病症)	参见美国梨	

16 进境南非水果现场查验

16.1 植物检疫要求

南非柑橘、葡萄获得输华检疫准入资格。双方对上述水果均签署了双边议定书,根据议定书内容,中方制定了南非柑橘、葡萄进境植物检疫要求,并在 2006 年发布《国家质量监督检验检疫总局关于印发新修订的〈南非柑橘进境植物检疫要求〉的通知》(国质检动函〔2006〕335 号),对准入的包括橙在内的南非柑橘类水果提出检验检疫要求。

16.1.1 南非柑橘进境植物检疫要求

1)法律法规依据

《中华人民共和国进出境动植物检疫法》《中华人民共和国进出境动植物检疫法实施条例》《中华人民共和国和南非共和国农业部关于南非输华柑橘植物卫生条件议定书》(2006年 6 月 21 日签署)。

2)允许进境商品名称

柑橘,具体种类包括:橙(*Citrus sinensis*)、葡萄柚(*Citrus paradisi*)、橘子(*Citrus reticulata*)、柠檬(*Citrus limon*),英文名称分别为:Orange、Grapefruit、Mandarin、Lemon。

3)允许的产地

南非林波波省(Limpopo)、姆普马兰加(Mpumalanga)、西开普省(Western Cape)、北开普省(Nothern Cape)、东开普省(Eastern Cape)和夸祖鲁纳塔尔(KwaZulu-Natal)。

4)批准的果园和包装厂

柑橘果园、包装厂、预冷处理设施应经南非农业部(DOA)注册登记,并经中国国家质检总局(AQSIQ)审核确认(参见国家质检总局网页)。

5)关注的检疫性有害生物名单

地中海实蝇(*Ceratitis capitata*)、非洲蜡实蝇(*Ceratitis rosa*)、苹果异形小卷蛾(*Cryptophlebia leucotreta*)、石榴螟(*Ectomyelois ceratoniae*)、橘花巢蛾(*Pravs citri*)、玫瑰短喙象(*Pantomorus cervina*)、圆盾蚧(*Chrysomphalus pinnulifera*)、黑丝盾蚧(*Ischnaspis longirostris*)、非洲龟蜡蚧(*Ceroplastis destructor*)、盔蚧(*Saissetia somereni*)、非洲奥粉蚧(*Paracoccus burnerae*)、须霉病菌(*Penicillium uliaense*)、柑橘黄龙病菌(*Iiberobacter africanum*)。

6)装运前要求

a)果园管理。

ⅰ)柑橘须来自石榴螟非疫生产点,如果园、加工、出口环节发现该有害生物,则相关果园暂停向中国出口柑橘。

ⅱ)在 DOA 指导下,输华柑橘果园应采取有效的监测、预防和有害生物综合管理措施,以避免和控制中方关注的检疫性有害生物发生。

177

ⅲ）应 AQSIQ 要求，DOA 向 AQSIQ 提供中方关注的检疫性有害生物的监测调查报告及综合管理措施的有关程序和结果。

b）包装厂管理。

ⅰ）包装前，柑橘应在 DOA 检疫监管下，进行选取果、剔除有缺陷的果实、杀菌、水洗、烘干、打蜡等工序，确保输华柑橘不带昆虫、螨类、植物枝、叶和土壤，并经感观检查不带有烂果。

ⅱ）输华柑橘须与非输华水果分开，单独包装和储藏。

c）包装要求。

ⅰ）输华柑橘必须用符合中国植物检疫要求的干净卫生、未使用过的材料包装。

ⅱ）每个包装箱上应标出"本产品输往中华人民共和国"的中文字样，并用英文标出产地、果园、包装厂、储藏设施的名称或注册号。

d）冷处理要求。

输华柑橘须进行针对实蝇、苹果异形小卷蛾的冷处理。冷处理技术指标为−0.6℃或以下持续至少 24d。冷处理前，应在−0.6℃温度下预冷 72h。

如果随航冷处理过程中部分时间段的温度高于−0.3℃，则冷处理时间相应延长 8h，如高于−0.3℃温度的时间段超过或跨过 1d，则按超出天数每天增加 8h 来确定冷处理的延长时间。如果温度超过 0℃，则冷处理无效。

e）植物检疫证书要求。

ⅰ）植物检疫证书附加声明中注明"The consignment is in pliance with requirements described in the protocol of phytosanitary requirements for the export of citrus fruit from South Africa to China signed at 21 June 2006 on Cape Town and is free from the quarantine pests of concern to China"（"该批柑橘符合 2006 年 6 月 21 日在开普敦签署的《关于南非输华柑橘植物卫生条件议定书》的要求，不带有中方关注的检疫性有害生物"）。

ⅱ）冷处理的温度、处理时间和集装箱号码及封识号必须在植物检疫证书中处理部分注明。

7）进境要求

a）允许入境港口。

大连、天津、北京、上海、青岛、南京。

b）有关证书核查。

ⅰ）核查植物检疫证书是否符合第 6 条第 5 项的规定。

ⅱ）核查进境柑橘是否附有国家质检总局颁发的《进境动植物检疫许可证》。

ⅲ）核查由船运公司下载的冷处理记录和由 DOA 官方检疫官员签字盖章的"果温探针校正记录"正本。

c）进境检验检疫。

ⅰ）根据《检验检疫工作手册》植物检验检疫分册第 12 节的有关规定，对进境柑橘实施检验检疫。

ⅱ）经冷处理培训合格的检验检疫人员，对以下冷处理要求进行核查：

（1）核查冷处理温度记录。任何一个果温探针温度记录均应达到−0.6℃或以下，并连续 24d 或以上。如果温度超过 0℃，则冷处理无效。

如果随航冷处理过程中部分时间段的温度高于－0.3℃,则冷处理时间相应延长 8h,如高于－0.3℃温度的时间段超过或跨过 1d,则按超出天数每天增加 8h 来确定冷处理的延长时间。

（2）果温探针安插的位置须符合相关要求。

（3）对果温探针进行校正检查。任何果温探针校正值不应超过±0.3℃。温度记录的校正检查应在对冷处理温度记录核查后,初步判定符合冷处理条件的情况下进行。

ⅲ）冷处理无效判定。

不符合第 7 条第 3 项第 2 点情况之一的,则判定为冷处理无效。

8）不符合要求的处理

a）冷处理结果无效的,不准入境。

b）经检验检疫发现包装不符合第 6 条第 3 项有关规定,该批柑橘不准入境。

c）发现有来自未经 DOA 注册的果园、包装厂或冷处理设施生产加工的柑橘,不准入境。

d）发现地中海实蝇、非洲蜡实蝇或苹果异形小卷蛾活虫,则对该批柑橘做退货或销毁处理,并暂停南非柑橘输华;如发现石榴螟,则对该批柑橘做退货或销毁处理,并在本出口季节暂停相关果园、包装厂柑橘输华。

e）发现其他检疫性有害生物,则根据《中华人民共和国进出境动植物检疫法》及其实施条例的有关规定进行相应的检疫处理。

9）其他检验要求

根据《中华人民共和国食品卫生法》和《中华人民共和国进出口商品检验法》的有关规定,进境柑橘的安全卫生项目应符合我国相关安全卫生标准。

16.1.2　进境南非葡萄植物检疫要求

1）水果名称

鲜食葡萄（*Vitis vinifera* Linn）,英文名称为:table grape。

2）允许的产地

须来自注册果园和包装厂（名单见国家质检总局网站）。

3）允许入境口岸

无特殊规定。

4）有关证书内容要求

a）植物检疫证书附加声明中应用英文注明"The consignment is in compliance with requirements described in the Protocol of Phytosanitary Requirements for the Export of Table Grapes from South Africa to China signed in Pretoria on Feb 6, 2007 and is free from the quarantine pests of concern to China"。

b）冷处理的温度、处理时间和集装箱号码及铅封号必须在植物检疫证书中注明。

c）须附有由 DOA 官员签字盖章的"果温探针校正记录"正本。

d）由船运公司下载的冷处理记录须符合要求。

5）包装要求

a）包装材料应干净卫生、未使用过,符合中国有关植物检疫要求。

b）每个包装箱上应用英文标出产地、果园、包装厂和储藏设施的名称或注册号,同时用中文标明"本产品输往中华人民共和国"的中文字样。

7）关注的检疫性有害生物

地中海实蝇（*Ceratitis capitata*）、非洲蜡实蝇（*Ceratitis rosa*）、苜蓿蓟马（*Frankliniella occidentalis*）、葡萄粉蚧（*Planococcus ficus*）、葡萄顶枯病菌（*Eutypa lata*）、吴刺粉虱（*Aleurocanthus woglumi Ashby*）、槟榔盾蚧〔*Hemiberlesia rapax*（*Comstock*）〕、葡萄 A 病毒（*Grapevine virus* A）、*Raglius apicalis*。

7）特殊要求

a）在运输途中，葡萄须在制冷集装箱内进行冷处理。冷处理要求：果肉中心温度达到－0.5℃或以下持续 22d 以上。冷处理前，应在－0.5℃条件下预冷 72h。如果冷处理过程中部分时间段的温度高于－0.3℃，则冷处理时间相应延长 8h。如果高于－0.3℃的时间段超过或跨过 1d，则按超出天数每天增加 8h 来确定冷处理的延长时间。如果温度超过 0℃，则冷处理无效。

b）任何果温探针校正值不应超过±0.3℃。

c）经冷处理培训合格的检验检疫人员，对冷处理进行核查和进行冷处理有效性判定。

8）不合格处理

a）经检验检疫发现包装不符合第 5 条规定的，不准入境。

b）发现有来自未经 DOA 注册的果园、包装厂或冷处理设施生产加工的葡萄，不准入境。

c）冷处理结果无效的，不准入境。

d）发现地中海实蝇、非洲蜡实蝇活虫，对该批葡萄作退货或销毁处理，暂停南非葡萄输华。

e）发现其他中方关注的检疫性有害生物，对该批葡萄作检疫除害、退货或销毁处理，同时暂停相关果园、包装厂葡萄输华。

f）发现其他检疫性有害生物，则根据《中华人民共和国进出境动植物检疫法》及其实施条例的有关规定进行相应的检疫处理。

g）因检疫性有害生物问题出现退货 1 次的注册果园，本季节可以继续出口。出现退货第 2 次的，则本季度不得继续出口。AQSIQ 将视情况采取进一步措施，并及时通报 DOA。

h）其他不合格情况按一般工作程序要求处理。

9）依据

a）《中华人民共和国国家质量监督检验检疫总局和南非共和国农业部关于南非输华葡萄植物检疫要求议定书》；

b）《关于印发〈南非输华进境植物检疫要求〉的通知》（国质检动〔2007〕140 号）。

16.2　进境南非水果现场查验与处理

16.2.1　携带有害生物一览表

见表 16－1。

表 16-1　进境南非水果携带有害生物一览表

水果种类	关注有害生物	为害部位	可能携带的其他有害生物
柑橘	荷兰石竹卷叶蛾、地中海实蝇、五斑蜡实蝇、纳塔尔实蝇（非洲腊实蝇）、苹果异形小卷蛾、石榴螟、玫瑰短喙象、橘花巢蛾、非洲蜡实蝇	果肉	剜股芒蝇、高粱穗隐斑螟、海灰翅夜蛾
	非洲龟蜡蚧、圆盾蚧、黑丝盾蚧、榆蛎盾蚧、非洲奥粉蚧、盔蚧、非洲奥粉蚧	果皮	吴刺粉虱、红肾圆盾蚧、东方肾圆盾蚧、蚕豆蚜、棉蚜、椰圆盾蚧、常春藤圆盅盾蚧、柑橘白轮盾蚧、锞纹夜蛾、黑褐圆盾蚧、红褐圆盾蚧、梨枝圆盾蚧、菠萝洁粉蚧、长棘炎盾蚧、槟榔盾蚧、吹绵蚧、紫牡蛎盾蚧、长蛎盾蚧、马铃薯长管蚜、稻点绿蝽、橘鳞粉蚧、黑盔蚧、糠片盾蚧、黄片盾蚧、黑片盾蚧、木薯粉蚧（拟）、突叶并盾蚧、桑白盾蚧、蔗根粉蚧、拟长尾粉蚧、梨圆盾蚧、赤褐辉盾蚧、橘蚜、橘矢尖盾蚧、橘芽瘿螨、苹果红蜘蛛、侧多食跗线螨、二点叶螨
	须霉病菌、柑橘黄龙病菌、木质部难养细菌	果肉、果皮	草莓交链孢霉、柑橘链格孢、黑曲霉、茶藨子葡座腔菌、富氏葡萄孢盘菌、甘薯长喙壳、尖锐刺盘孢（草莓黑斑病菌）、柑橘间座壳、柑橘痂囊腔菌、尖镰孢、围小丛壳、葡萄球座菌、柑果黑腐菌、毛色二孢、指状青霉、意大利青霉、恶疫霉、辣椒疫霉、柑橘生疫霉、柑橘褐腐疫霉菌、隐地疫霉菌、茄绵疫病菌、小核盘菌、核盘菌、粗糙柑橘痂圆孢、瓜亡革菌、根癌土壤杆菌、苹果茎沟病毒、柑橘粗糙病毒、柑橘速衰病毒、柑橘裂皮类病毒、芒果半轮线虫、花生根结线虫、骆驼刺属
	南方三棘果、普通庭院大蜗牛	包装箱	矛叶蓟、长叶车前、罗氏草、橘芽瘿螨、苹果红蜘蛛、侧多食跗线螨、二点叶螨
葡萄	榆蛎盾蚧、苜蓿蓟马、葡萄粉蚧、槟榔盾蚧、吴刺粉虱	果皮	东方肾圆盾蚧、蚕豆蚜、棉蚜、椰圆盾蚧、常春藤圆盅盾蚧、橄榄链蚧、黑褐圆盾蚧、红褐圆盾蚧、梨枝圆盾蚧、橘腺刺粉蚧、芭蕉蚧、吹绵蚧、长蛎盾蚧、马铃薯长管蚜、橘鳞粉蚧、黑盔蚧、黄片盾蚧、突叶并盾蚧、桑白盾蚧、蔗根粉蚧、拟长尾粉蚧、暗色粉蚧、梨圆盾蚧、刺盾蚧、葱蓟马、矛叶蓟

表 16 - 1(续)

水果种类	关注有害生物	为害部位	可能携带的其他有害生物
葡萄	地中海实蝇、纳塔尔实蝇、非洲蜡实蝇、*Raglius apicalis*	果肉	庭园象甲、芒果半轮线虫、海灰翅夜蛾
	南芥菜花叶病毒、番茄斑萎病毒、木质部难养细菌、棉花黄萎病菌、葡萄顶枯病菌、葡萄 A 病毒	果皮、果肉	苜蓿花叶病毒、苹果褪绿叶斑病毒、蚕豆萎蔫病毒、黄瓜花叶病毒、葡萄扇叶病毒、葡萄斑点病毒、烟草坏死病毒、柑橘裂皮类病毒、发根土壤杆菌、悬钩子土壤杆菌、根癌土壤杆菌、丁香假单胞菌丁香致病变种、草莓交链孢霉、柑橘链格孢、黑曲霉、罗耳阿太菌(齐整小核菌有性态)、葡萄座腔菌、茶藨子葡萄座腔菌、富氏葡萄孢盘菌、大孢枝孢、尖锐刺盘孢(草莓黑斑病菌)、葡萄痂囊腔菌、痂囊腔菌、尖镰孢、围小丛壳、葡萄球座菌、可可毛色二孢、指状青霉、意大利青霉、葡萄生拟茎点菌、隐地疫霉菌、葡萄生单轴霉、粉红单端孢
	散大蜗牛、分枝列当、南方三棘果	包装箱	苹果红蜘蛛、侧多食跗线螨、二点叶螨

16.2.2　关注有害生物的现场查验方法与处理

16.2.2.1　柑橘

16.2.2.1.1　荷兰石竹卷叶蛾

　　参见 5.2.2.1.3。

16.2.2.1.2　地中海实蝇

　　参见 5.2.2.1.1。

16.2.2.1.3　五斑蜡实蝇[*Ceratitis quinaria*(Bezzi)]

　　现场查验:成虫(见图 16 - 1)体长 3.6mm~4.5mm,小盾片上有 5 个黑斑。翅缘带和中横带相连,端前横带游离。雄额眶鬃无特化现象;足胫节不被羽状鬃。查验时注意剖果检查有无实蝇幼虫,观察果实表面有无为害状。

　　处理:发现携带实蝇,做熏蒸除害处理;无处理条件的,对该批水果进行退货或销毁处理。

图 16 - 1　五斑腊实蝇成虫形态(仿吴佳教)

16.2.2.1.4　纳塔尔实蝇(非洲腊实蝇)(*Ceratitis rosa* Karsch)

　　现场查验:成虫体黄褐色,颜面灰黄色。中胸背板具一不完整的暗褐色中纵条。小盾片后半部分被白色纵带分为 3 个黑斑。翅斑黄褐色,翅前缘带与翅基部分有星点状黄褐色斑,翅长 4.5mm~5.8mm(见图 16 - 2)。雄中足胫节上有羽状鬃,而腿节上无。查验时注意剖果检查有无实蝇幼虫,观察果实表面有无为害状。

　　处理:发现携带实蝇,做熏蒸除害处理;无处理条件的,对该批水果进行退货或销毁处理。

图 16 - 2　纳塔尔实蝇成虫形态①

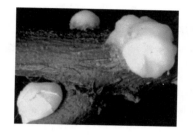

图 16 - 3　非洲龟蜡蚧②

16.2.2.1.5　非洲龟蜡蚧[*Ceroplastis destructor*(Newstead)]

现场查验:该虫在果实上或叶片上形成的白色蜡状物包裹介壳(见图 16 - 3),为害状明显。查验时注意检查。

处理:发现携带非洲龟蜡蚧,做熏蒸除害处理;无处理条件的,对该批水果进行退货或销毁处理。

16.2.2.1.6　圆盾蚧(*Chrysomphalus pinnulifera* Balachowsky)

现场查验:该虫在果实上或叶片上形成的盾牌状介壳,为害状明显。查验时注意检查。

处理:发现携带该种圆盾蚧,做熏蒸除害处理;无处理条件的,对该批水果进行退货或销毁处理。

16.2.2.1.7　苹果异形小卷蛾

参见 5.2.2.4.13。

16.2.2.1.8　石榴螟

参见 9.2.2.1.6。

16.2.2.1.9　黑丝盾蚧

参见 1.2.2.1.4。

16.2.2.1.10　榆蛎盾蚧

参见 5.2.2.2.15。

16.2.2.1.11　玫瑰短喙象

参见 5.2.2.1.7。

16.2.2.1.12　非洲奥粉蚧[*Paracoccus burnerae*(Brain)]

现场查验:体黄色,身体覆盖粉状蜡质,但不足以掩盖身体的黄色。该虫在果实上或叶片上形成的白色粉状物包裹介壳(见图 16 - 4),为害状明显。查验时注意检查。

处理:经检测发现携带非洲奥粉蚧的,做熏蒸除害处理。不具备除害处理条件的,对该批水果进行退货或销毁处理。

16.2.2.1.13　橘花巢蛾

参见 11.2.2.2.3。

图 16 - 4　非洲奥粉蚧①

16.2.2.1.14　盔蚧［*Saissetia somereni*（Newstead）］

现场查验：该虫在果实上或叶片上形成的盾牌状介壳，为害状明显。查验时注意检查。

处理：发现携带盔蚧的，做熏蒸除害处理；无处理条件的，对该批水果进行退货或销毁处理。

16.2.2.1.15　须霉病菌［*Penicillium uliaense*（Penicillium）］

现场查验：该病在果实上的症状不详。现场查验时注意采集有病症的果实送检。

处理：经检测携带须霉病菌的，对该批水果进行退货或销毁处理。

16.2.2.1.16　柑橘黄龙病菌［*Iiberobacter africanum*（CLaf）］

现场查验：感病果实易出现畸形、溃烂。现场查验时注意采集有病症的果实送检。

处理：经检测携带柑橘黄龙病菌的，对该批水果进行退货或销毁处理。

16.2.2.1.17　木质部难养细菌

参见5.2.2.2.7。

16.2.2.1.18　南方三棘果

参见5.2.2.2.21。

16.2.2.1.19　普通庭院大蜗牛

参见5.2.2.2.22。

16.2.2.2　葡萄

16.2.2.2.1　榆蛎盾蚧

参见5.2.2.2.15。

16.2.2.2.2　苜蓿蓟马

参见5.2.2.2.5。

16.2.2.2.3　葡萄粉蚧［*Planococcus ficus*（Signoret）］

现场查验：雌成虫近球形，体长2mm～4mm。足明显。体被白灰色蜡粉，体边缘具18对短蜡丝（见图16-5）。

处理：发现携带葡萄粉蚧的，对该批葡萄实施除害处理；无法处理的，退货或销毁。

16.2.2.2.4　槟梆盾蚧

参见5.2.2.3.16。

16.2.2.2.5　吴刺粉虱

参见7.2.2.1.7。

16.2.2.2.6　地中海实蝇

参见5.2.2.1.1。

16.2.2.2.7　纳塔尔实蝇

参见16.2.2.1.4。

16.2.2.2.8　病毒（南芥菜花叶病毒、番茄斑萎病毒、葡萄）

现场查验：查验时注意针对性采样。

处理：经检测发现携带上述病毒的，该批葡萄退货或销毁。

图16-5　葡萄粉蚧[①]

---

①　图源自：http://www.vitalbugs.co.za/gallery/popup.htm? big/oleander_mealybug_01.jpg。

16.2.2.2.9　木质部难养细菌

参见 5.2.2.2.7。

16.2.2.2.10　棉花黄萎病菌

参见 5.2.2.4.25。

16.2.2.2.11　葡萄顶枯病菌[*Eutypa lata*(Pers. :Fr.)Tul. ＆ C. Tul]

现场查验：查验时注意针对性采样。

处理：经检测发现携带葡萄顶枯病菌的，对该批葡萄退货或销毁。

16.2.2.2.12　散大蜗牛

参见 5.2.2.2.22。

16.2.2.2.13　分枝列当

现场查验：种子球形或卵圆形，很小。查验时将葡萄放置在白纸或白托盘内抖动，并仔细检查包装箱，发现分枝列当种子的送实验室检测。

处理：发现携带分枝列当的，对该批葡萄实施除害处理；无法处理的，退货或销毁。

16.2.2.2.14　南方三棘果

参见 5.2.2.2.2.21。

16.2.2.2.15　蝽科[*Raglius apicalis*(Fieber)]

暂无资料。

16.3　进境南非水果风险管理措施

见表 16-2。

表 16-2　进境南非水果风险管理措施

水果种类	查验重点	农残检测项目	风险管理措施
柑橘	果肉（实蝇、象甲、蛾类）、果皮（介壳虫、病症）、包装箱（杂草、蜗牛）	参见泰国橘、橙、柚	
葡萄	果肉（实蝇、蛾类）、果皮（介壳虫、蓟马、粉虱、病症）、包装箱（杂草、蜗牛）	参见美国葡萄	

⑰ 进境秘鲁水果现场查验

17.1 植物检疫要求

秘鲁葡萄、芒果、柑橘获得输华检疫准入资格。双方对上述水果均签署了双边议定书，根据议定书内容，中方制定了秘鲁葡萄、芒果、柑橘进境植物检疫要求。

17.1.1 进境秘鲁葡萄植物检疫要求

1) 水果名称

葡萄。

2) 允许产地

秘鲁。葡萄须来自注册果园和包装厂（名单见国家质检总局网站）。

3) 指定入境口岸

广州、深圳、大连、天津、北京、上海、青岛、南京。

4) 有关证书内容要求

a) 植物检疫证书附加声明中注明"The consignment is in compliance with requirements described in the Protocol of Phytosanitary Requirements for the Export of Grape from Peru to China signed on 27January，2005 and is free from the quarantine pests of concern to China"。

b) 冷处理的温度、处理时间和集装箱号码及封识号必须在植物检疫证书中处理部分注明。

c) 附有由 SENASA 官员签字盖章的"果温探针校正记录"正本。

5) 包装箱标识要求

每个包装箱上应用英文标出产地（省）、果园和包装厂的名称或相应的注册号，并标注及"输往中华人民共和国"的英文字样。

6) 关注的检疫性有害生物

地中海实蝇（*Ceratitis capitata* Wiedemann）、南美按实蝇（*Anastrepha fraterculus* Wiedemann）、西印度按实蝇［*Anastrepha oblique*（Macquart）］、葡萄瘿螨［*Eriophyes vitis*（Pagenstecher）］、苜蓿蓟马［*Frankliniella occidentalis*（Perganda）］、美澳核果褐腐病菌［*Monilinia fructicola*（Winter）Honey］。

7) 特殊要求

冷处理有效性判定，任何 1 个果温探针均达到-1.5℃或以下连续维持 19d 或以上的要求。

8) 不合格处理

a) 发现中方关注的任何有害生物，该批货物将作除害处理、退货或销毁处理。发现地中海实蝇、南美按实蝇、西印度实蝇活、芒果蜡实蝇、五斑蜡实蝇活虫，AQSIQ 将立即通知 SENASA 暂停秘鲁葡萄输华；发现葡萄瘿螨、苜蓿蓟马或美澳核果褐腐病菌，AQSIQ 将通知 SENASA 暂停有关果园和/或包装厂的葡萄输华。

b）冷处理结果无效的，则该批货物作退货、转口或销毁处理。

c）其他不合格情况按一般程序要求处理。

9）依据

《中华人民共和国国家质量监督检验检疫总局与秘鲁共和国农业部关于秘鲁葡萄输华植物检疫要求的议定书》。

17.1.2　秘鲁芒果进境植物检疫要求

1）水果名称

芒果（*Mangifera indica* L.），英文名称：Mangoes。

2）允许产地

须来自注册的果园和包装厂（名单见国家质检总局网站）。

3）允许入境口岸

国家质检总局允许的允许入境口岸。

4）有关证书内容要求

a）植物检疫证书应注明产区（大区）、热处理温度、持续时间和日期，并在附加声明中注明"The consignment is in compliance with requirements described in the Protocol of Phytosanitary Requirements for the Export of Mango from Peru to China and is free of the quarantine pests of concern to China"（该批芒果符合《秘鲁芒果输华植物检疫要求的议定书》规定的要求，不带中方关注的检疫性有害生物）。

b）热水处理详细记录数据复印件应随附植物检疫证书。

5）包装箱标识要求

芒果包装应使用干净卫生、未使用过的包装材料。芒果包装箱上应用英文标出产地（大区）、果园和包装厂的名称或相应的注册号，并标注"输往中华人民共和国"的英文字样。

6）关注的检疫性有害生物

南美按实蝇（*Anastrepha fraterculus*）、地中海实蝇（*Ceratitis capitata*）、西印度按实蝇（*Anastrepha obliqua*）、印加按实蝇（*Anastrepha distincta*）、山榄按实蝇（*Anastrepha serpentina*）、条纹按实蝇（*Anastrepha striata*）、刺盾蚧（*Selenaspidus articulatus*）、芒果畸形病菌（*Fusarium moniliforme var. subglutinans*）。

7）特殊要求

a）输华芒果应进行热处理，核查由出口加工厂提供的热处理记录数据是否符合下列要求：

芒果应在不低于 46.1℃ 的水中进行热处理，处理时间根据果实大小而定：

果实小于 425g，则处理时间不少于 75min；

果实介于 425g 至 650g，则处理时间不少于 90min；

b）如果热水处理需要水冷，则热水处理时间应相应延长 10min，且必须在室温下放置至少 30min 后方可冷却。冷却水的温度不得低于 21.1℃。

8）不合格处理

a）经检验检疫发现包装不符合第 5 条有关规定，该批芒果不准入境。

b）发现来自未经批准的包装厂，则该批芒果不准进境。

c) 热处理无效的,不准入境。

d) 发现第 6 条所列的检疫性有害生物,该批货物将作退货、销毁或除害处理。如果发现实蝇活虫,AQSIQ 将通知 SENASA 暂停秘鲁芒果输华;如发现刺盾蚧、芒果畸形病菌,AQSIQ 将通知 SENASA 暂停有关果园和/或包装厂的芒果输华。

e) 其他不合格情况按一般工作程序要求处理。

9) 依据

《中华人民共和国国家质量监督检验检疫总局与秘鲁共和国农业部关于秘鲁芒果输华植物检疫要求的议定书》。

17.1.3 秘鲁柑橘进境植物检疫要求

1) 水果名称

柑橘,具体种类包括:葡萄柚(*Citrus paradisii*)、橘子(*Citrus reticulate*)及其杂交种、橙(*Citrus sinensis*)、莱檬(*Citrus aurantifolia*)和塔西提莱檬(*Citrus latifolia*)。

2) 允许产地

须来自注册果园、包装厂、热处理设施(名单见国家质检总局网站)。

3) 允许入境口岸

无具体规定。

4) 证书要求

a) 植物检疫证书"原产地"栏中应注明柑橘生产的省,并在附加声明中用英文注明:"The consignment is in compliance with requirement described in the Protocol of phytosanitary requirements for the export of citrus from Peru to China and is free from quarantine pest concern to China"(该批货物符合《秘鲁柑橘输华植物检疫要求议定书》,不带有中方关注的检疫性有害生物)。

b) 实施冷处理的,应将冷处理的温度、处理时间和集装箱号码及封识号在植物检疫证书中注明。

c) 需提供由船运公司下载的冷处理记录(运输途中冷处理的)和由 CAPQ 官员签字盖章的"果温探针校正记录"正本。

5) 包装要求

a) 柑橘包装箱上应用英文标出产地(省份)、果园名称或注册号、包装厂名称或注册号、"秘鲁输往中国"的字样。

b) 包装箱应干净卫生、首次使用。包装材料应符合国际木质包装措施标准的要求。

6) 关注的检疫性有害生物

印加按实蝇(*Anastrepha distincta*)、南美按实蝇(*Anastrepha fraterculus*)、西印度按实蝇(*Anastrepha obliqua*)、山榄按实蝇(*Anastrepha serpentina*)、地中海实蝇(*Ceratitis capitata*)、咖啡绿软蚧(*Coccus viridis*)、菠萝灰粉蚧(*Dysmicoccus brevipes*)、双条拂粉蚧(*Ferrisai virgata*)、玫瑰短喙象(*Pantomorus cervinus*)、木薯绵粉蚧(*Phenacoccus madeirensis*)、苏铁褐点并盾蚧(*Pinnaspis aspidistrae*)、刺盾蚧(*Selenaspidus articulatus*)。

7) 特殊要求

a) 对来自不是实蝇非疫区的葡萄柚、橘子及其杂交种、橙应采取针对实蝇的随航集装箱冷处理。冷处理技术指标见表 17-1:

表 17－1 冷处理技术指标

温度范围/℃	处理时间/d
≤1.11	15
≤1.67	17

b）莱檬和塔西提莱檬不需要冷处理，这些出口收获水果应为绿色。

c）任何果温探针校正值不应超过±0.3℃。

d）需要冷处理的，由经冷处理培训合格的检验检疫人员，对冷处理进行核查和进行冷处理有效性判定。

8）不合格处理

a）包装不符合第 5 条有关规定，该批柑橘不准入境。

b）发现有来自未经注册的果园、包装厂或冷处理设施生产加工的柑橘，不准入境。

c）冷处理结果无效的，不准入境。

d）发现任何活的检疫性有害生物，拒绝该批货物入境。如在来自实蝇非疫区的柑橘中发现地中海实蝇或按实蝇复合种，则暂停相关实蝇非疫区柑橘输华，AQSIQ 和 SENESA 将共同评估该产区植物卫生状况，找出产生问题的原因，并采取整改措施，以便重新恢复非疫区柑橘输华。

e）冷处理后货物中截获任何活的地中海实蝇和/或按实蝇复合种，则暂停冷处理项目。双方将调查出现违规的原因，在采取整改措施基础上，通过双方协商解决恢复柑橘进口问题。

f）其他不合格情况按一般工作程序要求处理。

9）依据

a）《中华人民共和国国家质量监督检验检疫总局和秘鲁共和国农业部关于秘鲁柑橘输华植物检疫要求议定书》；

b）《关于印发〈秘鲁柑橘进境植物检疫要求〉的通知》（国质检动函〔2009〕596 号）。

17.2 进境秘鲁水果现场查验与处理

17.2.1 携带有害生物一览表

见表 17－2。

表 17－2 进境秘鲁水果携带有害生物一览表

水果种类	关注有害生物	为害部位	可能携带的其他有害生物
葡萄	南美按实蝇、西印度按实蝇、地中海实蝇	果肉	草地夜蛾
	西花蓟马、榆蛎盾蚧、葡萄瘿螨、苜蓿蓟马	果表	吴刺粉虱、蚕豆蚜、棉蚜、椰圆盾蚧、常春藤圆蛊盾蚧、橄榄链蚧、黑褐圆盾蚧、红褐圆盾蚧、梨枝圆盾蚧、橘腺刺粉蚧、芭蕉蚧、槟榔盾蚧、吹绵蚧、马铃薯长管蚜、黑盔蚧、糠片盾蚧、黄片盾蚧、突叶并盾蚧、桑白盾蚧、拟长尾粉蚧、粉蚧、梨圆盾蚧、赤褐辉盾蚧、葱蓟马、橘矢尖盾蚧、侧多食跗线螨

表 17-2(续)

水果种类	关注有害生物	为害部位	可能携带的其他有害生物
葡萄	美澳型核果褐腐菌	果表、果肉	罗尔状草菌、痂囊腔菌、白粉菌、围小丛壳、毛色二孢、芝麻茎点枯病菌、咖啡美洲叶斑病菌、大丽花轮枝孢、根癌土壤杆菌、苜蓿花叶病毒、烟草环斑病毒、番茄丛矮病毒、番茄环斑病毒、芒果半轮线虫、花生根结线虫
	普通庭院大蜗牛	包装箱	矛叶蓟、侧多食跗线螨
芒果	螺旋粉虱、刺盾蚧	果皮	灰暗圆盾蚧，黄炎盾蚧、吴刺粉虱、椰圆盾蚧、常春藤圆蛊盾蚧、橄榄链蚧、黑褐圆盾蚧、红褐圆盾蚧、菠萝洁粉蚧、橘腺刺粉蚧、芭蕉蚧、长棘炎盾蚧、槟榔盾蚧、吹绵蚧、紫牡蛎盾蚧、黑盔蚧、糠片盾蚧、黄片盾蚧、突叶并盾蚧、桑白盾蚧、葱蓟马、侧多食跗线螨
	南美番石榴实蝇、印加实蝇、南美按实蝇、西印度实蝇、南美西番莲实蝇、暗色实蝇、美洲番石榴实蝇、地中海实蝇、山榄按实蝇、条纹按实蝇	果肉	剑股芒蝇
	可可花瘿病菌、棉花黄萎病菌、芒果畸形病	果皮、果肉	根癌土壤杆菌、芒果半轮线虫、罗耳阿太菌(齐整小核菌有性态)、可可球色单隔孢、甘薯长喙壳、奇异长喙壳、罗尔状草菌、玉蜀黍赤霉、围小丛壳、可可毛色二孢、芝麻茎点枯病菌、棕榈疫霉
柑橘(葡萄柚、橘、橙、莱檬)	咖啡绿软蚧、菠萝灰粉蚧、双条拂粉蚧、木薯绵粉蚧、苏铁褐点并盾蚧、刺盾蚧	果皮	蚕豆蚜、棉蚜、椰圆盾蚧、常春藤圆蛊盾蚧、黑褐圆盾蚧、红褐圆盾蚧、菠萝洁粉蚧、苜蓿蓟马、芭蕉蚧、吹绵蚧、紫牡蛎盾蚧、马铃薯长管蚜、黑盔蚧、糠片盾蚧、黄片盾蚧、黑片盾蚧、突叶并盾蚧、桑白盾蚧、暗色粉蚧、橘蚜、橘矢尖盾蚧
	南美按实蝇、西印度实蝇、暗色实蝇、美洲番石榴实蝇、地中海实蝇、玫瑰短喙象、山榄按实蝇、音加按实蝇	果肉	剑股芒蝇、草地夜蛾
		果皮、果肉	柑橘速衰病毒、柑橘脉突一木瘤病毒、根癌土壤杆菌、芒果半轮线虫、矛叶蓟、罗耳阿太菌(齐整小核菌有性态)、柑橘痂囊腔菌、藤仓赤霉、赤霉属、围小丛壳、柑橘球座菌(柑果黑腐菌)、可可毛色二孢、芝麻茎点枯病菌、柑橘褐腐疫霉菌、烟草疫霉、棕榈疫霉、核盘菌、粗糙柑橘痂圆孢

17.2.2　关注有害生物的现场查验方法与处理

17.2.2.1　葡萄

17.2.2.1.1　地中海实蝇

参见 5.2.2.1.1。

17.2.2.1.2　南美按实蝇

参见 5.2.2.4.8。

17.2.2.1.3　西印度按实蝇

参见 5.2.2.4.9。

17.2.2.1.4　榆蛎盾蚧

参见 5.2.2.2.15。

17.2.2.1.5　葡萄瘿螨[*Eriophyes vitis*(Pagenstecher)]

现场查验:雌成螨体似胡萝卜,长约 160μm～200μm,前期乳白色、半透明,后期稍带黄白色。雄成螨体形略小。叶片受害多于叶背面发生毡状毛,前期毛白色,后变黄褐,最后干枯呈黑褐色。叶背生毡状毛的部位向叶正面隆起,背面凹陷,叶片皱缩,后期受害部位先坏死(见图 17-1)。严重时,嫩梢、幼果、卷须、花梗等部位均受害。查验时注意检查葡萄果实上有无螨虫活动,叶片有无为害状。

图 17-1　葡萄瘿螨在葡萄叶片上的为害状①

处理:经检测发现携带葡萄瘿螨,做熏蒸除害处理;无处理条件的,对该批葡萄进行退货或销毁。

17.2.2.1.6　西花蓟马

参见 5.2.2.2.5。

17.2.2.1.7　美澳型核果褐腐菌

参见 5.2.2.1.12。

17.2.2.1.8　普通庭院大蜗牛

参见 5.2.2.2.22。

17.2.2.2　芒果

17.2.2.2.1　螺旋粉虱

参见 1.2.2.3.1。

17.2.2.2.2　刺盾蚧

参见 1.2.2.3.2。

17.2.2.2.3　南美番石榴实蝇

参见 5.2.2.5.9。

17.2.2.2.4　印加按实蝇(*Anastrepha distincta* Greene)

现场查验:具按实蝇属典型翅型。C 带黄色到橙黄色,到达翅痣边缘。C 带和 S 带相连(见图 17-2)。头部除眼斑小瘤外,其余部分没有棕色印记。眼鬃毛 2 根。腹部椭圆或两侧

---

①　图源自:https://commons.wikimedia.org/wiki/File:Eriophyes_vitis_blatt_ganz_front.jpg。

平行,背板没有棕色斑点。

(a)雌成虫　　　　　(b)雄成虫　　　　　(c)翅

图 17-2　印加按实蝇形态①

处理:发现携带印加按实蝇的,实施除害处理;无法处理的,退货或销毁。

17.2.2.2.5　南美按实蝇

参见 5.2.2.4.8。

17.2.2.2.6　西印度实蝇

参见 5.2.2.4.9。

17.2.2.2.7　南美西番莲实蝇

参见 15.2.2.1.3。

17.2.2.2.8　暗色实蝇

参见 5.2.2.5.8。

17.2.2.2.9　美洲番石榴实蝇

参见 5.2.2.5.9。

17.2.2.2.10　地中海实蝇

参见 5.2.2.1.1。

17.2.2.2.11　山榄按实蝇[*Anastrepha serpentine*(Wiedemann)]

现场查验:成虫体深橘色到深棕色,刚毛深棕色,有灰黄至黄棕色条纹。前胸背板深棕色,有黄色条带。翅长 7.25mm~8.5mm,深棕色为主,前缘及S带颜色尤其深。腹部背板有棕色、棕黄色及橘色条带。足的颜色由灰黄色到棕黄色,或一侧灰黄另一侧棕黄色。雌成虫产卵管长 2.8mm~3.7mm,产卵管鞘 3.0mm~3.9mm长,橘棕色(见图 17-3)。查验时注意剖果检查有无实蝇幼虫,并注意包装内有无羽化出的成虫。

17.2.2.2.12　条纹按实蝇

参见 5.2.2.5.9。

图 17-3　山榄按实蝇②

17.2.2.2.13　可可花瘿病菌(*Nectria rigidiuscula* Berk. et Broome)

现场查验:查验时注意检查水果有无病症,针对性采样送检,按 SN/T 3284-2012 可可花瘿病菌检疫鉴定方法进行检测。

处理:经检测发现携带可可花瘿病菌的,对该批芒果实施退货或销毁处理。

---

①图 17-2(a)、(b)源自 http://www.aqsiqsrrc.org.cn,图 17-2(c)源自 http://delta-intkey.com/ffa/www/ana_dist.htm。

②图源自:https://www.flickr.com/photos/agrocalidad/7780907720&h=804&w=1024&tbnid=CHGTDUy_FvbANM;&docid=icOkVcaLOl3QQM&ei=U0O—VeTBOoGU0gSHsZrIDQ&tbm=isch&ved=0CCMQMygDMANqFQoTCKS33_bmiscCFQGKlAodh5gG2Q。

17.2.2.2.14　棉花黄萎病菌

　　参见 5.2.2.4.25

17.2.2.2.15　芒果畸形病菌（*Fusarium moniliforme* var. *subglutinans* Wr. & Reink）

　　现场查验：查验时注意检查芒果有无畸形病症，针对性采样送检。

　　处理：经检测发现携带芒果畸形病的，对该芒果实施退货或销毁处理。

17.2.2.3　柑橘（葡萄柚、橘、橙、柠檬）

17.2.2.3.1　咖啡绿软蚧［*Coccus viridis*（Green）］

　　现场查验：雌成虫体灰绿色，有一显著的黑色不规则 U 形纹。介壳长椭圆形，适度凸起。成虫介壳长 2.5mm～3.25mm（见图 17-4）。死虫颜色变浅棕色或浅黄色，U 形黑纹消失。

　　处理：发现携带咖啡绿软蚧的，对该批货物实施除害处理；无法处理的，退货或销毁。

17.2.2.3.2　菠萝灰粉蚧（*Dysmicoccus brevipes*）

　　现场查验：形态与菠萝白粉蚧类似。雌成虫体饱满，凸起，粉色。侧蜡丝通常短于体宽的 1/4（见图 17-5）。

　　处理：发现携带菠萝灰粉蚧的，对该批货物实施除害处理；无法处理的，退货或销毁。

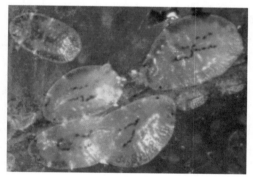

图 17-4　咖啡绿软蚧雌成虫[①]

（a）外观图　　　　　（b）形态图

图 17-5 菠萝灰粉蚧雌成虫（陈志粦　摄）

17.2.2.3.3　双条拂粉蚧［*Ferrisai virgate*（Cockerell）］

　　现场查验：雌成虫椭圆形，长 4 mm～4.5 mm，背板近中处有 2 条纵向条带，被蜡粉。背板也有大量玻璃丝状蜡丝（见图 17-6）。

　　处理：发现携带双条拂粉蚧的，对该批货物实施除害处理；无法处理的，退货或销毁。

17.2.2.3.4　木薯绵粉蚧（*Phenacoccus madeirensis* Green）

　　现场查验：椭圆形，体平，灰色，足红色，被细小白色蜡粉。背板上有暗色纵向线（见图17-7）。

图 17-6　双条拂粉蚧（焦懿　摄）

---

　　① 图源自：http://caribfruits.cirad.fr/production_fruitiere_integree/protection_raisonnee_des_vergers_maladies_ravageurs_et_auxiliaires/cochenille_verte。

处理:发现携带木薯绵粉蚧的,对该批货物实施除害处理;无法处理的,退货或销毁。

图 17－7　木薯绵粉蚧①

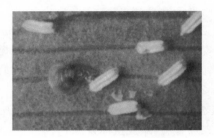

图 17－8　苏铁褐点并盾蚧②

17.2.2.3.5　苏铁褐点并盾蚧(*Pinnaspis aspidistrae* Sign)

现场查验:雌介壳长 2.0 mm～2.25 mm,形状不规则,后部显著变宽,尾部近圆,介壳薄,半透明,灰棕色。雄介壳长 1.0mm～1.2mm,细长,两侧近平行。3 条隆起,白色(见图 17－8)。

处理:发现携带苏铁褐点并盾蚧的,对该批货物实施除害处理;无法处理的,退货或销毁。

17.2.2.3.6　刺盾蚧

参见 1.2.2.3.2。

17.2.2.3.7　南美按实蝇

参见 5.2.2.4.8。

17.2.2.3.8　西印度实蝇

参见 5.2.2.4.9。

17.2.2.3.9　暗色实蝇

参见 5.2.2.5.8。

17.2.2.3.10　美洲番石榴实蝇

参见 5.2.2.5.9。

17.2.2.3.11　地中海实蝇

参见 5.2.2.1.1。

17.2.2.3.12　玫瑰短喙象

参见 5.2.2.1.7。

17.2.2.3.13　山榄按实蝇

参见 17.2.2.2.11。

17.2.2.3.14　印加按实蝇

参见 17.2.2.2.4。

17.3　进境秘鲁水果风险管理措施

见表 17－3。

---

① 图源自:http://ecoport.org/ep? SearchType＝slideshowViewSlide&slideshowId＝91&slideId＝1942。

② 图源自:http://www.aqsiqsrrc.org.cn。

表 17 - 3　进境秘鲁水果风险管理措施

水果种类	查验重点	农残检测项目	风险管理措施
葡萄	果表（蓟马、螨、介壳虫、病害症状）、果肉（实蝇）、包装（蜗牛）	参加美国葡萄	
芒果	果表（介壳虫、粉病症）、果肉（实蝇）	参见菲律宾芒果	
柑橘	果表（介壳虫）、果肉（实蝇、象甲）	参见泰国橘、橙、柚	

⑱ 进境以色列水果现场查验

18.1 植物检疫要求

我国在 2007 年发布《中华人民共和国国家质量监督检验检疫总局和以色列农业与农村发展部关于以色列输华柑橘植物检疫要求议定书》，对准入的以色列柑橘提出检验检疫要求。根据议定书内容，中方制定了以色列输华柑橘植物检疫要求。以色列柑橘进境植物检疫要求具体如下：

1）法律法规依据

《中华人民共和国进出境动植物检疫法》《中华人民共和国进出境动植物检疫法实施条例》《中华人民共和国国家质量监督检验检疫总局和以色列农业与农村发展部关于以色列输华柑橘植物检疫要求议定书》（2007 年 1 月 10 日签署）。

2）允许进境商品名称

柑橘，具体种类包括：橙子（*Citrus sinensis*）、葡萄柚（*Citrus paradise*）、柚（*Citrus grandis*）、橘子（*Citrus reticulata*）和柠檬（*Citrus lemon*）。

3）批准的果园、包装厂和冷处理设施

柑橘果园、包装厂和冷处理设施应经以色列农业与农村发展部植物保护与检验检疫局（PPIS）审核注册，并经中国国家质检总局（AQSIQ）确认，名单可在国家质检总局网站上查询。

4）关注的检疫性有害生物名单

柑橘瘤瘿螨（*Aceria sheldoni*）、芒果白轮蚧（*Aulacaspis tubercularis*）、加州短须螨（*Brevipalpus californicus*）、地中海实蝇（*Ceratitis capitata*）、无花果蜡蚧（*Ceroplastes rusci*）、高粱穗隐斑螟（*Cryptoblabes gnidiella*）、石榴螟（*Ectomyelois ceratoniae*）、柑橘螟蛾（*Euzopherodes vapidella*）、西花蓟马（*Frankliniella occidentalis*）、橘花蛾（*Prays citri*）、梨形圆棉蚧（*Protopulvinaria pyriformis*）、橘小粉蚧（*Pseudococcus citriculus*）、冬生疫霉（*Phytophthora hibernalis*）。

5）装运前要求

a）果园管理。

ⅰ）柑橘须来石榴螟和冬生疫霉的非疫生产点，非疫生产点应按 IPPC 的相关标准建立。

ⅱ）在 PPIS 检疫监管下，输华柑橘果园应采取有效的监测、预防和有害生物综合管理措施（IPM），以避免和控制中方关注的检疫性有害生物进入，发生疫情。

ⅲ）应 AQSIQ 要求，PPIS 应提供有害生物、预防监测和综合管理措施的有关程序和结果。

b）包装厂管理。

ⅰ）包装前，柑橘应经过人工选果、杀菌、水洗、烘干、打蜡等工序。柑橘的包装、储藏、冷处理和装运过程，须在 PPIS 检疫监管下进行，确保不带昆虫、螨类、枝、叶、土壤和烂果。

ⅱ）包装好的柑橘应单独储藏，避免有害生物再次感染。

ⅲ）包装厂应保留每批水果包装的日期和时间，以便可追溯其来源。

c）包装要求。

ⅰ）柑橘包装材料应干净卫生、未使用过，符合中国有关植物检疫要求。

ⅱ）每个木托盘上应用英文标明"输往中华人民共和国"。每个包装箱上用英文标明产地、包装厂名称或注册号。

d）冷处理要求。

装箱前的柑橘需预冷至果肉温度达 4℃或以下。在运输途中，柑橘须在制冷集装箱中进行针对地中海实蝇的冷处理。冷处理技术指标为果肉中心温度 1.1℃持续 15d 以上，或 1.7℃持续 17d 以上，或 2.1℃持续 21d 以上。

e）植物检疫证书要求。

ⅰ）植物检疫证书附加声明中应用英文注明："The consignment is in compliance with the requirements described in the Protocol of Phytosanitary Requirements for the Export of Citrus from Israel to China signed on January 10，2007，and is free from quarantine pests of concern to China"。

ⅱ）冷处理的温度、处理时间、集装箱号码和封识号码必须在植物检疫证书的除害处理部分中注明。

6）进境要求

a）允许入境港口。

大连、天津、北京、上海、青岛和南京。

b）有关证书核查。

ⅰ）核查植物检疫证书是否符合第 5 条第（5）项的规定。

ⅱ）核查进境柑橘是否附有 AQSIQ 颁发的《进境动植物检疫许可证》。

ⅲ）核查由船运公司下载的冷处理记录和由 PPIS 官员签字盖章的"果温探针校准记录"正本。

c）进境检验检疫。

ⅰ）根据《检验检疫工作手册》植物检验检疫分册第 11 章的有关规定，对进境柑橘实施检验检疫。加强对中方关注的 13 种检疫性有害生物的针对性检疫。

ⅱ）经冷处理培训合格的检验检疫人员，对以下冷处理要求进行核查：

（1）核查冷处理温度记录。冷处理温度和时间应达到第 5 条第 4 项的要求。

（2）果温探针安插的位置须符合附件 18-1 要求。

（3）对果温探针进行校正检查（见附件 18-2）。任何果温探针校正值不应超过±0.3℃。温度记录的校正检查应在对冷处理温度记录核查后，初步判定符合冷处理条件的情况下进行。

ⅲ）冷处理无效判定。

不符合第 6 条第 3 项第 2 点情况之一的，则判定为冷处理无效。

7）不符合要求的处理

a）经检验检疫发现包装不符合第 5 条第 3 项有关规定,该批柑橘不准入境。

b）发现来自未经 PPIS 注册的果园、包装厂或冷处理设施生产加工的柑橘,不准入境。

c）冷处理结果无效的,不准入境。

d）如发现地中海实蝇活虫,则该批柑橘作退货或销毁处理,中方将及时通知 PPIS,暂停以色列柑橘输华。

e）如发现石榴螟、高粱穗隐斑螟、柑橘螟蛾、橘花蛾或冬生疫霉,则该批柑橘做退货或销毁处理,中方立即通知 PPIS 暂停相关果园和加工厂的柑橘输华,直至采取有效的改正措施为止。

f）如发现第 4 条中的其他中方关注检疫性有害生物,则该批柑橘将作退货、销毁或检疫处理（仅限于能够进行有效除害处理的情况）。

g）如发现其他检疫性有害生物,则根据《中华人民共和国进出境动植物检疫法》及其实施条例的有关规定进行相应检疫处理。

8）其他检验要求

根据《中华人民共和国食品卫生法》和《中华人民共和国进出口商品检验法》的有关规定,进境柑橘的安全卫生项目应符合我国相关安全卫生标准。

附件 18－1

果温探针安插的位置

1 号探针（果内）安插在集装箱内货物首排顶层中央位置;

2 号探针（果内）安插在距集装箱门 1.5m（40ft 集装箱）或 1m（20ft 集装箱）的中央,并在货物高度一半的位置;

3 号探针（果内）安插在距集装箱门 1.5m 或 1m（20ft 集装箱）的左侧,并在货物高度一半的位置;

2 个空间温度探针分别安插在集装箱的入风口和回风口处。

果温探针安插位置见附图 18－1。

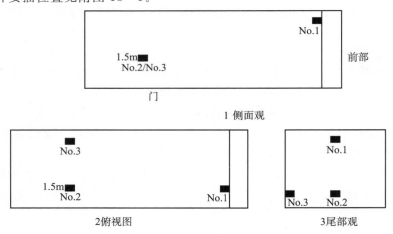

附图 18－1　果温探针安插位置示意图

附件 18 - 2

果温探针校正检查方法

1）材料及工具

标准水银温度计、手持扩大镜、保温壶、洁净的碎冰块、蒸馏水。

2）果温度探针的校正方法

a）将碎冰块放入保温壶内，然后加入蒸馏水，水与冰混合的比例约为 1∶1；

b）将标准温度计和温度探针同时插入冰水中，并不断搅拌冰水，同时用手持扩大镜观测标准温度计的刻度值，使冰水温度维持在 0℃，然后记录 3 支温度探针显示的温度读数，重复 3 次，取平均值。例如：

探　针	第 1 次读数	第 2 次读数	第 3 次读数	校正值
1 号	0.1	0.1	0.1	−0.1
2 号	−0.1	−0.1	−0.1	0.1
3 号	0.0	0.0	0.0	0.0
任何读数超过 ±0.3℃ 的探针均不符合要求，都必须更换。				

18.2　进境以色列水果现场查验与处理

18.2.1　携带有害生物一览表

见表 18 - 1。

表 18 - 1　进境以色列水果携带有害生物一览表

水果种类	关注有害生物	为害部位	可能携带的其他有害生物
柑橘	地中海实蝇、高粱穗隐斑螟、石榴螟、柑橘螟蛾、橘花蛾	果肉	剜股芒蝇、豌豆彩潜蝇、锞纹夜蛾、棉铃虫、疆夜蛾、甜菜夜蛾、海灰翅夜蛾
	芒果白轮蚧、无花果蜡蚧、西花蓟马、梨形圆棉蚧、橘小粉蚧、柑橘瘤瘿螨、加州短须螨	果表	红肾圆盾蚧、东方肾圆蚧、棉蚜、绣线菊蚜、咖啡豆象、常春藤圆盎盾蚧、B 型烟粉虱、隆肩露尾甲、龟蜡蚧、黑褐圆盾蚧、红褐圆盾蚧、柑橘粉蚧、温室蓟马、芭蕉蚧、埃及吹绵蚧、吹绵蚧、紫牡蛎盾蚧、橘长蛎蚧、棉花蓟马、马铃薯长管蚜、稻点绿蝽、橘鳞粉蚧、杨梅缘粉虱、黑盎蚧、糠片盾蚧、黑片盾蚧、柑橘粉蚧、拟长尾粉蚧、桃大黑蚜、咖啡硬介壳虫、榄珠蜡蚧、沙漠蝗虫、茶黄硬蓟马、橘二叉蚜、柑橘全爪螨、柑橘锈螨

表 18-1(续)

水果种类	关注有害生物	为害部位	可能携带的其他有害生物
	冬生疫霉	果表、果肉	柑橘链格孢、黑曲霉、茶藨子葡座腔菌、富氏葡萄孢盘菌、灰霉、罗尔状草菌、柑橘间座壳、围小丛壳、毛色二孢、恶疫霉、柑橘褐腐疫霉菌、茄绵疫病菌、白纹羽菌、核盘菌、瓜亡革菌、丁香假单胞菌丁香致病变种、柠檬螺原体、多带螺旋线虫、芒果半轮线虫、半穿刺线虫、柑橘石果病、柑橘速衰病毒、柑橘速衰病毒
	普通庭院大蜗牛	包装箱	桃大黑蚜、杨梅缘粉虱、柑橘全爪螨、柑橘锈螨、沙漠蝗虫、茶黄硬蓟马、橘二叉蚜

18.2.2 关注柑橘有害生物的现场查验方法与处理

18.2.2.1 柑橘瘤瘿螨[*Aceria sheldoni*(Ewing)]

现场查验:雌成螨体蠕虫形,盾板前缘布有粒点,背中线不明显(见图 18-1)。严重时,嫩梢、幼果、卷须、花梗等部位均受害,造成芽瘿和果实畸形(见图 18-2)。查验时注意检查果实上有螨虫活动,果实有无畸形。

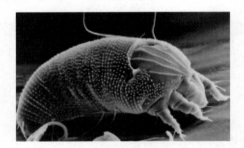

图 18-1 柑橘瘤瘿螨形态①

图 18-2 柑橘瘤瘿螨为害造成柠檬果实畸形②

处理:经检测确认携带柑橘瘤瘿螨,做熏蒸除害处理;无处理条件的,对该批柑橘进行退货或销毁处理。

18.2.2.2 芒果白轮蚧

参见 7.2.2.1.10。

18.2.2.3 地中海实蝇

参见 5.2.2.1.1。

18.2.2.4 无花果蜡蚧

参见 8.2.2.1.2。

18.2.2.5 高粱穗隐斑螟

参见 9.2.2.1.5。

18.2.2.6 石榴螟

参见 9.2.2.1.6。

---

① 图源自:http://www.fermaime.com/? id=20&1=1687。

② 图源自:https://en.wikipedia.org/wiki/Aceria_sheldoni。

18.2.2.7　柑橘螟蛾(*Euzopherodes vapidella* Mann)

现场查验:成虫前翅暗褐色,有白色条纹斑。后翅灰黑色,半透明(见图18-3)。查验时注意剖果检查。

处理:经检测确认携带柑橘螟蛾,对该批柑橘做退货或销毁处理。

18.2.2.8　西花蓟马

参见5.2.2.2.5。

18.2.2.9　橘花蛾(橘花巢蛾)

参见11.2.2.2.3。

18.2.2.10　梨形原棉蚧

参见7.2.2.1.11。

18.2.2.11　橘小粉蚧(*Pseudococcus citriculus* Green)

现场查验:雌成虫体椭圆,淡黄色或绿黄色,长约2mm。体被蜡粉。体毛长,特别是背毛(见图18-4)。查验时注意检查果表有无介壳虫。

图18-3　柑橘螟蛾成虫形态[1]

图18-4　橘小粉蚧成虫[2]

处理:经检测确认携带橘小粉蚧,做熏蒸除害处理,无处理条件的,对该批柑橘进行退货或销毁处理。

18.2.2.12　冬生疫霉(*Phytophthora hibernalis* Carne)

现场查验:被侵染的果实产生褐腐[见图18-5(a)],叶和枝条枯萎,叶片上的病斑深褐色至黑色,圆形或环状,叶片两面可见病斑[见图18-5(b)]。病斑可扩展至整个叶面,包括叶柄。查验时注意检查果实有无褐腐,叶片有无病斑,并针对性地采样送检。

(a)冬生疫霉在柑橘果实上的褐腐症状

(b)冬生疫霉在柑橘叶片上的病斑

图18-5　冬生疫霉[3]

---

① 图源自:http://www.lepiforum.de/lepiwiki.pl? Fotouebersicht_Phycitini_23_Gespannt。

② 图源自:http://pests.agridata.cn/showimg3.asp? DB=6&id=46。

③ 图源自:http://www.efa-dip.org/es/servicios/galeria/index.asp? action = displayfiles&item = %2Fcomun%2Fservicios%2Fgaleria%2FPLAGAS＋Y＋ENFERMEDADES＋－＋PESTS＋AND＋DESEASES＋－＋PRAGAS＋E＋ENFERMIDADES%2FCitricos＋－＋Citrics＋－＋Citricos%2FPhytophthora＋hibernalis/、http://www.plantmanagementnetwork.org/pub/php/brief/2005/rhododendron/。

处理:经检测确认携带冬生疫霉,对该批柑橘做退货或销毁处理。

18.2.2.13 加州短须螨[*Brevipalpus californicus*(Banks)]

现场查验:雌螨椭圆形,红色(见图18-6)。体长0.28mm,体宽0.15mm。查验时注意检查果表和包装箱内有无螨虫。

图18-6 加州短须螨①

处理:经检测确认携带加州短须螨的,做熏蒸除害处理;无处理条件的,对该批柑橘进行退货或销毁处理。

18.2.2.14 普通庭院大蜗牛

参见5.2.2.2.22。

18.3 进境以色列水果风险管理措施

见表18-2。

表18-2 进境以色列水果风险管理措施

水果种类	查验重点	农残检测项目	风险管理措施
柑橘	果表(螨、介壳虫、病害症状)、果肉(实蝇、蛾类)、包装(蜗牛)	参见泰国橘、橙、柚	

---

① 图源自:http://www.infojardin.com/foro/showthread.php?p=4643511。

⑲ 进境缅甸水果现场查验

19.1 植物检疫要求

目前在缅甸水果中,芒果、西瓜、甜瓜、毛叶枣以及龙眼、山竹、红毛丹、荔枝等 8 种水果获得中方检疫准入。其中,中缅就缅甸芒果、西瓜、甜瓜、毛叶枣输华签署了议定书,根据议定书内容,中方制定了缅甸芒果、西瓜、甜瓜、毛叶枣输华植物检疫要求。龙眼、山竹、红毛丹、荔枝属传统输华贸易产品,双方未签署植物检疫要求议定书。

19.1.1 进境缅甸芒果、西瓜、甜瓜、毛叶枣植物检疫要求

1) 水果名称

缅甸芒果(*Mangifera indica*)、西瓜(*Citrullus lanatus*)、甜瓜(*Cucumis melo*)、毛叶枣(*Zizyphus mauritiana*),英文名称分别为 Mango、Watermelon、Melon、Indian iujube。

2) 允许产地

须来自注册的果园和包装厂(名单见国家质检总局网站)。

3) 允许入境口岸

云南瑞丽、打洛边境口岸。

4) 植物检疫证书要求

无具体规定。

5) 包装要求

输华水果应采用未使用过的、干净卫生的材料包装。

包装箱上应用中文或英文注明水果名称、产地、包装厂名称或代码。

6) 关注的检疫性有害生物

芒果:芒果果实象甲(*Acryptorrhynchus olivieri*)、番石榴果实蝇(*Bactrocera correcta*)、瓜实蝇(*Bactrocera cucurbitae*)、橘小实蝇(*Bactrocera dorsalis*)、实蝇(*Bactrocera tuberculata*)、桃实蝇(*Bactrocera zonata*)、黑盔蚧(*Parasaissetia nigra*)、常蛎盾蚧(*Lepidosaphes gloverii*)、堆蜡粉蚧(*Nipaecoccus viridis*)、紫粉蚧(*Planococcus lilacinus*)、大洋臀纹粉蚧(*Planococcus minor*)、芒果果肉象甲(*Sternochetus frigidus*)、芒果果核象甲(*Sternochetus mangiferae*)。

西瓜:橘小实蝇(*Bactrocera dorsalis*)、瓜实蝇(*Bactrocera cucurbitae*)、南瓜实蝇(*Bactrocera tau*)、小南瓜实蝇(*Dacus ciliatus*)。

甜瓜:番石榴果实蝇(*Bactrocera correcta*)、瓜实蝇(*Bactrocera cucurbitae*)、橘小实蝇(*Bactrocera dorsalis*)、南瓜实蝇(*Bactrocera tau*)、小南瓜实蝇(*Dacus ciliatus*)、大洋臀纹粉蚧(*Planococcus minor*)。

毛叶枣:番石榴果实蝇(*Bactrocera correcta*)、橘小实蝇(*Bactrocera dorsalis*)、堆蜡粉蚧(*Nipaecoccus viridis*)。

7) 特殊要求

a) 根据情况需要,在与缅甸方面协商基础上,我国国家质检总局及检验检疫机构将派检验检疫人员对输华水果实施考察预检。

b) 在中缅边境线附近和进口水果集散地周围,实施疫情监测。

8) 不合格处理

a) 发现实蝇类、象甲类害虫的,对整批水果进行熏蒸、热处理等除害处理或退货、销毁措施。

b) 发现介壳虫类害虫的,对被感染的水果作销毁处理。

c) 发现其他重要检疫性有害生物且无有效除害处理措施的,一律做退货或销毁处理。情况严重的,将暂停从缅甸进口水果。

d) 检出农残或其他有毒有害物质超标的,一律做退货或销毁处理。情况严重的,将暂停从缅甸进口水果。

e) 其他不合格情况按一般工作程序要求处理。

9) 依据

关于印发《从缅甸进口芒果、西瓜、甜瓜、毛叶枣检验检疫要求》的通知(国质检动函〔2007〕668号)。

19.1.2 进境缅甸龙眼、山竹、红毛丹、荔枝植物检疫要求

缅甸龙眼、山竹、红毛丹、荔枝属传统输华贸易产品,双方未签署植物检疫要求议定书,进口缅甸龙眼、山竹、红毛丹、荔枝按国家质检总局2005年第68号令《进境水果检验检疫监督管理办法》执行。

19.2 进境缅甸水果现场查验与处理

19.2.1 携带有害生物一览表

见表19-1。

表 19-1 进境缅甸水果携带有害生物一览表

水果种类	关注有害生物	为害部位	可能携带的其他有害生物
龙眼	—	果皮	荔蝽
	番石榴果实蝇、橘小实蝇	果肉	桃蛀野螟、腰果刺果夜蛾
山竹	暂无数据		
芒果	螺旋粉虱、黑盔蚧、常蛎盾蚧、堆蜡粉蚧、紫粉蚧、大洋臀纹粉蚧	果皮	吴刺粉虱、红肾圆盾蚧、东方肾圆蚧、椰圆盾蚧、黑褐圆盾蚧、红褐圆盾蚧、橘腺刺粉蚧、紫牡蛎盾蚧、长蛎盾蚧、木槿曼粉蚧、橘鳞粉蚧、糠片盾蚧、罂粟花蓟马、棕榈蓟马、葱蓟马、侧多食跗线螨

表 19 - 1(续)

水果种类	关注有害生物	为害部位	可能携带的其他有害生物
芒果	番石榴果实蝇、瓜实蝇、异颜实蝇、橘小实蝇、缅甸颜带果实蝇、南瓜实蝇、瘤胫实蝇、桃实蝇、芒果果肉象甲、印度芒果果核象甲、芒果果实象甲	果肉	干果斑螟、黄猩猩果蝇、腰果刺果夜蛾、棉铃实夜蛾
	—	果皮、果肉	黑曲霉、罗耳阿太菌(齐整小核菌有性态)、可可球色单隔孢、茶藨子葡座腔菌、甘薯长喙壳、奇异长喙壳、芝麻茎点枯病菌、棕榈疫霉
红毛丹	橘小实蝇	果肉	桃蛀野螟、腰果刺果夜蛾
荔枝	橘小实蝇	—	吴刺粉虱、东方肾圆蚧、棉蚜、椰圆盾蚧、桃蛀野螟、腰果刺果夜蛾、橘腺刺粉蚧、黑盔蚧、荔蝽、罂粟花蓟马、黑曲霉
西瓜	瓜实蝇、橘小实蝇、南瓜实蝇、桃实蝇、黄萎轮枝孢(苜蓿黄萎病菌)、小南瓜实蝇	—	棉蚜、棕榈蓟马、茄科雷尔氏菌、罗耳阿太菌(齐整小核菌有性态)、葫芦科刺盘孢、芝麻茎点枯病菌
甜瓜	螺旋粉虱、番石榴果实蝇、瓜实蝇、橘小实蝇、南瓜实蝇、桃实蝇、小南瓜实蝇、大洋臀纹粉蚧	—	棉蚜、腰果刺果夜蛾、棕榈蓟马、葱蓟马、芸苔链格孢、甘蓝链格孢、黑曲霉、罗耳阿太菌(齐整小核菌有性态)、葫芦科刺盘孢、藤仓赤霉、鲑粗内丝白粉菌、芝麻茎点枯病菌
毛叶枣	番石榴果实蝇、橘小实蝇、堆蜡粉蚧	果皮、果肉	棕榈疫霉

19.2.2　关注有害生物的现场查验方法与处理

19.2.2.1　龙眼

19.2.2.1.1　番石榴果实蝇

　　参见 4.2.2.2.3。

19.2.2.1.2　橘小实蝇

　　参见 1.2.2.3.4。

19.2.2.2　山竹

　　暂无数据。

19.2.2.3　芒果

19.2.2.3.1　螺旋粉虱

　　参见 1.2.2.3.1。

19.2.2.3.2　黑盔蚧［*Parasaissetia nigra*（Nietner）］

现场查验：雌成虫体色从暗棕色到黑色，体长约 5mm。未固定的成虫有明显成排的蜡粉覆盖。

处理：发现携带黑盔蚧的，该批芒果做除害处理；无法处理的，退货或销毁。

19.2.2.3.3　常蛎盾蚧［*Lepidosaphes gloverii*（Packard）］

现场查验：体狭长，深棕色，尾部尖（见图 19－1）。查验时注意果皮上有无介壳虫。

处理：发现携带常蛎盾蚧的，该批芒果做除害处理；无法处理的，退货或销毁。

19.2.2.3.4　堆蜡粉蚧［*Nipaecoccus viridis*（Newstead）］

现场查验：雌成虫椭圆形，体节被白奶油色或灰黄色蜡覆盖。体暗绿粉色或暗棕粉色。长 2.5mm～4mm，宽 1.5mm～3mm。雄成虫棕粉色，前翅发达，体细长，1.3mm～2.5mm，尾端半圆形（见图 19－2）。查验时注意果皮上有无介壳虫。

处理：发现携带堆蜡粉蚧的，该批芒果做除害处理；无法处理的，退货或销毁。

19.2.2.3.5　紫粉蚧［*Planococcus lilacinus*（Cockerell）］

现场查验：雌成虫体椭圆形，棕红色，完全成熟时棕褐色。蜡粉厚，成团。背部有一显著长带，足发达（见图 19－3）。查验时注意果皮上有无介壳虫。

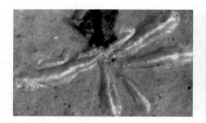　　

图 19－1　常蛎盾蚧①　　　　图 19－2　堆蜡粉蚧②　　　　图 19－3　紫粉蚧③

处理：发现携带紫粉蚧的，该批芒果做除害处理；无法处理的，退货或销毁。

19.2.2.3.6　大洋臀纹粉蚧

参见 7.2.2.1.5。

19.2.2.3.7　番石榴果实蝇

参见 4.2.2.2.3。

19.2.2.3.8　瓜实蝇

参见 1.2.2.2.2。

19.2.2.3.9　异颜实蝇

参见 4.2.2.9.6。

19.2.2.3.10　橘小实蝇

参见 1.2.2.3.4。

19.2.2.3.11　缅甸颜带果实蝇

参见 4.2.2.9.8。

---

①　图源自：https://commons.wikimedia.org/wiki/File:Lepidosaphes_gloverii.jpg。

②　图源自：http://www.nbair.res.in/insectpests/Nipaecoccus-viridis.php。

③　图源自：http://nuoitrong123.com/cach-phong-tru-rep-bong-hai-cam-sanh.html。

19.2.2.3.12　南瓜实蝇
　　参见 1.2.2.3.7。

19.2.2.3.13　瘤胫实蝇
　　参见 2.2.2.3.6。

19.2.2.3.14　桃实蝇
　　参见 2.2.2.3.7。

19.2.2.3.15　芒果果肉象甲
　　参见 1.2.2.3.9。

19.2.2.3.16　印度芒果果核象甲
　　参见 1.2.2.3.8。

19.2.2.3.17　芒果果实象甲
　　参见 1.2.2.3.10。

19.2.2.4　红毛丹

19.2.2.4.1　橘小实蝇
　　参见 1.2.2.3.4。

19.2.2.5　荔枝

19.2.2.5.1　橘小实蝇
　　参见 1.2.2.3.4。

19.2.2.6　西瓜

19.2.2.6.1　瓜实蝇
　　参见 1.2.2.2.2。

19.2.2.6.2　橘小实蝇
　　参见 1.2.2.3.4。

19.2.2.6.3　南瓜实蝇
　　参见 1.2.2.3.7。

19.2.2.6.4　桃实蝇
　　参见 2.2.2.3.7。

19.2.2.6.5　黄萎轮枝孢(苜蓿黄萎病菌)[*Verticillium albo-atrum* Reinke & Berthold]
　　现场查验:查验时注意检查西瓜有无变色、萎蔫等病症,针对性采样送检。
　　处理:发现携带黄萎轮枝孢(苜蓿黄萎病菌)的,该批西瓜做除害处理,无法处理的,退货或销毁。

19.2.2.6.6　小南瓜实蝇[*Dacus ciliates*(Loew)]
　　现场查验:成虫棕黄色,胸部肩角及其下方近腹部各有 1 黄色斑。翅前部有暗棕色条带(见图 19 - 4)。
　　处理:发现携带小南瓜实蝇的,该批西瓜做除害处理;无法处理的,退货或销毁。

图 19 - 4　小南瓜实蝇①

---

① 图源自:http://gamour.cirad.fr/site/index.php? option=com_content&view=article&id=73&Itemid=89。

19.2.2.7　甜瓜

19.2.2.7.1　螺旋粉虱
参见 1.2.2.3.1。

19.2.2.7.2　番石榴果实蝇
参见 4.2.2.2.3。

19.2.2.7.3　瓜实蝇
参见 1.2.2.2.2。

19.2.2.7.4　橘小实蝇
参见 1.2.2.3.4。

19.2.2.7.5　南瓜实蝇
参见 1.2.2.3.7。

19.2.2.7.6　桃实蝇
参见 2.2.2.3.7。

19.2.2.7.7　小南瓜实蝇
参见 19.2.2.6.6。

19.2.2.7.8　大洋臀纹粉蚧
参见 7.2.2.1.5。

19.2.2.8　毛叶枣

19.2.2.8.1　番石榴果实蝇
参见 4.2.2.2.3。

19.2.2.8.2　橘小实蝇
参见 1.2.2.3.4。

19.2.2.8.3　堆蜡粉蚧
参见 19.2.2.3.4。

19.3　进境缅甸水果风险管理措施

见表 19-2。

表 19-2　进境缅甸水果风险管理措施

水果种类	查验重点	农残检测项目	风险管理措施
龙眼	果肉(实蝇)	参见越南龙眼	
山竹	暂无数据	参见马来西亚山竹	
芒果	果表(介壳虫、粉虱),果肉(实蝇、象甲)	参见菲律宾芒果	
红毛丹	果肉(实蝇)	参见越南红毛丹	
荔枝	果肉(实蝇)	参见越南荔枝	
西瓜	果表(病症)、果肉(实蝇)	参见越南西瓜	

表 19-2(续)

水果种类	查验重点	农残检测项目	风险管理措施
甜瓜	果表(介壳虫、粉虱),果肉(实蝇)	水果共检项目 6 项、经表面处理的鲜水果共检项目 19 项、甜瓜特检项目 8 项;重点监测项目 8 项(镉、铅、二氧化硫、焦亚硫酸钾、焦亚硫酸钠、亚硫酸钠、亚硫酸氢钠、低亚硫酸钠),一般监测项目 25 项(铜、展青霉素、稀土、锌、硫代二丙酸二月桂酯、乙氧基喹、氢化松香甘油酯、对羟基苯甲酸酯类及其钠盐、辛基苯氧聚乙烯氧基、松香季戊四醇酯、聚二甲基硅氧烷、山梨酸及其钾盐、稳定态二氧化氯、蔗糖脂肪酸酯、2,4-二氯苯氧乙酸、巴西棕榈蜡、桂醛、啶酰菌胺、百菌清、烯酰吗啉、氯吡脲、醚菌酯、代森联、吡唑醚菌酯、噻苯隆)	1. 现场查验时未发现检疫性实蝇、介壳虫、粉虱果实,可在口岸做出检疫初步合格判定,给以放行。2. 发现检疫性昆虫做处理;已放行的实施召回。3. 按照国家质检总局进口水果安全风险监控计划实施抽检;其中展青霉素、乙氧基喹、对羟基苯甲酸酯类及其钠盐、聚二甲基硅氧烷、山梨酸及其钾盐、巴西棕榈蜡、桂醛可不监测;如果发现超标物质,对此后进境该种货物连续 3 次检测,合格的恢复到抽检状态
毛叶枣	果表(介壳虫),果肉(实蝇)	水果共检项目 6 项、核果共检项目 41 项、热带和亚热带水果共检项目 41 项(与核果项目同);重点监测项目 11 项(镉、铅、杀虫脒、地虫硫磷、草甘膦、甲胺磷、氧化乐果、对硫磷、甲基对硫磷、辛硫磷、乙酰甲胺磷),一般监测项目 36 项(铜、展青霉素、稀土、锌、啶虫脒、涕灭威、艾氏剂、毒杀芬、克百威、氯丹、蝇毒磷、滴滴涕、内吸磷、敌敌畏、狄氏剂、异狄氏剂、灭线磷、苯线磷、杀螟硫磷、甲氰菊酯、倍硫磷、氰戊菊酯和 S-氰戊菊酯、六六六、七氯、氯唑磷、甲基异柳磷、灭蚁灵、久效磷、氯氰菊酯、甲拌磷、硫环磷、甲基硫环磷、磷胺、治螟磷、特丁硫磷、敌百虫)	1. 现场查验时未发现检疫性实蝇、介壳虫,可在口岸做出检疫初步合格判定,给以放行。2. 发现检疫性实蝇、介壳虫做处理;已放行的实施召回。3. 按照国家质检总局进口水果安全风险监控计划实施抽检;其中展青霉素、氯丹、甲基异柳磷;如果发现超标物质,对此后进境该种货物连续 3 次检测,合格的恢复到抽检状态

⑳ 进境巴基斯坦水果现场查验

20.1 植物检疫要求

目前巴基斯坦水果中,柑橘和芒果获得中方检疫准入,中巴双方签署了巴基斯坦柑橘和芒果输华植物检疫要求议定书,根据议定书内容,中方制定了巴基斯坦输华柑橘和芒果植物检疫要求。

20.1.1 进境巴基斯坦柑橘植物检疫要求

1) 水果名称

柑橘,具体种类包括橘子(*Citrus reticulata*)、橙子(*Citrus sinensis*)。

2) 允许产地

旁遮普省(Punjab)、西北边境省(NWFP)。

须来自注册果园及包装厂(名单见国家质检总局网站)。

3) 允许入境口岸

总局允许的允许入境口岸。

4) 有关证书内容要求

a) 植物检疫证书附加声明中应注明:"The consignment is in compliance with requirements described in the Protocol of Phytosanitary Requirements for the Export of Citrus Fruit from Pakistan to China signed at Islamabad on April 5,2005 and is free from the quarantine pests of concern to China"。

b) 植物检疫证书处理栏应注明冷处理的温度、处理时间和集装箱号码及封识号。

c) 应附有由 MINFAL 检疫官员签字盖章的"果温探针校正记录"正本。

d) 由船运公司下载的冷处理记录须符合要求。

5) 包装要求

a) 输华柑橘必须用符合中国植物检疫要求的干净卫生、未使用过的包装材料。

b) 包装箱上应注明包装厂的名称、地址和注册号以及出口商的名称的英文信息及"本产品输往中华人民共和国"的中文字样。

6) 关注的检疫性有害生物

橘小实蝇(*Bactrocera dorsalia*)、桃实蝇(*Bactrocera zonata*)、柑橘溃疡病菌(*Xanthomons axonopodia* pv. *citri*)、柑橘黄龙病菌(*Citrus greening disease*)、假阿拉伯胶树粉虱(*Acauda leyrodes citri*)、裂粉虱(*Aleurolobus niloticus*)、树粉虱(*Siphoninus phillyreae*)、柑橘顽固病菌(*Spiroplasma citri*)。

7）特殊要求

判定冷处理有效性，任何 1 个果温探针温度记录均须达到 1.67℃ 或以下不少于连续 17d，或 2.2℃ 或以下不少于连续 21d。

果温探针校正值不应超过±0.3℃。

由经冷处理培训合格的检验检疫人员，对冷处理要求进行核查。

8）不合格处理

a）发现桃实蝇或橘小实蝇活虫，做销毁或退货处理；

b）发现中方关注的其他检疫性有害生物，作退货、销毁或检疫处理；

c）冷处理结果无效的，不准入境；

d）其他不合格情况按一般工作程序要求处理。

9）依据

a）《中华人民共和国国家质量监督检验检疫总局和巴基斯坦伊斯兰共和国食品农牧部关于巴基斯坦输华柑橘植物卫生要求议定书》。

b）《关于允许巴基斯坦芒果、柑橘从广州、深圳口岸入境等问题的通知》（国质检动函〔2006〕566 号）。

c）《关于印发〈巴基斯坦柑橘进境植物检疫要求〉的通知》（国质检动〔2006〕31 号）。

20.1.2 进境巴基斯坦芒果植物检疫要求

1）水果名称

芒果（*Mangifera indica* L.），英文名称：Mangoes。

2）允许产地

巴基斯坦国家。

须来自注册的果园和包装厂（名单见国家质检总局网站）。

3）允许入境口岸

总局允许的允许入境口岸。

4）证书要求

植物检疫证书附加声明中注明："The mangoes covered by this phytosanitary certificate comply with the requirements established in the phytosanitary protocol on mangoes for entry into China, which was signed between China and Pakistan on November 3, 2003"。

植物检疫证书处理栏注明已经过 48℃ 持续 1h 的热水处理。

5）包装要求

a）芒果包装应使用干净卫生、未使用过的包装材料。

b）每个包装箱上应有明显的"本产品输往中华人民共和国"的中文字样以及可以识别芒果的品种、产地、包装厂的英文信息。

c）货物托盘包装上加贴由 MINFAL 设计、经 AQSIQ 认可的检疫标识。

6）关注的检疫性有害生物

桃实蝇（*Bactrocera zonata*）、芒果果核象甲（*Sternochetus mangiferae*）、芒果果肉象甲（*Sternochetus frigidus*）、芒果白轮蚧（*Aulacaspis tubercularis*）、灰白片盾蚧（*Parlatoria crypta*）、东京蛎蚧（*Lepidosaphes tokionis*）、突胫果实蝇（*Bactrocera correcta*）、煤炱病（*Capnodium ramosum*）、芒果畸形病（*Fusarium moniliforme* var. *subglutinans*）。

7）特殊要求

芒果须进行 48℃ 持续 1h 的热水处理。

8）不合格处理

a）经检验检疫发现包装不符合有关规定，该批芒果不准入境。

b）若发现有来自未经批准的包装厂生产加工的芒果，不准入境。

c）若检疫发现关注的检疫性有害生物，将对该批芒果进行销毁或退货处理，同时将暂停芒果输华，直至查清原因，采取适当措施并经中方认可为止。

d）若发现其他有害生物，国家质检总局将组织专家进行风险评估，一旦经风险评估认为是检疫性有害生物，将依法采取相应的检疫措施。

e）其他不合格情况按照进境水果一般检验检疫程序处理。

9）依据

a）《关于印发〈关于巴基斯坦伊斯兰共和国向中华人民共和国出口芒果的植物卫生条件的议定书〉的通知》（国质检动函〔2003〕900 号）。

b）《关于允许巴基斯坦芒果进口的函》（国质检外函〔2004〕568 号）。

c）《关于印发〈巴基斯坦芒果进境植物检疫要求〉的通知》（国质检动函〔2004〕620 号）。

d）《关于允许巴基斯坦芒果、柑橘从广州、深圳口岸入境等问题的通知》（国质检动函〔2006〕566 号）。

20.2　进境巴基斯坦水果现场查验与处理

20.2.1　携带有害生物一览表

见表 20 - 1。

表 20 - 1　进境巴基斯坦水果携带有害生物一览表

水果种类	关注有害生物	为害部位	可能携带的其他有害生物
柑橘	番石榴果实蝇、橘小实蝇、桃实蝇	果肉	—
	假阿拉伯胶树粉虱、裂粉虱、岑树粉虱	果皮	红肾圆盾蚧、蚕豆蚜、黑片盾蚧、矢尖盾蚧
	柑橘溃疡病菌、柑橘黄龙病菌、柑橘顽固病菌	果表、果肉	草莓交链孢霉
芒果	番石榴果实蝇、瓜实蝇、辣椒实蝇、桃实蝇、芒果果肉象甲、印度芒果果核象甲、芒果果实象甲、突胫果实蝇、芒果果核象甲	果肉	剜股芒蝇、干果斑螟、高粱穗隐斑螟、腰果刺果夜蛾、棉铃实夜蛾

表 20 - 1(续)

水果种类	关注有害生物	为害部位	可能携带的其他有害生物
芒果	芒果白轮蚧、灰白片盾蚧	果皮	吴刺粉蚧、红肾圆盾蚧、黄圆蚧、东方肾圆蚧、椰圆盾蚧、橄榄链蚧、黑褐圆盾蚧、菠萝洁粉蚧、橘腺刺粉蚧、芭蕉蚧、槟栟盾蚧、吹绵蚧、紫牡蛎盾蚧、长蛎盾蚧、木槿曼粉蚧、橘鳞粉蚧、黑盔蚧、油茶蚧、糠片盾蚧、黄片盾蚧、突叶并盾蚧、西非垒粉蚧、蛛丝平刺粉蚧、罂粟花蓟马、棕榈蓟马、葱蓟马、侧多食跗线螨
	芒果黑斑病菌、棉花黄萎病菌、煤炱病菌、芒果畸形病菌	果肉、果皮	芒果半轮线虫、丁香假单胞菌丁香致病变种、草莓交链孢霉、黑曲霉、罗耳阿太菌(齐整小核菌有性态)、可可球色单隔孢、茶藨子葡座腔菌、奇异长喙壳、尖镰孢、玉蜀黍赤霉、围小丛壳、可可毛色二孢、芝麻茎点枯病菌、芒果拟茎点霉、棕榈疫霉

20.2.2 关注有害生物的现场查验方法与处理

20.2.2.1 柑橘

20.2.2.1.1 番石榴果实蝇

参见 4.2.2.2.3。

20.2.2.1.2 橘小实蝇

参见 1.2.2.3.4。

20.2.2.1.3 桃实蝇

参见 2.2.2.3.7。

20.2.2.1.4 假阿拉伯胶树粉虱[*Acaudaleyrodes citri*(Priesner&Hosny)]

现场查验:体黄色,前翅狭长。触角棒节短,为粗的一半,触角近基部狭窄。查验时注意检查柑橘表面和包装内有无粉虱。

处理:发现携带假阿拉伯胶树粉虱的,该批柑橘做除害处理;无法处理的,退货或销毁。

20.2.2.1.5 裂粉虱[*Aleurolobus niloticus*(*marlatti*)Priesner&Hosny]

现场查验:体黄色,有棕色斑纹(见图 20 - 1)。查验时注意检查柑橘表面和包装内有无粉虱。

处理:发现携带裂粉虱,该批柑橘做除害处理;无法处理的,退货或销毁。

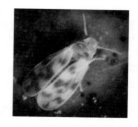

图 20 - 1　裂粉虱①

---

① 图源自:http://www.ppis.moag.gov.il/ppis/insect_gallery/images/ALEYRODIDAE/images/N_Ass01.htm。

20.2.2.1.6　岑树粉虱[*Siphoninus phillyreae*(Haliday)]

现场查验:成虫被细粉状白蜡。蛹被白色雪状蜡壳,用放大镜看可见两簇白色纵向白蜡(见图20-2)。查验时注意检查柑橘表面和包装内有无粉虱。

图20-2　岑树粉虱成虫和蛹[①]

处理:发现携带岑树粉虱的,该批柑橘做除害处理;无法处理的,退货或销毁。

20.2.2.1.7　柑橘溃疡病菌
　　　　参见4.2.2.3.7。

20.2.2.1.8　柑橘黄龙病菌
　　　　参见16.2.2.1.16。

20.2.2.1.9　柑橘顽固病菌
　　　　参见13.2.2.1.13。

20.2.2.2　芒果

20.2.2.2.1　番石榴果实蝇
　　　　参见4.2.2.2.3。

20.2.2.2.2　瓜实蝇
　　　　参见1.2.2.2.2。

20.2.2.2.3　辣椒实蝇
　　　　参见2.2.2.3.4。

20.2.2.2.4　桃实蝇
　　　　参见2.2.2.3.7。

20.2.2.2.5　芒果果肉象甲
　　　　参见1.2.2.3.9。

20.2.2.2.6　印度芒果果核象甲
　　　　参见1.2.2.3.8。

20.2.2.2.7　芒果果实象甲
　　　　参见1.2.2.3.10。

---

①　图源自:http://cisr.ucr.edu/ash_whitefly.html。

20.2.2.2.8　突胫果实蝇(番石榴果实蝇)

参见 4.2.2.2.3。

20.2.2.2.9　芒果果核象甲(印度芒果果核象甲)

参见 1.2.2.3.8。

20.2.2.2.10　芒果白轮蚧

参见 7.2.2.1.10。

20.2.2.2.11　灰白片盾蚧 *Parlatoria crypta*(Haliday)

现场查验:成虫体不规则椭圆形,灰色到棕色,介壳边缘颜色较浅(见图 20-3)。查验时注意检查芒果果实表面有无介壳虫。

处理:发现携带灰白片盾蚧的,该批柑橘做除害处理;无法处理的,退货或销毁。

20.2.2.2.12　东京蛎蚧[*Lepidosaphes tokionis*(Kuwana)]

现场查验:雌介壳狭长,介壳纤弱,微凸,体长是体宽的 1.8 倍。多少呈灰棕色,边缘有时呈红色(见图 20-4)。雄成虫与雌成虫近似,但更小、更窄。查验时注意检查芒果果实表面有无介壳虫。

图 20-3　灰白片盾蚧①

图 20-4　东京蛎蚧②

处理:发现携带东京蛎蚧的,该批柑橘做除害处理;无法处理的,退货或销毁。

20.2.2.2.13　芒果黑斑病菌

参见 7.2.2.4.16。

20.2.2.2.14　棉花黄萎病菌

参见 5.2.2.4.25。

20.2.2.2.15　煤炱病菌(*Capnodium ramosum* Cooke)

现场查验:造成果实表面出现类似煤污症状(见图 20-5),查验时注意检查并针对性采样送检。

① 图源自:http://www.insectimages.org/browse/detail.cfm?imgnum=5485958。

② 图源自:http://digiins.tari.gov.tw/Collection0131.php?id%3Dscal11118002%26searchKey%3DHeito&h=375&w=500&tbnid=yOF9F3E0mlVflM;&docid=S0lmH19jyO272M&itg=1&ei=Rna-VYr4AeHKmAMWbvYiYBw&tbm=isch&ved=0CBwQMygBMAFqFQoTCIqz2MGXi8cCFWElpgodmx4Ccw

图 20－5　煤炱病菌在柑橘上形成的煤污症状①

处理：发现携带东京蛎蚧的，该批柑橘做除害处理；无法处理的，退货或销毁。

20.2.2.2.16　芒果畸形病菌

参见 17.2.2.2.15。

20.3　进境巴基斯坦水果风险管理措施

见表 20－2。

表 20－2　进境巴基斯坦水果风险管理措施

水果种类	查验重点	农残检测项目	风险管理措施
柑橘	果表（粉虱、病症），果肉（实蝇）	参见泰国橘、橙、柚	
芒果	果表（介壳虫、粉虱），果肉（实蝇、象甲）	参见菲律宾芒果	

---

①　图源自：http://www.krishisewa.com/cms/disease-management/303-mango-disease.html。

㉑ 进境印度水果现场查验

21.1 植物检疫要求

目前印度水果中,芒果和葡萄获得中方检疫准入,中印双方签署了印度芒果和葡萄输华植物检疫要求议定书,根据议定书内容,中方制定了印度输华芒果和葡萄植物检疫要求。

21.1.1 进境印度芒果植物检疫要求

1) 水果名称

芒果(*Mangifera indica* L.),英文名称:Mangoes。

2) 允许产地

印度北方邦(Uttar Pradesh)、安德拉邦(Andhra Pradesh)、马哈拉拖特拉邦(Maharash-tra)、古吉拉特邦(Gujarat)。

3) 允许入境口岸

我国国家质检总局允许的入境口岸。

4) 植物检疫证书内容要求

植物检疫附加声明中应注明:"The mangoes covered by this phytosanitary certificate comply with the requirements established in the Phytosanitary Protocol on Mangoes for entry into China,Which was signed between China and India on June 23,2003"。

植物检疫证书处理栏注明已经过48℃持续1h的热水处理。

5) 包装要求

芒果包装应使用干净卫生、未使用过的包装材料。品种、产地、包装厂等的英文信息和官方检疫标识,标有"本产品输往中华人民共和国"的中文字样。

6) 关注的检疫性有害生物

桃实蝇(*Bactrocera zonata*)、芒果蛀果螟(*Deanolis albizonalis*)、芒果果核象甲(*Sternochetus mangiferae*)、芒果果肉象甲(*Sternochetus frigidus*)、香蕉肾盾蚧(*Aonidiella comperei*)、灰白片盾蚧(*Parlatoria crypta*)、印度瘿蚊(*Erosomyia indica*)、突胫果实蝇(*Bactrocera correcta*)、煤炱病菌(*Capnodium ramosum*)。

7) 特殊要求

芒果须进行48℃持续1h的热水处理。

8) 不合格处理

a) 若发现芒果包装不符合规定,该批芒果不准入境;若发现有来自未经批准的包装厂或储藏库生产加工的芒果,则不准入境。

b）若检疫发现所列的关注检疫性有害生物，将对该批印度芒果进行销毁或退货处理，同时将暂停印度芒果输华，直至查清原因，采取适当措施并经中方认可为止。

c）若发现其他有害生物，中方将进行风险评估，一旦经风险评估认为是检疫性有害生物，中方将依法采取相应的检疫措施。

d）其他不合格情况按一般工作程序要求处理。

9）依据

a）《关于印发〈中华人民共和国国家质量监督检验检疫总局和印度共和国农业部关于印度芒果输华植物卫生条件的议定书〉的通知》（国质检动函〔2003〕520号）。

b）《关于允许印度芒果进口》（2004年第70号）。

c）《关于允许印度芒果进口的函》（国质检外函〔2004〕448号）。

d）《关于印发〈印度芒果进境植物检疫要求〉的通知》（国质检动函〔2004〕518号）。

21.1.2 进境印度葡萄植物检疫要求

1）水果名称

葡萄（*Vitis vinifera* Linn），英文名称为：Table grape。

2）允许的产地

印度全国。须来自注册果园和包装厂（名单见国家质检总局相关网站）。

3）允许入境口岸

总局允许的允许入境口岸。

4）有关证书内容要求

a）植物检疫证书附加声明中应注明"This consignment of grapes is in compliance with requirements described in the Protocol of Phytosanitary Requirements for the Export of Grapes from India to China signed at New Delhi on April 11，2005 and is free from the quarantine pests of concerned by China"（"该批货物符合2005年4月11日在新德里签署的《印度输华葡萄植物卫生条件的议定书》要求，不带有中方关注的检疫性有害生物"）。

b）冷处理的温度、处理时间和集装箱号码及封识号必须在植物检疫证书中注明。

c）附有由IMOA官员签字盖章的"果温探针校正记录"正本。

d）由船运公司下载的冷处理记录须符合要求。

5）包装要求

a）葡萄包装材料应干净卫生、未使用过，符合中国有关植物检疫要求。

b）葡萄包装箱上应有英文标出产地、果园、包装厂名称或相应注册号，并标注"输往中华人民共和国"的英文字样。

6）关注的检疫性有害生物

葡萄苦腐病菌（*Greeneria uvicola*）、球孢枝孢（*Cladosporium sphaerospermum*）、大洋刺粉蚧（*Planococcus minor*）、葡萄黑蓟马（*Retithrips syriacus*）、链格孢叶点病菌（*Alternaria vitis*）、橘小实蝇（*Bactrocera dorsalis*）、葡萄枯萎病菌（*Phoma glomerata*）。

7）特殊要求

a）葡萄应实施运输途中冷处理。冷处理技术指标为1.1℃或以下持续15d以上。果温探针可放在果穗中间，不插入葡萄果实中。

b）任何果温探针校正值不应超过±0.3℃。

c）经冷处理培训合格的检验检疫人员，对冷处理进行核查和进行冷处理有效性判定。

8）不合格处理

a）经检验检疫发现包装不符合第 5 条有关规定，该批葡萄不准入境。

b）发现有来自未经印方注册的果园、包装厂的葡萄，不准入境。

c）冷处理结果无效的，不准入境。

d）发现检疫性有害生物，则对该批葡萄作除害处理（仅限有有效除害处理的情况）、退货或销毁措施。如发现橘小实蝇、葡萄苦腐病或葡萄枯萎病，中方将暂停进口印度葡萄。

e）如发现其他检疫性有害生物，将按有关法规对该批货物进行检疫处理，并视情况是否采取暂停措施。

f）其他不合格情况按一般工作程序要求处理。

9）依据

a）《中华人民共和国国家质量监督检验检疫总局和印度共和国农业部关于印度输华葡萄植物卫生条件议定书》。

b）《关于印发〈印度葡萄进境植物检疫要求〉的通知》（国质检动〔2006〕336 号）。

21.2　进境印度水果现场查验与处理

21.2.1　携带有害生物一览表

见表 21－1。

表 21－1　进境印度水果携带有害生物一览表

水果种类	关注有害生物	为害部位	可能携带的其他有害生物
葡萄	地中海实蝇、橘小实蝇	果肉	桃蛀野螟、黄猩猩果蝇、腰果刺果夜蛾、
	榆蛎盾蚧、葡萄黑蓟马、大洋刺粉蚧	果皮	红肾圆盾蚧、蚕豆蚜、黄圆蚧、东方肾圆盾蚧、棉蚜、椰圆盾蚧、常春藤圆蛊盾蚧、橄榄链蚧、黑褐圆盾蚧、红褐圆盾蚧、梨枝圆盾蚧、橘腺刺粉蚧、芭蕉蚧、槟榔盾蚧、吹绵蚧、长蛎盾蚧、长白盾蚧、木槿曼粉蚧、马铃薯长管蚜、橘鳞粉蚧、黑盔蚧、油茶蚧、黄片盾蚧、突叶并盾蚧、桑白盾蚧、蔗根粉蚧、康氏粉蚧、拟长尾粉蚧、梨圆盾蚧、吹绵垒粉蚧、刺盾蚧、罂粟花蓟马、葱蓟马

表 21 - 1(续)

水果种类	关注有害生物	为害部位	可能携带的其他有害生物
葡萄	烟草环斑病毒、番茄黑环病毒、番茄斑萎病毒、桃丛簇花叶病毒、木质部难养细菌、棉花黄萎病菌、葡萄苦腐病菌、球孢枝孢、链格孢叶点病菌、葡萄枯萎病菌	果表、果肉	苜蓿花叶病毒、苹果褪绿叶斑病毒、蚕豆萎蔫病毒、黄瓜花叶病毒、葡萄扇叶病毒、烟草花叶病毒、烟草坏死病毒、柑橘裂皮类病毒、野油菜黄单胞菌葡萄致病变种、丁香假单胞菌丁香致病变种、野油菜黄单胞菌沃德氏葡萄致病变种、根癌土壤杆菌、大孢枝孢、尖锐刺盘孢(草莓黑斑病菌)、球壳孢、葡萄痂囊腔菌、痂囊腔菌、尖镰孢、围小丛壳、葡萄球座菌、可可毛色二孢、果生链核盘菌、指状青霉、扩展青霉、意大利青霉、葡萄生拟茎点菌、隐地疫霉菌、葡萄生单轴霉、粉红单端孢、草莓交链孢霉、柑橘链格孢、黑曲霉、罗耳阿太菌(齐整小核菌有性态)、茶藨子葡座腔菌、富氏葡萄孢盘菌
	南方三棘果、分枝列当	包装箱	柑橘始叶螨、苹果红蜘蛛、侧多食跗线螨、二点叶螨、欧洲千里光
芒果	阳桃实蝇、卡利果实蝇、橘小实蝇、缅甸颜带果实蝇、番石榴果实蝇、瓜实蝇、异颜实蝇、辣椒实蝇、地中海实蝇、桃实蝇、芒果果肉象甲、印度芒果核象甲、芒果果实象甲、桃实蝇、芒果蛀果螟、芒果果核象甲、突脐果实蝇	果肉	剜股芒蝇、干果斑螟、高粱穗隐斑螟、芒果蛀果螟、腰果刺果夜蛾、棉铃实夜蛾
	螺旋粉虱、香蕉肾盾蚧、灰白片盾蚧、印度瘿蚊	果皮	灰暗圆盾蚧,黄炎盾蚧、吴刺粉虱、红肾圆盾蚧、黄圆蚧、东方肾圆蚧、椰圆盾蚧、常春藤圆盘盾蚧、橄榄链蚧、黑褐圆盾蚧、红褐圆盾蚧、菠萝洁粉蚧、芒果侵叶瘿蚊、芭蕉蚧、槟榔盾蚧、长棘炎盾蚧、吹绵蚧、黑丝盾蚧、紫牡蛎盾蚧、长蛎盾蚧、木槿曼粉蚧、橘鳞粉蚧、黑盔蚧、油茶蚧、糠片盾蚧、黄片盾蚧、突叶并盾蚧、桑白盾蚧、西非垒粉蚧、蛛丝平刺粉蚧、罂粟花蓟马、棕榈蓟马、葱蓟马、侧多食跗线螨
	芒果黑斑病菌、棉花黄萎病菌、突脐果实蝇	果肉、果皮	根癌土壤杆菌、丁香假单胞菌丁香致病变种、草莓交链孢霉、黑曲霉、罗耳阿太菌(齐整小核菌有性态)、可可球色单隔孢、茶藨子葡座腔菌、甘薯长喙壳、奇异长喙壳、尖镰孢、芒果痂囊腔菌、玉蜀黍赤霉、围小丛壳、可可毛色二孢、可可花瘿病菌、芒果粉孢、橡胶树疫霉、膨胀匐柄霉、芝麻茎点枯病菌、芒果拟茎点霉、棕榈疫霉、芒果半轮线虫、卢斯短体线虫

21.2.2　关注有害生物的现场查验方法与处理

21.2.2.1　葡萄

21.2.2.1.1　地中海实蝇

参见 5.2.2.1.1。

21.2.2.1.2　橘小实蝇

参见 1.2.2.3.4。

21.2.2.1.3　榆蛎盾蚧

参见 5.2.2.2.15。

21.2.2.1.4　葡萄黑蓟马[*Retithrips syriacus*（Mayet）]

现场查验：成虫体暗棕色，跗节黄色。头宽与长，触角 8 节，黄棕色，第 5 节近白色。前翅宽，灰色，具 3 个棕色翅痣。中胸宽，中胸背板无纵向线，有宽网状三角形，靠后处有 1 对刚毛（见图 21-1）。

处理：发现葡萄黑蓟马的，对该批葡萄实施除害处理；无法处理的，退货或销毁。

图 21-1　葡萄黑蓟马①

图 21-2　葡萄苦腐病菌（Paula G. Schenato 摄）②

21.2.2.1.5　大洋刺粉蚧

参见 7.2.2.1.5。

21.2.2.1.6　病毒（烟草环斑病毒、番茄黑环病毒、番茄斑萎病毒、桃丛簇花叶病毒）

现场查验：查验时注意检查葡萄有无病毒感染病症，有针对性采样送检。

处理：经检查发现携带上述病毒的，对该批葡萄实施退货或销毁处理。

21.2.2.1.7　木质部难养细菌

参见 5.2.2.2.7。

21.2.2.1.8　棉花黄萎病菌

参见 5.2.2.4.25。

21.2.2.1.9　葡萄苦腐病菌[*Greeneria uvicola*（Berk. & M. A. Curtis）]

现场查验：该病菌会造成葡萄变色、腐烂，尤其是近果蒂部，颜色变黑（见图 21-2）。查验时注意观察，有针对性采样送检。

处理：经检查发现携带葡萄枯腐病菌的，对该批葡萄实施退货或销毁处理。

---

① 图源自：http://www.padil.gov.au/pests-and-diseases/pest/main/136401。

② 图源自：http://www.cnpuv.embrapa.br/tecnologias/uzum/pod_amarga.html。

21.2.2.1.10　病害3种

球孢枝孢（*Cladosporium sphaerospermum* Penzig）、链格孢叶点病菌（*Alternaria vitis* Cavara）、葡萄枯萎病菌［Phoma glomerata（Corda）Wollenw. & Hochapfel］

现场查验：查验时注意观察葡萄有无病症，有针对性采样送检。

处理：经检查发现携带上述病菌的，对该批葡萄实施退货或销毁处理。

21.2.2.1.11　南方三棘果

参见5.2.2.2.21。

21.2.2.1.12　分枝列当（*Orobanche acgyptiaca* Pers.）

参见16.2.2.2.13。

21.2.2.2　芒果

21.2.2.2.1　杨桃实蝇

参见3.2.2.4.1。

21.2.2.2.2　卡利果实蝇（印度果实蝇）［*Bactrocera caryae*（Kapoor）］

现场查验：翅脉明显，体黑色，前胸背板近基部及其后各有1黄色斑点，小盾片黄色，后前胸背板有暗色斑，腹部有显著暗色条带（见图21-3）。

处理：发现携带卡利果实蝇的，对该批芒果实施除害处理；无法处理的，退货或销毁。

图21-3　卡利果实蝇[①]

21.2.2.2.3　橘小实蝇

参见1.2.2.3.4。

21.2.2.2.4　缅甸颜带果实蝇

参见4.2.2.9.8。

21.2.2.2.5　番石榴果实蝇

参见4.2.2.2.3。

21.2.2.2.6　瓜实蝇

参见1.2.2.2.2。

21.2.2.2.7　异颜实蝇

参见4.2.2.9.6。

21.2.2.2.8　辣椒实蝇

参见2.2.2.3.4。

21.2.2.2.9　地中海实蝇

参见5.2.2.1.1。

21.2.2.2.10　桃实蝇

参见2.2.2.3.7。

---

①　图源自：http://www.nbair.res.in/insectpests/Bactrocera-caryae.php&h=916&w=1000&tbnid=FhTq2efU4Uv7UM；&docid=DodMeYXuohxkDM&ei=Eg2_VeClJsnZ0gSw9aL4Aw&tbm=isch&ved=0CB0QMygAMABqFQoTCOD25amnjMcCFcmslAodsLoIPw。

21.2.2.2.11　芒果果肉象甲

　　　　参见 1.2.2.3.9。

21.2.2.2.12　印度芒果果核象甲

　　　　参见 1.2.2.3.8。

21.2.2.2.13　芒果果实象甲

　　　　参见 1.2.2.3.10。

21.2.2.2.14　芒果蛀果螟［*Deanolis albizonalis*（Hampson）］

　　现场查验：成虫翅展约 20mm，灰黄色，边缘棕黑色。唇须第 2 节扩大，红棕色。胸部红棕色，两侧有灰绿色条带（见图 21-4）。幼虫红白条带相见（见图 21-5）。

图 21-4　芒果蛀果螟成虫① 　　　　　图 21-5　芒果蛀果螟幼虫②

　　处理：发现携带芒果蛀果螟的，对该批芒果实施除害处理；无法处理的，退货或销毁。

21.2.2.2.15　芒果果核象甲

　　　　参见 1.2.2.3.8。

21.2.2.2.16　突胫果实蝇

　　　　参见 4.2.2.2.3。

21.2.2.2.17　螺旋粉虱

　　　　参见 1.2.2.3.1。

21.2.2.2.18　香蕉肾盾蚧

　　　　参见 1.2.2.1.1。

21.2.2.2.19　灰白片盾蚧

　　　　参见 20.2.2.2.11。

21.2.2.2.20　印度瘿蚊（*Erosomyia indica* Grover & Prasad）

　　现场查验：查验时注意检查果实表面和包装。

　　处理：发现印度瘿蚊的，对该批水果实施除害处理；无法处理的，退货或销毁。

21.2.2.2.21　芒果黑斑病菌

　　　　参见 7.2.2.4.16。

21.2.2.2.22　棉花黄萎病菌

　　　　参见 5.2.2.4.25。

21.2.2.2.23　煤炱病菌

　　　　参见 20.2.2.2.15。

---

①　图源自：http://www.boldsystems.org/index.php/Taxbrowser_Taxonpage? taxid=328578。

②　图源自：https://fewp.wordpress.com/2011/04/13/。

21.3 进境印度水果风险管理措施

见表 21-2。

表 21-2 进境印度水果风险管理措施

水果种类	查验重点	农残检测项目	风险管理措施
芒果	果表（介壳虫、粉虱、瘿蚊、病症），果肉（实蝇、象甲）	参见菲律宾芒果	
葡萄	果表（介壳虫、蓟马、病症），果肉（实蝇）、包装箱（杂草）	参加美国葡萄	

22　进境墨西哥水果现场查验

22.1　植物检疫要求

目前墨西哥水果中,葡萄和鳄梨获得中方检疫准入,中墨双方签署了墨西哥葡萄、鳄梨输华植物检疫要求议定书,根据议定书内容,中方制定了墨西哥输华葡萄和鳄梨植物检疫要求。

22.1.1　进境墨西哥葡萄植物检疫要求

1)水果名称

葡萄(*Vitis vinifera* Linn)。英文名称为:table grape。

2)允许的产地

墨西哥索诺拉州(Sonora)。

产区应为地中海实蝇、南美按实蝇、西印度实蝇非疫区。

须来自注册果园和包装厂(名单见国家质检总局网站)。

3)允许入境口岸

国家质检总局允许的入境口岸。

4)有关证书内容要求

植物检疫证书附加声明栏中注明:该批葡萄符合议定书列明的中方检疫要求,不带有中方关注的检疫性有害生物。

植物检疫证书应注明产地和包装厂。

5)包装要求

每个包装箱上应有英文标识,显示产地(市)、果园或其注册号、包装厂或其注册号等信息,每个托盘上应标明"输往中华人民共和国"的英文字样。

6)关注的检疫性有害生物

南美按实蝇(*Anastrepha fraterculus*)、西印度实蝇(*Anastrepha obliqua*)、地中海实蝇(*Ceratitis capitata*)、葡萄镰蓟马(*Drepanothrips reuteri*)、苜蓿蓟马(*Frankliniella occidentalis*)、美澳型核果褐腐病(*Monilinia fructicola*)、葡萄粉蚧(*Planococcus ficus*)、豆带巢针蓟马(*Caliothrips fasciatus*)和杂色斑叶蝉(*Erythroneura variabilis*)。

7)特殊要求

加强对中方关注的9种检疫性有害生物的针对性检疫。

8)不合格处理

a)经检验检疫发现包装不符合第5条有关规定,该批葡萄不准入境。

b)如发现来自未经批准的产地、果园、包装厂,则该批葡萄不准入境。

c)如发现第6条所列的检疫性有害生物,则该批葡萄作退货或销毁处理。

d）如发现中方关注的其他检疫性有害生物，对该批货物实施检疫处理、退货或销毁等措施。

e）其他不合格情况按一般工作程序要求处理。

9）依据

a）《中华人民共和国国家质量监督检验检疫总局和墨西哥农牧业农村发展渔业和食品部关于墨西哥葡萄输华植物检疫要求的议定书》。

b）《关于新增西班牙、埃及和墨西哥水果入境口岸的通知》（国质检动函〔2007〕1064 号）。

22.1.2　进境墨西哥鳄梨植物检疫要求

1）水果名称

鳄梨（*Persea anericana*，仅限于 Hass 品种）。

2）允许产地

须来自墨西哥 Michoacan 州注册果园和包装厂（名单见国家质检总局网站）。

3）允许入境口岸

国家质检总局允许的入境口岸。

4）证书要求

a）植物检疫证书附加声明栏中注明：该批鳄梨符合议定书列明的中方检疫要求，不带有中方关注的检疫性有害生物。

b）植物检疫证书上应注明产地和包装厂。

5）包装要求

每个包装箱上应有英文标识，显示产地（自治市）、果园或其注册号、包装厂或其注册号等信息，每个托盘上应标明"输往中华人民共和国"的字样。

6）关注的检疫性有害生物

墨西哥鳄梨象（*Conotrachelus aguacatae*）、鳄梨象（*Conotrachelus perseae*）、李象（*Heilipus lauri*）、鳄梨枝象（*Copturus aguacatae*）、鳄梨织蛾（*Stenoma catenifer*）、地中海实蝇（*Ceratitis capitata*）、墨西哥实蝇（*Anastrepha ludens*）、美洲番石榴实蝇（*Anastrepha striata*）、南美按实蝇（*Anastrepha fraterculus*）、西印度实蝇（*Anastrepha obliqua*）和人心果实蝇（*Anastrepha serpentina*）。

7）特殊要求

从每个集装箱中抽取 30 个果作剖果检查，以便确认是否感染中方关注的检疫性害虫。

8）不合格处理

a）经检验检疫发现包装信息不符合有关规定的，该批鳄梨不准入境。

b）如发现来自未经批准的产地、果园、包装厂，则该批鳄梨不准入境。

c）如发现墨西哥鳄梨象、鳄梨象、李象、枝象或鳄梨织蛾、地中海实蝇或按实蝇类害虫，则该批鳄梨做退货或销毁处理。AQSIQ 将及时通报 SAGARPA，并暂停从墨西哥相关产区或果园及包装厂进口鳄梨，同时开展调查。

d）如发现中方关注的其他检疫性有害生物，将根据《中华人民共和国进出境动植物检疫法》及其实施条例的有关规定，对该批货物实施检疫处理、退货或销毁等措施。

e）其他不合格情况按一般工作程序要求处理。

9）依据

a)《中华人民共和国国家质量监督检验检疫总局和墨西哥农牧业农村发展渔业和食品部关于墨西哥鳄梨输华植物检疫要求的议定书》。

b)《关于新增西班牙、埃及和墨西哥水果入境口岸的通知》(国质检动函〔2007〕1064 号)。

22.2 进境墨西哥水果现场查验与处理

22.2.1 携带有害生物一览表

见表 22－1。

表 22－1 进境墨西哥水果携带有害生物一览表

水果种类	关注有害生物	为害部位	可能携带的其他有害生物
葡萄	南美按实蝇、地中海实蝇、西印度实蝇	果肉	荷兰石竹小卷蛾、黄猩猩果蝇、腰果刺果夜蛾、苹淡褐卷蛾、草地夜蛾
	榆蛎盾蚧、葡萄镰蓟马、苜蓿蓟马、葡萄粉蚧、豆带巢针蓟马、杂色斑叶蝉	果皮	红肾圆盾蚧、蚕豆蚜、黄圆蚧、东方肾圆蚧、棉蚜、椰圆盾蚧、常春藤圆蛊盾蚧、橄榄链蚧、黑褐圆盾蚧、红褐圆盾蚧、梨枝圆盾蚧、橘腺刺粉蚧、芭蕉蚧、槟榔盾蚧、假桃病毒叶蝉、玻璃叶蝉、吹绵蚧、长蛎盾蚧、长白盾蚧、木槿曼粉蚧、马铃薯长管蚜、橘鳞粉蚧、黑盔蚧、油茶蚧、黄片盾蚧、突叶并盾蚧、桑白盾蚧、蔗根粉蚧、康氏粉蚧、拟长尾粉蚧、葡萄粉蚧、暗色粉蚧、梨圆盾蚧、吹绵垒粉蚧、刺盾蚧、罂粟花蓟马、葱蓟马、橘蓟马
	烟草环斑病毒、番茄环斑病毒、番茄斑萎病毒、木质部难养细菌、棉花黄萎病菌、咖啡美洲叶斑病菌、美澳型核果褐腐病	果表、果肉	苜蓿花叶病毒、黄瓜花叶病毒、葡萄扇叶病毒、根癌土壤杆菌、大孢枝孢、尖锐刺盘孢(草莓黑斑病菌)、球壳孢、葡萄痂囊腔菌、痂囊腔菌、尖镰孢、围小丛壳、葡萄球座菌、可可毛色二孢、葡萄生拟茎点菌、葡萄生单轴霉、草莓交链孢霉、柑橘链格孢、黑曲霉、罗耳阿太菌(齐整小核菌有性态)、茶藨子葡座腔菌、富氏葡萄孢盘菌
	散大蜗牛	包装箱	二点叶螨、欧洲千里光
鳄梨	南美按实蝇、墨西哥实蝇、暗色实蝇、美洲番石榴实蝇、加勒比实蝇、地中海实蝇、玫瑰短喙象、墨西哥鳄梨象、鳄梨象、李象、鳄梨枝象、鳄梨织蛾、西印度实蝇、人心果实蝇	果肉	橘带卷蛾、剜股芒蝇、苹淡褐卷蛾、稻点绿蝽、荷兰石竹小卷蛾、南方灰翅夜蛾、梨织蛾

表22-1(续)

水果种类	关注有害生物	为害部位	可能携带的其他有害生物
鳄梨	—	果皮	灰暗圆盾蚧、吴刺粉虱、红肾圆盾蚧、黄圆盾蚧、东方肾圆蚧、椰圆盾蚧、常春藤圆蛊盾蚧、橄榄链蚧、黑褐圆盾蚧、红褐圆盾蚧、菠萝洁粉蚧、橘腺刺粉蚧、芭蕉蚧、槟榔盾蚧、长棘炎盾蚧、吹绵蚧、黑盔蚧、突叶并盾蚧、桑白盾蚧、拟长尾粉蚧
	棉花黄萎病菌	果肉、果皮	根癌土壤杆菌、丁香假单胞菌丁香致病变种、草莓交链孢霉、围小丛壳、可可毛色二孢、可可花瘿病菌、恶疫霉、樟疫霉、橡胶树疫霉、烟草疫霉、棕榈疫霉、核盘菌、痂圆孢属
	散大蜗牛	包装箱	棕榈蓟马

22.2.2 关注有害生物的现场查验方法与处理

22.2.2.1 葡萄

22.2.2.1.1 南美按实蝇
    参见5.2.2.4.8。

22.2.2.1.2 地中海实蝇
    参见5.2.2.1.1。

22.2.2.1.3 西印度实蝇
    参见5.2.2.4.9。

22.2.2.1.4 榆蛎盾蚧
    参见5.2.2.2.15。

22.2.2.1.5 葡萄镰蓟马
    参见5.2.2.2.6。

22.2.2.1.6 苜蓿蓟马
    参见5.2.2.2.5。

22.2.2.1.7 葡萄粉蚧
    参见16.2.2.2.3。

22.2.2.1.8 豆带巢针蓟马[*Caliothrips fasciatus*(Pergande)]
    现场查验:雌雄成虫均翅全。体和足棕色,跗节黄色。触角8节,第3~5节大部分黄色。前翅以暗色为主,近基部1/4灰色,有1条亚前缘灰色带。头和前胸背板网状纹,网格内有斑,无显著刚毛。前翅前缘脉有2根刚毛,亚前缘脉有6根刚毛(见图22-1)。查验时注意检查包装内和果实表面有无蓟马。
    处理:发现携带豆带巢针蓟马的,对该批葡萄实施除害处理;无法处理的,退货或销毁。

22.2.2.1.9 杂色斑叶蝉(*Erythroneura variabilis* Beamer)
    现场查验:成虫体长不足10mm。翅上有白、灰、红棕色、黄棕色等各种杂色斑。腿节锯齿显著(见图22-2)。

图 22-1　豆带巢针蓟马①

图 22-2　杂色斑叶蝉②

处理:发现携带豆带杂色斑叶蝉的,对该批葡萄实施除害处理;无法处理的,退货或销毁。

22.2.2.1.10　病毒(烟草环斑病毒、番茄环斑病毒、番茄斑萎病毒)

现场查验:查验时注意检查葡萄有无病毒感染病症,有针对性采样送检。

处理:经检查发现携带上述病毒的,对该批葡萄实施退货或销毁处理。

22.2.2.1.11　木质部难养细菌

参见 5.2.2.2.7。

22.2.2.1.12　棉花黄萎病菌

参见 5.2.2.4.25。

22.2.2.1.13　咖啡美洲叶斑病菌［*Mycena citricolor*(Berk. & Curt.)Sacc.］

现场查验:感病果实产生圆形病斑,后期变灰白色至浅红褐色。查验时注意针对性采样送检。

处理:经检测发现携带咖啡美洲叶斑病菌的,对该批葡萄实施退货或销毁处理。

22.2.2.1.14　美澳型核果褐腐病

参见 5.2.2.1.12。

22.2.2.1.15　散大蜗牛

参见 5.2.2.2.22。

22.2.2.2　鳄梨

22.2.2.2.1　南美按实蝇

参见 5.2.2.4.8。

22.2.2.2.2　墨西哥实蝇

参见 5.2.2.5.6。

22.2.2.2.3　暗色实蝇

参见 5.2.2.5.8。

22.2.2.2.4　美洲番石榴实蝇

参见 5.2.2.5.9。

22.2.2.2.5　加勒比实蝇

参见 5.2.2.5.10。

---

① 图源自:http://www.padil.gov.au/pests-and-diseases/search? queryType=all。
② 图源自:http://www.freshcaliforniagrapes.com/description.php? gid=37。

22.2.2.2.6 地中海实蝇

参见 5.2.2.1.1。

22.2.2.2.7 西印度实蝇

参见 5.2.2.4.9。

22.2.2.2.8 人心果实蝇（山榄按实蝇）

参见 17.2.2.2.11。

22.2.2.2.9 鳄梨枝象[*Copturus aguacatae*（Kissinger）]

现场查验：成虫体黑色，鞘翅上有 2 对黄斑（见图 22 - 3）。

处理：发现携带鳄梨枝象的，对该批鳄梨实施除害处理；无法处理的，退货或销毁。

22.2.2.2.10 玫瑰短喙象

参见 5.2.2.1.7。

22.2.2.2.11 墨西哥鳄梨象（*Conotrachelus aguacatae* Barber）

现场查验：成虫体褐色（见图 22 - 4）。幼虫体白色，头黄色。

图 22 - 3　鳄梨枝象成虫及羽化孔①

（a）背面图　　　　　（b）侧面图

图 22 - 4　**墨西哥鳄梨象**②

处理：发现携带墨西哥鳄梨象的，对该批鳄梨实施除害处理；无法处理的，退货或销毁。

22.2.2.2.12 鳄梨象（*Conotrachelus perseae* Barber）

现场查验：成虫体灰色，有棕色斑纹。幼虫白色（见图 22 - 5）。

处理：发现携带鳄梨象的，对该批鳄梨实施除害处理；无法处理的，退货或销毁。

22.2.2.2.13 李象（*Heilipus lauri* Boheman）

现场查验：成虫体棕色，翘翅有 2 对浅色斑。喙长超过体总长 1/3。足腿节红棕色（见图 22 - 6）。

---

① 图源自：http://www. senasica. gob. mx/? id＝4518。

② 图源自：http://www. senasica. gob. mx/includes/asp/download. asp? IdDocumento％3D18782％26IdUrl％3D47951&-h ＝594&-w ＝ 871&-tbnid＝ zhQgQSWs1XcfjM；&-docid ＝ 1msMzQR6Ywe82M&-ei ＝ OyK_VfPmE8LbmgXKmKXQCw&-tbm＝ isch&-ved＝0CC0QMygSMBJqFQoTCLPw1sC7jMcCFcKtpgodSkwJug。

图 22 - 5　鳄梨象①

图 22 - 6　李象②

处理：发现携带李象的，对该批鳄梨实施除害处理；无法处理的，退货或销毁。

22.2.2.2.2.14　鳄梨织蛾［*Stenoma cateni fer*（Wals.）］

图 22 - 7　鳄梨织蛾③

现场查验：成虫体淡红色，翅上有大量黑色斑点，前翅上的斑点多呈"C"形。雌成虫体长约 15mm，翅展约 30mm（见图 22 - 7）。雄蛾与雌蛾体色相同，体型稍小。

处理：发现携带鳄梨织蛾的，对该批鳄梨实施除害处理；无法处理的，退货或销毁。

22.2.2.2.2.15　棉花黄萎病菌

参见 5.2.2.4.25。

22.2.2.2.2.16　散大蜗牛

参见 5.2.2.2.22。

22.3　进境墨西哥水果风险管理措施

见表 22 - 2。

表 22 - 2　进境墨西哥水果风险管理措施

水果种类	查验重点	农残检测项目	风险管理措施
葡萄	果表（介壳虫、蓟马、叶蝉、病症），果肉（实蝇）、包装（蜗牛）	参加美国葡萄	
鳄梨	果表（病症），果肉（实蝇、象甲、蛾）、包装箱（蜗牛）	参见越南火龙果	

①　图源自：http://dx.doi.org/10.1590/S1519-566X2007000600013。

②　图源自：http://www.scielo.br/scielo.php? script＝sci_arttext&-pid＝S1519-566X2007000600013。

③　图源自：http://biocontrol.ucr.edu/stenoma/stenoma.html&-h＝621&-w＝1000&-tbnid＝yjF_o1N_I8PELM；&-docid＝Fv-RcCE6O1qc7M&-ei＝eCu_VdeFEMSz0gTuyZHoCw&-tbm＝isch&-ved＝0CBsQMygAMABqFQoTCNehr6jEjMcCFcSZlAod7mQEvQ。

23　进境巴拿马水果现场查验

23.1　植物检疫要求

目前巴拿马水果中,只有香蕉获得中方检疫准入,中巴双方签署了《巴拿马香蕉输华植物检疫要求议定书》,根据议定书内容,中方制定了巴拿马输华香蕉植物检疫要求。进境巴拿马香蕉植物检疫要求具体如下:

1)水果名称

香蕉。

2)允许产地

巴拿马全国。

3)允许入境口岸

无具体规定。

4)证书要求

无具体规定。

5)包装要求

包装箱上注明批号、果园和包装厂的信息,官方检疫印章。

6)关注的检疫性有害生物

地中海实蝇。

7)特殊要求

不能带成熟香蕉。

8)不合格处理

a)发现有成熟香蕉的,对成熟香蕉作销毁处理;

b)发现地中海实蝇的,对整批香蕉作销毁处理;

c)发现其他关注的有害生物,作熏蒸或有效检疫处理;

d)其他不合格情况按一般工作程序要求处理。

9)依据

《中华人民共和国农业部和巴拿马共和国农牧业发展部关于巴拿马食用香蕉输华植物检疫要求的议定书》

23.2　进境巴拿马水果现场查验与处理

23.2.1　携带有害生物一览表

见表 23-1。

表 23 - 1　进境巴拿马水果携带有害生物一览表

水果种类	关注有害生物	为害部位	可能携带的其他有害生物
香蕉	—	果皮	东方肾圆蚧、椰圆盾蚧、黑褐圆盾蚧、红褐圆盾蚧、菠萝洁粉蚧、芭蕉蚧
	地中海实蝇	果肉	芒果半轮线虫、花生根结线虫
	咖啡美洲叶斑病菌	果皮、果肉	香蕉细菌性枯萎病菌

23.2.2　关注香蕉有害生物的现场查验方法与处理

23.2.2.1　地中海实蝇

参见 5.2.2.1.1。

23.2.2.2　香蕉细菌性枯萎病菌

参见 1.2.2.1.6。

23.2.2.3　咖啡美洲叶斑病

参见 22.2.2.1.13。

23.3　进境巴拿马水果风险管理措施

见表 23 - 2。

表 23 - 2　进境巴拿马水果风险管理措施

水果种类	查验重点	农残检测项目	风险管理措施
香蕉	果表(病症),果肉(实蝇)		参见菲律宾香蕉

24 进境厄瓜多尔水果现场查验

24.1 植物检疫要求

目前厄瓜多尔水果中,只有香蕉获得中方检疫准入,中厄双方签署了《厄瓜多尔香蕉输华植物检疫要求议定书》,根据议定书内容,中方制定了厄瓜多尔输华香蕉植物检疫要求。进境厄瓜多尔香蕉植物检疫要求具体如下:

1)水果名称:

香蕉。

2)允许产地

厄瓜多尔国家。

3)允许入境口岸

无具体规定。

4)证书要求

无具体规定。

5)包装要求

包装箱上应注明果园的信息、官方检疫印章。

6)关注的检疫性有害生物

地中海实蝇。

7)特殊要求

不能带成熟香蕉。

8)不合格处理

a)发现有成熟香蕉的,对成熟香蕉作销毁处理;

b)发现地中海实蝇的,对整批香蕉作销毁处理;

c)发现其他关注的有害生物,做熏蒸或有效检疫处理;

d)其他不合格情况按一般工作程序要求处理。

9)依据

《中华人民共和国农业部和厄瓜多尔共和国农牧部关于厄瓜多尔食用香蕉输华植物检疫要求的议定书》。

24.2 进境厄瓜多尔水果现场查验与处理

24.2.1 携带有害生物一览表

见表24-1。

表 24 - 1 进境厄瓜多尔水果携带有害生物一览表

水果种类	关注有害生物	为害部位	可能携带的其他有害生物
香蕉	—	果皮	东方肾圆蚧、椰圆盾蚧、红褐圆盾蚧、菠萝洁粉蚧、芭蕉蚧
	地中海实蝇	果肉	芒果半轮线虫、花生根结线虫
	咖啡美洲叶斑病菌	果皮、果肉	香蕉刺盘孢、香蕉芽枝霉

24.2.2 关注香蕉有害生物的现场查验方法与处理

24.2.2.1 香蕉

24.2.2.1.1 地中海实蝇

参见 5.2.2.1.1。

24.2.2.1.2 咖啡美洲叶斑病

参见 22.2.2.1.13。

24.3 进境厄瓜多尔水果风险管理措施

见表 24 - 2。

表 24 - 2 进境厄瓜多尔水果风险管理措施

水果种类	查验重点	农残检测项目	风险管理措施
香蕉	果表(病症),果肉(实蝇)		参加菲律宾香蕉

25 进境哥伦比亚水果现场查验

25.1 植物检疫要求

目前哥伦比亚水果中,只有香蕉获得中方检疫准入,中哥双方签署了《哥伦比亚香蕉输华植物检疫要求议定书》,根据议定书内容,中方制定了哥伦比亚输华香蕉植物检疫要求。进境哥伦比亚香蕉植物检疫要求具体如下:

1)水果名称

香蕉。

2)允许产地

哥伦比亚乌拉巴 Uraba 地区。

3)允许入境口岸

国家质检总局允许的入境口岸。

4)证书要求

无具体规定。

5)包装要求

香蕉包装箱应注明"本产品输往中华人民共和国"的中英文字样,产地、种植园或包装厂的信息,官方检疫标签。

6)关注的检疫性有害生物

地中海实蝇、香蕉黑条叶斑病菌。

7)特殊要求

不得带有成熟香蕉。

8)不合格处理

a)发现有成熟香蕉的,对成熟香蕉作销毁处理。

b)检疫发现地中海实蝇的,该批香蕉做退货或销毁处理。

c)其他不合格情况按一般工作程序要求处理。

9)依据

a)《中华人民共和国国家质量监督检验检疫总局和哥伦比亚农业与乡村发展部关于哥伦比亚香蕉输华植物卫生要求的议定书》。

b)《国家质检总局动植司关于进口哥伦比亚香蕉有关检疫事项的通知》质检动函[2002]218 号。

25.2 进境哥伦比亚水果现场查验与处理

25.2.1 携带有害生物一览表

见表 25-1。

表 25-1 进境哥伦比亚水果携带有害生物一览表

水果种类	关注有害生物	为害部位	可能携带的其他有害生物
香蕉	—	果皮	灰暗圆盾蚧、红肾圆盾蚧、东方肾圆盾蚧、椰圆盾蚧、黑褐圆盾蚧、红褐圆盾蚧、菠萝洁粉蚧、芭蕉蚧、黄片盾蚧、香蕉交脉蚜
	地中海实蝇	果肉	芒果半轮线虫、花生根结线虫
	咖啡美洲叶斑病菌、香蕉黑条叶斑病菌	果皮、果肉	香蕉细菌性枯萎病菌、可可球色单隔孢、奇异长喙壳、香蕉刺盘孢、藤仓赤霉

25.2.2 关注香蕉有害生物的现场查验方法与处理

25.2.2.1 地中海实蝇

参见 5.2.2.1.1。

25.2.2.2 咖啡美洲叶斑病

参见 22.2.2.1.13。

25.2.2.3 香蕉黑条叶斑病菌

参见 1.2.2.1.6。

25.3 进境哥伦比亚水果风险管理措施

见表 25-2。

表 25-2 进境哥伦比亚水果风险管理措施

水果种类	查验重点	农残检测项目	风险管理措施
香蕉	果表(病症),果肉(实蝇)	参见菲律宾香蕉	

26 进境哥斯达黎加水果现场查验

26.1 植物检疫要求

目前哥斯达黎加水果中,只有香蕉获得中方检疫准入,中哥双方签署了《哥斯达黎加香蕉输华植物检疫要求议定书》,根据议定书内容,中方制定了哥斯达黎加输华香蕉植物检疫要求。进境哥斯达黎加香蕉植物检疫要求具体如下:

1)水果名称

香蕉 Banana,开花后 12 周内采收的未成熟的青香蕉果实(Musa AAA)。

2)允许产地

须来自注册果园和包装厂(名单见国家质检总局网站)。

3)允许入境口岸

无具体规定。

4)证书要求

SFE 应出具植物检疫证书,并在附加声明中注明"The consignment is in compliance with requirements described in the Protocol of Phytosanitary Requirements for the Export of Banana from Costa Rica to China and is free from the quarantine pests concern to China"("该批香蕉符合《哥斯达黎加香蕉输华植物检疫要求议定书》的规定,不带中方关注的检疫性有害生物")。

5)包装要求

1)香蕉包装应使用干净卫生、新的包装材料。

2)香蕉包装箱上应有明显的"输往中华人民共和国"中英文字样以及须具有可判断香蕉产地、香蕉果园或包装厂的标识或印章。

6)关注的检疫性有害生物

加州短须螨(*Brevipalpus californicus*)、地中海实蝇(*Ceratitis capitata*)、蓟马(*Chaetanaphothrips signipennis*)、棕榈栉圆盾蚧(*Hemiberlesia lataniae*)、香蕉粉蚧(*Pseudococcus elisae*)、刺盾蚧(*Selenaspidus articulatus*)、夜蛾(*Spodoptera albula*)、香蕉枯萎病菌 2 号小种(*Fusarium oxysporum* f. sp. *cubense race* 2)、菊基腐病菌(*Erwinia chrysanthemi*)、香蕉细菌性枯萎病菌(*Ralstonia solanacearum race*2)。

7)特殊要求

不能带成熟香蕉。

8)不合格处理

a)经检验检疫发现包装不符合第 5 条有关规定,该批香蕉不准入境。

b)发现来自未经批准的果园、包装厂,则该批香蕉不准进境。

c）检查到有成熟的香蕉，则该批香蕉不准进境。

d）如截获地中海实蝇，则该批货物做退货或销毁处理，AQSIQ 将立即向 SFE 通报疫情截获情况，并暂停从哥斯达黎加进口香蕉。

e）如截获中方关注的其他检疫性有害生物，则该批货物采取退货、销毁或除害处理措施（仅限可作除害处理的），AQSIQ 视情况将暂停从相关产区和/或包装厂进口香蕉，并向 SFE 通报情况。

f）其他不合格情况按一般工作程序要求处理。

9）依据

a）《关于哥斯达黎加香蕉输华植物检疫要求议定书》（2007 年 10 月 24 日）。

b）《关于印发〈哥斯达黎加香蕉进境植物检疫要求〉的通知》（国质检动函〔2008〕300 号）。

26.2　进境哥斯达黎加水果现场查验与处理

26.2.1　携带有害生物一览表

见表 26－1。

表 26－1　进境哥伦比亚水果携带有害生物一览表

水果种类	关注有害生物	为害部位	可能携带的其他有害生物
香蕉	加州短须螨、蓟马（*Chaetana-phothrips signipennis*）、棕榈栉圆盾蚧、香蕉粉蚧、刺盾蚧	果皮	灰暗圆盾蚧、红肾圆盾蚧、东方肾圆盾蚧、椰圆盾蚧、黑褐圆盾蚧、红褐圆盾蚧、菠萝洁粉蚧、芭蕉蚧、黄片盾蚧、香蕉交脉蚜
	地中海实蝇夜蛾（*Spodoptera albula*）	果肉	芒果半轮线虫、花生根结线虫
	咖啡美洲叶斑病菌、香蕉枯萎病菌 2 号小种、香蕉细菌性枯萎病菌、菊基腐病菌	果皮、果肉	可可球色单隔孢、奇异长喙壳、香蕉刺盘孢、藤仑赤霉

26.2.2　关注香蕉有害生物的现场查验方法与处理

26.2.2.1　加州短须螨

参见 18.2.2.1.13。

26.2.2.2　蓟马［*Chaetanaphothrips signipennis*(Bagnall)］

现场查验：雌成虫纤细，奶油色至棕色，长 1mm～1.6mm。翅上有眼状斑。当翅收起时，背上呈 1 黑色线（见图 26－1）。在香蕉上造成的斑痕害状明显（见图 26－2）。查验时注意检查香蕉有无为害状，检查香蕉表面及包装箱有无蓟马。

图 26 - 1　蓟马 *C. signipennis*①

图 26 - 2　对香蕉造成的为害状②

处理:发现携带 *C. signipennis* 的,对该批香蕉进行除害处理;无法处理的,退货或销毁。

26.2.2.3　棕榈栉圆盾蚧[*Hemiberlesia lataniae*(Signoret)]

现场查验:雌成虫近圆形,直径 1mm～2mm,黄色,被白蜡,尾板有 1 对强壮凸起。介壳浅灰色(见图 26 - 3)。雄成虫少见,椭圆形,颜色与雌虫近似。

处理:发现携带棕榈栉圆盾蚧的,对该批香蕉进行除害处理;无法处理的,退货或销毁。

26.2.2.4　香蕉粉蚧(*Pseudococcus elisae* Borchsenius)

现场查验:雌成虫粉色,椭圆形,长约 2.8mm,宽约 1.5mm。雌虫终生无翅(见图 26 - 4)。雄成虫小,活泼,具双翅。

图 26 - 3　棕榈栉圆盾蚧③

图 26 - 4　香蕉粉蚧④

处理:发现携带香蕉粉蚧的,对该批香蕉进行除害处理;无法处理的,退货或销毁。

26.2.2.5　刺盾蚧

参见 1.2.2.3.2。

26.2.2.6　地中海实蝇

参见 5.2.2.1.1。

26.2.2.7　夜蛾[*Spodoptera albula*(Walker)]

现场查验:成虫翅展 33mm～35mm。前翅棕灰色,沿翅脉具暗色斑,有黑色虚线斑和肾形斑。后翅白色,有浅灰色和黑色线(见图 26 - 5)。

---

① 图分别源自:http://www. ozthrips. org/terebrantia/thripidae/thripinae/chaetanaphothrips-signipennis/、http://www. extento. hawaii. edu/kbase/crop/type/BR_thrips. htm。

② 图源自:http://www. freshplaza. it/article/55746/Peru-la-macchia-rossa-minaccia-il-settore-delle-banane-bio-della-regione-Piura。

③ 图源自:http://entnemdept. ufl. edu/frank/bromeliadbiota/scale. htm。

④ 图源自:http://www. sel. barc. usda. gov/scalekeys/mealybugs/key/mealybugs/media/html/Species/Pseudococcus_elisae/Pseudococcus_elisae. html。

图 26 - 5　*S. albula* 成虫①

处理：发现携带 *S. albula* 的，对该批香蕉进行除害处理；无法处理的，退货或销毁。

26.2.2.8　咖啡美洲叶斑病菌

参见 22.2.2.1.13。

26.2.2.9　香蕉枯萎病菌 2 号小种

参见 14.2.2.1.3。

26.2.2.10　菊基腐病菌[*Erwinia chrysanthemi*(Erwinaze)]

现场查验：查验时注意有无香蕉腐烂、流脓、黑痂等细菌病害症状，针对性采样送检。

处理：经检测发现携带菊基腐病菌的，对该批香蕉实施退货或销毁处理。

26.2.2.11　香蕉细菌性枯萎病菌

参见 1.2.2.1.6。

26.3　进境哥斯达黎加水果风险管理措施

见表 26 - 2。

表 26 - 2　进境哥斯达黎加水果风险管理措施

水果种类	查验重点	农残检测项目	风险管理措施
香蕉	果表(病症)，果肉(实蝇)	参见菲律宾香蕉	

---

① 图源自：http://www7.inra.fr/papillon/noctuid/amphipyr/texteng/s_albula.htm。

27 进境乌拉圭水果现场查验

27.1 植物检疫要求

目前乌拉圭水果中,只有柑橘获得中方检疫准入,中乌双方签署了《乌拉圭柑橘输华植物检疫要求议定书》,根据议定书内容,中方制定了乌拉圭输华柑橘植物检疫要求。进境乌拉圭柑橘植物检疫要求具体如下:

1)水果名称

柑橘。

2)允许产地

无具体规定。

须来自注册果园和包装厂(名单见国家质检总局网站)。

3)允许入境口岸

无具体规定。

4)植物检疫证书要求

植物检疫证书附加声明应注明:"The citrus fruit covered by this phytosanitary certificate comply with the requirements established in the memorandum,which was signed between China and Urugury on October 14th, 2002."

乌拉圭植物检疫证书有新旧两种模版,格式、图标、纸质均存在较大差异,目前基本采用新版证书。证书编号共9位,前2位是出境口岸代码,第3、4位为年度代码,剩余5位为流水号。证书第5栏中,通常会填写辩别标识,如没有则填写 SN/SM。此外,签发植物检疫证书的官员均有备案的编号及签名笔迹。

查验时要根据上述信息认真核查证书,也可登录"国外官方检疫证收及验证识别系统"进行识别。

5)包装要求

每个包装箱上应有明显的"输往中华人民共和国"的中文字样以及用英文标出柑橘的种类、品种、产地和"已检验"的英文标识。

6)关注的检疫性有害生物

地中海实蝇(*Ceratitis capitata*),南美按实蝇(*Anastrepha fraterculus*),红肾圆盾蚧(*Aonidiella auranti*),橘矢尖蚧(*Unaspis citri*),乌盔蚧(*Saisettia oleae*),软毛粉蚧(*Aleurothrixus floccosus*),南美实蝇(*Anastrepha fraterculus*),蜡蚧(*Ceroplastes* sp.),褐软蚧(*Coccus hesperidium*),黑褐圆盾蚧(*Chrysomphalus aonidium*),橙褐圆盾蚧(*Chrysomphalus dictyospermi*),球蚧(*Lecanium deltae*),紫牡蛎盾蚧(*Lepidosaphes beckii*),长牡蛎盾蚧(*Lepidosaphes gloverii*),柑橘刺粉蚧(*Planococcus citri*),橘二叉蚜(*Toxoptera aurantii*),

柑橘黑点病菌（*Phomopsis citri*），柑橘疮痂病菌（*Sphaceloma fawcettii*），柑橘灰霉病菌（*Botrytis cinerea*），柑橘褐腐病菌（*Phytophthora parasitica*）和（*P. citropthora*），柑橘黑腐病菌（*Alternaria citri*），柑橘枯萎病菌（*Pythium* sp, *Fusaium* sp. 和 *Rhizoctonia solani*），柑橘油污病（*Mycosphaerella citri*），柑橘青霉病菌（*Penicillium digitatum*、P. *Italicum* 和 P. *ulaiense*），柑橘酸腐病菌（*Geotrichum candidum*）。

7）特殊要求

无。

8）不合格处理

a）如果截获地中海实蝇等中方关注的有害生物，该批货物将被转口或销毁，AQSIQ 将立即通报乌方暂停进口该国柑橘，并与乌方协商对今后进口柑橘的检疫处理措施问题。

b）如发现其他不合格情况按一般工作程序要求处理。

9）依据

a）《中华人民共和国国家质量监督检验检疫总局和乌拉圭东岸共和国牧农渔业部关于从乌拉圭试验进口柑橘植物检疫合作备忘录》。

b）《关于加强进口乌拉圭柑橘植物检疫证书真伪核查工作的警示通报》（国质检动函〔2008〕121 号）。

27.2　进境乌拉圭水果现场查验与处理

27.2.1　携带有害生物一览表

见表 27－1。

表 27－1　进境乌拉圭水果携带有害生物一览表

水果种类	关注有害生物	为害部位	可能携带的其他有害生物
柑橘（橘、橙、柚、柠檬）	南美按实蝇、地中海实蝇、玫瑰短喙象	果肉	草地夜蛾
	红肾圆盾蚧、橘矢尖蚧、乌盔蚧、软毛粉蚧、蜡蚧、褐软蚧、黑褐圆盾蚧、橙褐圆盾蚧、球蚧、紫牡蛎盾蚧、长牡蛎盾蚧、柑橘刺粉蚧、橘二叉蚧	果表	蚕豆蚜、棉蚜、常春藤圆蚕盾蚧、红褐圆盾蚧、菠萝洁粉蚧、吹绵蚧、紫牡蛎盾蚧、马铃薯长管蚜、桑白盾蚧、暗色粉蚧、橘蚜、橘矢尖盾蚧
	柑橘溃疡病菌、柑橘灰霉病、柑橘黑点病、柑橘疮痂病、柑橘褐腐病、柑橘黑腐病、柑橘枯萎病、柑橘油污病、柑橘青霉病、柑橘酸腐病	果表、果肉	柑橘粗糙病毒、柑橘速衰病毒、根癌土壤杆菌、丁香假单胞菌丁香致病变种、柑橘链格孢、野油菜黄单胞菌柑橘致病变种、黑曲霉、柑橘澳洲痂囊腔菌、南方痂囊腔菌、柑橘痂囊腔菌、芝麻茎点枯病菌、柑橘褐腐疫霉菌、烟草疫霉（茄绵疫病菌）、核盘菌、粗糙柑橘痂圆孢

27.2.2 关注柑橘有害生物的现场查验方法与处理

27.2.2.1 南美按实蝇

参见 5.2.2.4.8。

27.2.2.2 地中海实蝇

参见 5.2.2.1.1。

27.2.2.3 玫瑰短喙象

参见 5.2.2.1.7。

27.2.2.4 红肾圆盾蚧[*Aonidiella auranti*(Maskell)]

现场查验:雌成虫介壳圆形,棕红色,直径 1.8 mm,纤弱近透明,微凸。交配后前体和胸部严重硬化(见图 27-1)。雄成虫小,双翅,灰黄色。查验时注意检查果表。

 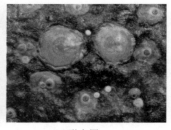

(a)为害状　　　　　　　(b)形态图

图 27-1　红肾圆盾蚧①

处理:发现携带红肾圆盾蚧的,对该批水果实施除害处理;无法处理的,退货或销毁。

27.2.2.5 橘矢尖蚧[*Unaspis citri*(Comstock)]

现场查验:雌成虫长 1.5mm～2.3mm,介壳椭圆形,有纵向中脊。介壳棕粉色至黑色,有灰色边缘(见图 27-2)。有翅雄成虫亮橙色。查验时注意检查果表。

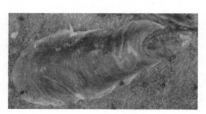

图 27-2　橘矢尖蚧②

处理:发现携带橘矢尖蚧的,对该批水果实施除害处理;无法处理的,退货或销毁。

27.2.2.6 乌盔蚧(*Saisettia oleae* Olivier)

现场查验:雌成虫体黑色,介壳上有 2 条横脊,特征较明显(见图 27-3)。查验时注意检查果表和果蒂。

---

① 图分别源自:http://gipcitricos. iva. es/area/sin-categoria/aviso-aonidiella-aurantii、http://www. bugsforbugs. com. au/aphytis-information/。

② 图源自:http://entnemdept. ufl. edu/creatures/orn/scales/citrus_snow_scale. htm。

处理:发现携带乌盔蚧的,对该批水果实施除害处理;无法处理的,退货或销毁。

27.2.2.7　软毛粉蚧[*Aleurothrixus floccossus*(Maskell)]

现场查验:体长 1.5mm,体黄白色,被蜡粉蜡丝(见图 27-4)。查验时注意检查果表。

图 27-3　乌盔蚧[1]

图 27-4　软毛粉蚧[2]

处理:发现携带软毛粉蚧的,对该批水果实施除害处理;无法处理的,退货或销毁。

27.2.2.8　蜡蚧(*Ceroplastes* sp.)

现场查验:形态如图 27-5。查验时注意检查果表和果蒂。

处理:发现携带蜡蚧(*C.* sp.)的,对该批水果实施除害处理;无法处理的,退货或销毁。

27.2.2.9　褐软蚧(*Coccus hesperidium* L.)

现场查验:雌成虫有一大抚育室,内有卵或 1 龄若虫。体对称,椭圆形,长 3.2mm～4.2mm,灰黄色至绿色,有不规则棕色斑(见图 27-6)。查验时注意检查果表。

图 27-5　蜡蚧 *C.* sp.[3]

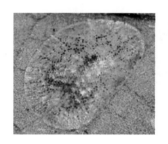

图 27-6　褐软蚧[4]

处理:发现携带褐软蚧的,对该批水果实施除害处理;无法处理的,退货或销毁。

27.2.2.10　黑褐圆盾蚧(*Chrysomphalus aonidium* L.)

现场查验:雌成虫近圆形,亮黑色,体凸起(见图 27-7)。查验时注意检查果实表面。

处理:携带黑褐圆盾蚧的,对该批水果实施除害处理,无法处理的,退货或销毁。

27.2.2.11　橙褐圆盾蚧[*Chrysomphalus dictyospermi*(Morgan)]

现场查验:雌成虫介壳近圆形,薄,橙色,有褐色边缘。介壳直径 1.5mm～2mm。介壳中部有一显著的环形隆起(见图 27-8)。查验时注意检查果表。

---

[1]　图源自:http://www.biodiversidadvirtual.org/insectarium/Saissetia-oleae-img199592.html。

[2]　图源自:http://www7.inra.fr/hyppz/RAVAGEUR/6aleflo.htm。

[3]　图源自:http://www.arthropodafotos.de/dbsp.php?lang＝deu&sc＝0&ta＝t_42_hem_ste_coc&sci＝Ceroplastes&scisp＝sp.。

[4]　图源自:http://idtools.org/id/scales/factsheet.php?name＝6882。

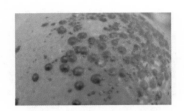

图 27 - 7　黑褐圆盾蚧①

图 27 - 8　橙褐圆盾蚧②

处理：携带橙褐圆盾蚧的，对该批水果实施除害处理；无法处理的，退货或销毁。

27.2.2.12　球蚧［*Lecanium deltae*（Lizer）］

现场查验：形态见图 27 - 9。查验时注意检查果表。

处理：携带球蚧的，对该批水果实施除害处理；无法处理的，退货或销毁。

27.2.2.13　紫牡蛎盾蚧［*Lepidosaphes beckii*（Newman）］

现场查验：雌介壳狭长，长约 2.5mm，一端极度收窄（见图 27 - 10）。查验时注意检查果表。

图 27 - 9　球蚧③

图 27 - 10　紫牡蛎盾蚧④

处理：携带紫牡蛎盾蚧的，对该批水果实施除害处理；无法处理的，退货或销毁。

27.2.2.14　长牡蛎盾蚧

参见 19.2.2.3.3。

27.2.2.15　柑橘刺粉蚧［*Planococcus citri*（Risso）］

现场查验：雌成虫长约 3mm，体白色、棕色或粉色，被白色蜡粉。体背有一浅灰色纵线，体边缘有短蜡丝。足和触角棕色（见图 27 - 11）。查验时注意检查果表。

---

① 图源自：http://personal. us. es/ptorrent/index3. htm。

② 图源自：https://plus. google. com/110073181924246864017&h＝475&w＝700&tbnid＝aLo5UIG2YzSyaM；&docid＝18M6xS2IHk3fwM&ei＝uDm_VYGKLsjp0AS4n4mIBw&tbm＝isch&ved＝0CCYQMygLMAtqFQoTCIHGjfTRjMcCFcg0lAoduE8CcQ。

③ 图源自：http://www. viarural. com. ar/viarural. com. ar/insumosagropecuarios/agricolas/agroquimicos/cheminova/especies/lecanium-deltae-01. htm。

④ 图源自：http://ucanr. edu/sites/KACCitrusEntomology/? repository＝1479。

图 27 - 11 　柑橘刺粉蚧①

处理:携带柑橘刺粉蚧的,对该批水果实施除害处理;无法处理的,退货或销毁。

27.2.2.16　橘二叉蚜[*Toxoptera aurantii*(Boy.)]

现场查验:雌成虫椭圆形,综黑色或红棕色。体长约 1mm～2mm,触角黑白相间。查验时注意检查果表。

处理:携带橘二叉蚜的,对该批水果实施除害处理;无法处理的,退货或销毁。

27.2.2.17　柑橘溃疡病菌

参见 4.2.2.3.7。

27.2.2.18　柑橘枯萎病菌

参见 15.2.2.1.16。

27.2.2.19　病菌 8 类

包括柑橘灰霉病菌(*Botrytis cinerea*),柑橘黑点病菌(*Phomopsis citri*),柑橘疮痂病菌(*Sphaceloma fawcettii*),柑橘褐腐病菌(*Phytophthora parasitica* 和 *P. citropthora*),柑橘黑腐病菌(*Alternaria citri*),柑橘油污病菌(*Mycosphaerella citri*),柑橘青霉病菌(*Penicillium digitatum*、*P. Italicum* 和 *P. ulaiense*),柑橘酸腐病菌(*Geotrichum candidum*)。

现场查验:查验时注意有无变色、黑斑、腐烂、疮痂等病害症状,针对性采样送检。

处理:经检测发现上述病害的,对该批水果实施退货或销毁处理。

27.3　进境乌拉圭水果风险管理措施

见表 27 - 2。

表 27 - 2　进境乌拉圭水果风险管理措施

水果种类	查验重点	农残检测项目	风险管理措施
柑橘	果表(介壳虫、病症),果肉(实蝇、象甲)	参见泰国橘、橙、柚	

---

① 图源自:http://www.nbair.res.in/insectpests/Planococcus-citri.php。

28 进境法国水果现场查验

28.1 植物检疫要求

法国苹果和猕猴桃获得输华检疫准入资格。双方对上述水果均签署了双边议定书。根据议定书内容,中方制定了法国输华苹果、猕猴桃植物检疫要求。

28.1.1 进境法国苹果植物检疫要求

1) 水果名称

苹果。

2) 允许产地

法国曼恩-卢瓦尔省、萨尔特省、安德尔-卢瓦尔省、卢瓦雷省、谢尔省、大西洋岸卢瓦尔省、洛特-加龙省、塔恩-加龙省、多尔多涅省和科雷兹省。

须来自注册果园和包装厂(名单见国家质检总局网站)。

3) 允许入境口岸

国家质检总局允许的入境口岸。

4) 植物检疫证书内容要求

附加声明中须注明:"This consignment has been strictly quarantine inspected and considered to conform with the requirements of the protocol for French apple export to China."。

5) 包装箱标识要求

产地(省)、种植者或果园、包装厂的信息、官方检疫标识。

6) 关注的检疫性有害生物

地中海实蝇(*Ceratitis capitata*)、梨火疫病菌(*Erwinia amyiovora*)、苹果蠹蛾(*Cydia pomonella*)、美国白蛾(*Hyphantria cunea*)、苹果绵蚜(*Eriosoma lanigenea*)、车前圆尾蚜(*Dysaphis plantagenea*)和笠齿盾蚧(*Quadraspidiotus ostreaeformis*)。

7) 特殊要求

查验集装箱门上是否加贴有检疫封识。

8) 不合格处理

a) 发现地中海实蝇或梨火疫病作退货或销毁处理;

b) 发现苹果蠹蛾等中方关心的检疫性有害生物作检疫处理;

c) 发现其他检疫性有害生物按规定处理。

d) 其他不合格情况按一般工作程序要求处理。

9) 依据

a) 国家质检总局《关于执行〈中国从法国输入苹果果实的植物检疫卫生条件议定书〉有

关问题的通知》(国质检动函〔2001〕506 号)。

b) 国家质检总局《中华人民共和国国家出入境检验检疫局和法兰西共和国农业渔业部关于中国从法国输入苹果果实的植物检疫卫生条件议定书》(国质检动函〔2001〕506 号)。

28.1.2　法国猕猴桃进境植物检疫要求

1) 水果名称

新鲜猕猴桃果实(学名:*Actinidia chinensis* 和 *Actinidia deliciosa*,英文名:Kiwi fruit)。

2) 允许产地

输华猕猴桃可以来自以下 6 个省:洛特-加龙、朗德、大西洋岸比利牛斯、多尔多涅、热尔、塔恩(Lot-et-Garonne、Landes、Pyrenees-Atlantiques、Dordogne、Gers、Tarn)。省区名单将在质检总局网站上更新。须来自注册果园、包装厂、储存和冷处理设施(名单见国家质检总局网站)。

3) 允许入境口岸

无具体规定。

4) 有关证书要求

a) 植物检疫证书附加声明栏中注明"The consignment has been strictly quarantine inspected and is considered to conform with the requirements described in the Protocol of Phytosanitary Requirements for the Export of Kiwi Fruit from France to China,and is free from the quarantine pests concerned by China."(该批货物已经严格检疫,符合《法国猕猴桃输华植物检疫要求议定书》的要求,不带有中方关注的检疫性有害生物)。

b)运输途中集装箱冷处理的温度、处理时间、集装箱号码和封识号,必须在植物检疫证书中处理栏内注明。

c) 需提供由船运公司下载的冷处理记录和由 CAPQ 官员签字盖章的"果温探针校正记录"正本。

5) 包装要求

a) 输华猕猴桃必须用符合中国植物检疫要求的干净卫生、未使用过的材料包装。

b) 每个包装箱上应用英文标出产地、果园和包装厂的名称或注册号,并在每个载货托盘上标明"输往中华人民共和国"英文字样。

6) 关注的检疫性有害生物

地中海实蝇(*Ceratitis capitata*)、葡萄花翅小卷蛾(*Lobesia botrana*)、细卷蛾(*Cochylis molliculana*)、卷蛾(*Ditula angustiorana*)、黑小卷蛾(*Endothenia nigricostana*)、新小卷蛾(*Olethreutes bifasciana*)、无花果蜡蚧(*Ceroplastes rusci*)。

7) 特殊要求

a) 在运输途中,须在法方监管下对输华猕猴桃进行冷处理以杀灭地中海实蝇,冷处理的指标为果肉中心温度 1.1℃ 或以下持续 14d,或 1.7℃ 或以下持续 16d,或 2.1℃ 或以下持续 18d。

b) 任何果温探针校正值不应超过±0.3℃。

c) 经冷处理培训合格的检验检疫人员,对冷处理进行核查和进行冷处理有效性判定。

8) 不合格处理

a) 冷处理结果无效的,不准入境。

b）发现包装不符合第 5 条有关规定，则该批猕猴桃不准入境。

c）发现来自未经注册的果园、包装厂的猕猴桃，不准入境。

d）发现地中海实蝇活虫，对该批猕猴桃做退货或销毁处理，并暂停法国猕猴桃输华。

e）发现其他检疫性有害生物，对该批猕猴桃作退货、销毁或检疫处理（仅限于能够进行有效除害处理的情况），并视截获情况暂停相关果园、包装厂猕猴桃输华。

f）其他不合格情况按一般工作程序要求处理。

9）依据

a）《中华人民共和国国家质量监督检验检疫总局和法兰西共和国农业、渔业部关于法国猕猴桃输华植物检疫要求议定书》（2008 年 10 月 21 日草签）。

b）《关于印发〈法国猕猴桃进境植物检疫要求〉的通知》（国质检动函〔2009〕847 号）。

28.2 进境法国水果现场查验与处理

28.2.1 携带有害生物一览表

见表 28-1。

表 28-1 进境法国水果携带有害生物一览表

水果种类	关注有害生物	为害部位	可能携带的其他有害生物
苹果	地中海实蝇、苹果蠹蛾、玫瑰短喙象	果肉	棉褐带卷蛾、桃条麦蛾、蔷薇黄卷蛾、绵毛小花甲、黄猩猩果蝇、广翅小卷蛾属、旋纹潜蛾、冬尺蠖蛾、苹褐卷蛾
	苹果绵蚜、榆蛎盾蚧、美国白蛾、车前圆尾蚜、笠齿盾蚧	果表	红肾圆盾蚧、黄圆盾蚧、棉蚜、常春藤圆盘盾蚧、黑褐圆盾蚧、红褐圆盾蚧、梨小食心虫、梨枝圆盾蚧、桃白圆盾蚧、异色瓢虫、槟栉盾蚧、吹绵蚧、油茶蚧、糠片盾蚧、黄片盾蚧、苹绵粉蚧、桑白盾蚧、蔗根粉蚧、拟长尾粉蚧、暗色粉蚧、梨圆盾蚧
	美澳型核果褐腐菌、苹果树炭疽病菌、栗疫霉黑水病菌、苹果黑星菌、苹果茎沟病毒、李属坏死环斑病毒、藜草花叶病毒、烟草环斑病毒、番茄环斑病毒、梨火疫病菌	果表、果肉	富氏葡萄孢盘菌、草本枝孢、尖锐刺盘孢（草莓黑斑病菌）、寄生隐丛赤壳、尖镰孢、围小丛壳、果生链核盘菌、核果链核盘菌、仁果干癌丛赤壳菌、新丛赤壳属、意大利青霉、恶疫霉、隐地疫霉菌、掘氏疫霉、大雄疫霉、烟草疫霉（茄绵疫病菌）、白叉丝单囊壳、核盘菌、梨黑星病菌、苹果褪绿叶斑病毒、苹果花叶病毒、烟草花叶病毒、烟草坏死病毒、番茄丛矮病毒、苹果锈果类病毒、发根土壤杆菌、根癌土壤杆菌、大黄欧文氏菌、丁香假单胞菌丁香致病变种、草莓交链孢霉、罗耳阿太菌（齐整小核菌有性态）、茶藨子葡座腔菌
	—	包装箱	苜蓿蓟马、苹果红蜘蛛、苹果红蜘蛛、欧洲千里光

表 28 - 1(续)

水果种类	关注有害生物	为害部位	可能携带的其他有害生物
猕猴桃	地中海实蝇、葡萄花翅小卷蛾、细卷蛾、卷蛾（*Ditula angustiorana*）、黑小卷蛾、新小卷蛾	果肉	—
	无花果蜡蚧	果表	常春藤圆盾蚧、梨枝圆盾蚧、芭蕉蚧、槟榔盾蚧、苹绵粉蚧、桑白盾蚧
	—	果表、果肉	发根土壤杆菌、根癌土壤杆菌、丁香假单胞菌猕猴桃致病变种、丁香假单胞菌丁香致病变种、绿黄假单胞菌、罗耳阿太菌(齐整小核菌有性态)、富氏葡萄孢盘菌、草本枝孢、尖镰孢、芝麻茎点枯病菌、恶疫霉、隐地疫霉菌、核盘菌
	散大蜗牛	包装箱	二点叶螨

28.2.2　关注有害生物的现场查验方法与处理

28.2.2.1　苹果

28.2.2.1.1　地中海实蝇

参见 5.2.2.1.1。

28.2.2.1.2　苹果蠹蛾

参见 5.2.2.1.5。

28.2.2.1.3　玫瑰短喙象

参见 5.2.2.1.7。

28.2.2.1.4　苹果绵蚜

参见 5.2.2.4.3。

28.2.2.1.5　榆蛎盾蚧

参见 5.2.2.2.15。

28.2.2.1.6　美国白蛾[*Hlyphantria cunea*(Drury)]

现场查验:白色中型蛾子,体长 13mm～15mm。复眼黑褐色,口器短而纤细;胸部背面密布白色绒毛,多数个体腹部白色,无斑点,少数个体腹部黄色,上有黑点。雌成虫触角褐色,锯齿状;翅展 33mm～44mm,前翅纯白色,后翅通常为纯白色(见图 28 - 1)。雄成虫触角黑色,栉齿状;翅展 23mm～34mm,前翅散生黑褐色小斑点(见图 28 - 2)。查验时注意检查包装内有无成虫和蛹。

处理:发现携带美国白蛾的,对该批苹果实施除害处理;无法处理的,退货或销毁。

28.2.2.1.7　车前圆尾蚜

参见 5.2.2.6.12。

28.2.2.1.8　笠齿盾蚧[*Quadraspidiotus ostreae formis*(Curtis)]

　　现场查验:雌介壳圆形,中度凸起,灰色,中间颜色深,近边缘变浅,直径 1.5mm。介壳边缘有时具白边(见图 28-3)。雄介壳略狭长,灰绿色,边缘近白色,长 0.6mm~0.8mm。在苹果上为害会造成苹果表面红色斑痕。查验时注意检查苹果表面有无介壳或红色斑痕。

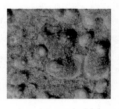

图 28-1　美国白蛾雌成虫①　　　图 28-2　美国白蛾雄成虫②　　图 28-3　笠齿盾蚧③

　　处理:发现携带笠齿盾蚧的,对该批苹果实施除害处理;无法处理的,退货或销毁。

28.2.2.1.9　美澳型核果褐腐菌

　　参见 5.2.2.1.12。

28.2.2.1.10　苹果树炭疽病菌

　　参见 5.2.2.1.14。

28.2.2.1.11　栗疫霉黑水病菌[*Phytophthora cambivora*(Petri)Buisman]

　　现场查验:该病菌可造成果实腐烂、溃疡、坏死等症状,查验时注意有针对性采样送检。

　　处理:经检测发现携带栗疫霉黑水病菌的,对该批苹果实施退货或销毁。

28.2.2.1.12　苹果黑星菌

　　参见 5.2.2.6.31。

28.2.2.1.13　苹果茎沟病毒

　　参见 7.2.2.17.3。

28.2.2.1.14　病毒(李属坏死环斑病毒、藜草花叶病毒、烟草环斑病毒、番茄环斑病毒)

　　现场查验:查验时注意苹果有无病毒感染症状,有针对性采样送检。

　　处理:经检测发现携带上述病毒的,对该批苹果实施退货或销毁。

28.2.2.1.15　梨火疫病菌

　　参见 5.2.2.1.17。

28.2.2.2　猕猴桃

28.2.2.2.1　地中海实蝇

　　参见 5.2.2.1.1。

28.2.2.2.2　葡萄花翅小卷蛾

　　参见 8.2.2.1.3。

28.2.2.2.3　细卷蛾(*Cochylis molliculana* Zeller)

　　现场查验:体长 7mm,翅展 12mm~14mm。腹部棕色,翅灰色,有棕色斑纹(见图 28-4)。查验时注意剖果检查有无蛾类幼虫。

---

①　图源自:http://roll.sohu.com/20111203/n327757453.shtml。

②　图源自:http://www.cnepaper.com/jjrb/html/2014-07/03/content_9_4.htm。

③　图源自:http://www.udec.ru/vrediteli/lzhekaliforniyskaya_schitovka.php。

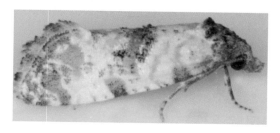

图 28－4　细卷蛾①

处理:发现携带细卷蛾的,对该批猕猴桃实施除害处理;无法处理的,退货或销毁。

28.2.2.2.4　卷蛾[*Ditula angustiorana*(Haworth)]

现场查验:体长 9mm,翅展 12mm～18mm,雌蛾比雄蛾略大。前翅灰棕色,有一显著暗色斜纹和棕色、黑色纹。头棕色(见图 28－5)。查验时注意剖果检查有无蛾类幼虫。

（a）成虫　　　　　　　　　（b）幼虫　　　　　　　　　（c）蛹

图 28－5　卷蛾(*D. angustiorana*)②

处理:发现携带 *D. angustiorana* 的,对该批猕猴桃实施除害处理;无法处理的,退货或销毁。

28.2.2.2.5　黑小卷蛾[*Endothenia nigricostana*(Haworth)]

现场查验:翅展 11mm～15mm。该蛾的显著特征是背部有一黄色或赭红色斑(见图 28－6)。查验时注意剖果检查有无蛾类幼虫。

处理:发现携带黑小卷蛾的,对该批猕猴桃实施除害处理;无法处理的,退货或销毁。

28.2.2.2.6　新小卷蛾[*Olethreutes*(*Piniphila*)*bifasciana*(Haworth)]

现场查验:体褐色,有白色斑纹(见图 28－7)。查验时注意剖果检查有无蛾类幼虫。

图 28－6　黑小卷蛾(Stuart Ball 摄)③

图 28－7　新小卷蛾④

----

① 图源自:http://www.snipview.com/q/Cochylis_molliculana。

② 图源自:http://www.lepiforum.de/lepiwiki.pl? Ditula_Angustiorana。

③ 图源自:http://www.norfolkmoths.co.uk/micros.php? bf=11020。

④ 图源自:http://www.insects.fi/insectimages/browser? order＝LEP&family＝Tortricidae&genus＝Piniphila&species＝bifasciana。

处理:发现携带新小卷蛾的,对该批猕猴桃实施除害处理;无法处理的,退货或销毁。

28.2.2.2.7 无花果蜡蚧

参见 8.2.2.1.2。

28.2.2.2.8 散大蜗牛

参见 5.2.2.2.22。

28.3 进境法国水果风险管理措施

见表 28 - 2。

表 28 - 2 进境法国水果风险管理措施

水果种类	查验重点	农残检测项目	风险管理措施
苹果	果表(介壳虫、蚜虫、病症),果肉(实蝇、象甲、蛾)	参见美国苹果	
猕猴桃	果表(介壳虫),果肉(实蝇、蛾)、包装(蜗牛)	参见智利猕猴桃	

29 进境塞浦路斯水果现场查验

29.1 植物检疫要求

中塞双方签署了《关于进境关于塞浦路斯柑橘输华植物检疫要求议定书》,根据议定书内容,中方制定了塞浦路斯输华柑橘植物检疫要求。

29.2 进境塞浦路斯水果现场查验与处理

29.2.1 携带有害生物一览表

见表 29-1。

表 29-1　进境塞浦路斯水果携带有害生物一览表

水果种类	关注有害生物	为害部位	可能携带的其他有害生物
柑橘	橘花巢蛾、地中海实蝇	果肉	剜股芒蝇
	—	果表	红肾圆盾蚧、蚕豆蚜、棉蚜、常春藤圆蛊盾蚧、黑褐圆盾蚧、芭蕉蚧、吹绵蚧、紫牡蛎盾蚧、马铃薯长管蚜、糠片盾蚧、黑片盾蚧、橘芽瘿螨、二点叶螨
	柑橘顽固病螺原体、柠檬干枯菌、柑橘溃疡病菌	果表、果肉	柑橘速衰病毒、柑橘裂皮类病毒、柑橘石果病、根癌土壤杆菌、丁香假单胞菌丁香致病变种、柑橘链格孢、罗耳阿太菌(齐整小核菌有性态)、柑橘间座壳、芝麻茎点枯病菌、指状青霉、意大利青霉、柑橘褐腐疫霉菌、烟草疫霉(茄绵疫病菌)、核盘菌

29.2.2 关注柑橘有害生物的现场查验方法与处理

29.2.2.1 橘花巢蛾

参见 11.2.2.2.3。

29.2.2.2 地中海实蝇

参见 5.2.2.1.1。

29.2.2.3 柑橘顽固病螺原体

参见 5.2.2.5.23。

29.2.2.4 柠檬干枯菌

参见 9.2.2.1.11。

29.2.2.5 柑橘溃疡病菌

参见 4.2.2.3.7。

29.3 进境塞浦路斯水果风险管理措施

见表 29 - 2。

表 29 - 2 进境塞浦路斯水果风险管理措施

水果种类	查验重点	农残检测项目	风险管理措施
柑橘类	果表(病症),果肉(实蝇、蛾)	参见泰国橘、橙、柚	

③⓪　进境比利时水果现场查验

30.1　植物检疫要求

目前比利时水果中,只有鲜梨获得中方检疫准入,中比双方签署了《比利时梨输华植物检疫要求议定书》,根据议定书内容,中方制定了比利时输华鲜梨植物检疫要求。比利时鲜梨进境植物检疫要求具体如下:

1) 法律法规依据

《中华人民共和国进出境动植物检疫法》《中华人民共和国进出境动植物检疫法实施条例》《中华人民共和国国家质量监督检验检疫总局与比利时王国联邦食品链安全局关于比利时梨输华植物检疫要求的议定书》(2010 年 10 月 6 日在布鲁塞尔签署)。

2) 允许进境的商品名称

新鲜梨果实,学名:*Pyrus communis* L.

3) 允许的产地

比利时弗拉芒－布拉邦省(Vlaams Brabant)和林堡省(Limburg)。

4) 批准的果园和包装厂

梨果园、包装厂须经比利时王国联邦食品链安全局(FASFC)注册,并经中国国家质检总局(AQSIQ)考核批准。名单可在国家质检总局网站上查询。

5) 关注的检疫性有害生物名单

苹果蠹蛾(*Cydia pomonella* L)、梨火疫病菌[*Erwinia amylovora*(Burrill)Winslow et al]、玫瑰苹果蚜(*Dysaphis plantaginea* Passerini)、梨西圆尾蚜[*Dysaphis pyri*(Boyer de Fonscolombe)]、桃白圆盾蚧[*Epidiaspis leperii*(Signoret)]、梨锈瘿螨(*Epitremerus pyri* Nal)、苹果绵蚜[*Eriosoma lanigerum*(Hausmann)]、梨叶蜂(*Hoplocampa brevis* Hartig)、苹实叶蜂[*Hoplocampa testudinea*(Klug)]、榆蛎盾蚧(*Lepidosaphes ulmi* L)、梨叶疹螨(*Phytoptus pyri* Pagenstecher)、八仙花棉蚧(*Pulvinaria hydrangeae* Steinweden)、苹草缢管蚜[*Rhopalosiphum insertum*(Walker)]。

6) 装运前要求

a) 果园管理

ⅰ) 在 FASFC 指导下,采取有效的病虫害综合防治措施,以避免或控制中方关注的检疫性有害生物。

ⅱ) 输华梨须来自梨火疫病及苹果蠹蛾非疫产区。FASFC 需按照 IPPC 标准建立非疫产区,并按照要求进行必要的监测,向中方提供监测调查报告。

ⅲ）果园保持良好卫生状态，地面落果应及时清理，不得与水果混装出口。

b）包装厂管理

ⅰ）梨的包装、储藏和装运，须在FASFC严格检疫监管下进行。

ⅱ）梨不带活的昆虫、螨类和烂果、畸形果、枝、叶、根及土壤。

ⅲ）包装好的梨须单独存放，避免有害生物再次感染。

c）包装要求

ⅰ）输华梨必须用符合中国植物检疫要求的清洁卫生、未使用过的材料包装。

ⅱ）每个包装箱上应用英文标注"水果种类、产地（省、市或县）、国家、果园或其注册号、包装厂和其注册号、出口商名称"信息。每个发运货物的托盘上应加贴"输往中华人民共和国"中英文字样。

e）出口前检疫

出口前，FASFC对每批输华梨按2％比例实施检验检疫。

f）植物检疫证书要求

经检验检疫合格的，FASFC出具植物检疫证书，并在证书附加声明中注明"The consignment is in compliance with requirements described in the Protocol of Phytosanitary Requirements for the Export of pear fruit from Belgium to China and is free from the quarantine pests of concern to China"（该批梨符合《比利时梨输华植物检疫要求的议定书》，不带中方关注的检疫性有害生物"）。证书中要注明产地和包装厂。

7）进境要求

a）有关证书核查。

ⅰ）核查植物检疫证书是否符合本要求第6条第5项的规定。

ⅱ）核查是否附有国家质检总局颁发的《进境动植物检疫许可证》。

b）进境检验检疫。

根据《检验检疫工作手册》植物检验检疫分册有关规定，对进境梨实施检验检疫。

8）不符合要求的处理

a）发现包装不符合第6条第3项有关规定的，不准入境。

b）发现有来自未经FASFC注册的果园、包装厂的，不准入境。

c）如发现梨火疫病，该批水果作退货或销毁处理。AQSIQ将立即通知FASFC有关情况，并暂停从比利时相关产区进口水果。

d）如发现苹果蠹蛾，该批水果作检疫除害处理。AQSIQ将暂停该批水果的果园和包装厂进口水果。

e）如发现中方关注的其他检疫性有害生物，对该批水果采取检疫除害处理、退货、转口或销毁处理。

9）其他检验要求

根据《中华人民共和国食品安全法》有关规定，进境梨的安全卫生项目应符合我国相关安全卫生标准。

30.2　进境比利时水果现场查验与处理

30.2.1　携带有害生物一览表

见表 30-1。

表 30-1　进境比利时水果携带有害生物一览表

水果种类	关注有害生物	为害部位	可能携带的其他有害生物
梨	地中海实蝇、苹果蠹蛾、梨叶蜂、苹实叶蜂	果肉	棉褐带卷蛾、桃条麦蛾、蔷薇黄卷蛾、旋纹潜蛾、冬尺蠖蛾、苹褐卷蛾
	桃白圆盾蚧、榆蛎盾蚧、八仙花棉蚧、苹果绵蚜、玫瑰苹果蚜、梨西圆尾蚜、苹草缢管蚜、梨锈瘿螨、梨叶疹螨	果表	黑褐圆盾蚧、异色瓢虫、油茶蚧、拟长尾粉蚧、暗色粉蚧、梨埃瘿螨、梨叶肿瘿螨、苹果红蜘蛛、侧多食跗线螨
	梨火疫病菌、苹果黑星菌	果表、果肉	苹果褪绿叶斑病毒、洋李矮缩病毒、烟草坏死病毒、根癌土壤杆菌、大黄欧文氏菌、边缘假单胞菌边缘致病变种、丁香假单胞菌栖菜豆致病变种、罗耳阿太菌(齐整小核菌有性态)、果生链核盘菌、梨白斑病菌、仁果干癌丛赤壳菌、恶疫霉、隐蔽叉丝单囊壳、白叉丝单囊壳、梨黑星病菌

30.2.2　关注梨有害生物的现场查验方法与处理

30.2.2.1　地中海实蝇

参见 5.2.2.1.1。

30.2.2.2　苹果蠹蛾

参见 5.2.2.1.5。

30.2.2.3　桃白圆盾蚧

参见 5.2.2.4.2。

30.2.2.4　榆蛎盾蚧

参见 5.2.2.2.15。

30.2.2.5　八仙花棉蚧(*Pulvinaria hydrangeae* Steinweden)

现场查验:雄虫罕见。雌成虫形态如图 30-1。查验时注意检查梨表面。

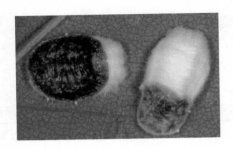

图 30-1　八仙花棉蚜(Vladimir Motycka 摄)①

处理:发现携带八仙花棉蚜的,对该批梨实施除害处理;无法处理的,退货或销毁。

30.2.2.6　苹果绵蚜

参见 5.2.2.4.3。

30.2.2.7　玫瑰苹果蚜(车前圆尾蚜)

参见 5.2.2.6.12。

30.2.2.8　梨西圆尾蚜[$Dysaphis\ pyri$(Boyer de Fonscolombe)]

现场查验:体灰色,形态如图 30-2。查验时注意检查梨表面和包装箱。

(a) 无翅蚜　　　　　　　　(b) 有翅蚜

图 30-2　梨西圆尾蚜②

处理:发现携带梨西圆尾蚜的,对该批梨实施除害处理;无法处理的,退货或销毁。

30.2.2.9　苹草缢管蚜[$Rhopalosiphum\ insertum\ (oxyacanthae)$(Walker)]

现场查验:体草绿色,形态如图 30-3。查验时注意检查梨表面和包装箱。

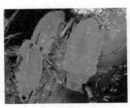 

(a) 无翅蚜　　　　　　　　(b) 有翅蚜

图 30-3　苹草缢管蚜③

---

① 图源自:http://www.biolib.cz/en/image/id189702/。
② 图源自:https://www6.inra.fr/encyclopedie-pucerons/Especes/Pucerons/Dysaphis/D.-pyri。
③ 图源自:http://influentialpoints.com/Gallery/Rhopalosiphum_insertum.htm。

处理:发现携带苹草缢管蚜的,对该批梨实施除害处理;无法处理的,退货或销毁。

30.2.2.10 梨叶蜂(*Hoplocampa brevis* Hartig)

现场查验:成虫长 4mm～5mm,红黄色,足黄色。查验时注意剖果检查有无幼虫(见图 30－4)。

| (a)成虫 | (b)幼虫 |

图 30－4 梨叶蜂成虫和幼虫①

处理:发现携带梨叶蜂的,对该批梨实施除害处理;无法处理的,退货或销毁。

30.2.2.11 苹实叶蜂[*Hoplocampa testudinea*(Klug)]

现场查验:成虫长 6mm～7mm,底色黄色,背部黑色,触角和足黄色(见图 30－5)。为害果实造成畸形(见图 30－6)。查验时注意剖果检查有无幼虫。

图 30－5 苹实叶蜂②　　　　　图 30－6 苹实叶蜂造成的果实畸形③

处理:发现携带苹实叶蜂的,对该批梨实施除害处理;无法处理的,退货或销毁。

30.2.2.12 梨锈瘿螨(*Epitremerus pyri* Nal.)

现场查验:体浅黄色,近透明(见图 30－7)。该虫可造成梨面产生铜锈色。查验时注意仔细检查果蒂及果脐内侧等处和包装箱,并观察梨表面有无变色。

处理:发现携带锈瘿螨的,对该批梨实施除害处理,无法处理的,退货或销毁。

---

① 图分别源自:http://www.agroatlas.ru/en/content/pests/Hoplocampa_brevis、http://www.efa-dip.org/en/servicios/Galeria/index.asp? action=displayfiles&item=%2Fcomun%2Fservicios%2Fgaleria%2FPLAGAS＋Y＋EN-FERMEDADES＋－＋PESTS＋AND＋DESEASES＋－＋PRAGAS＋E＋ENFERMIDADES%2FPeral＋－＋Pear＋tree＋－＋Pereira%2FHoplocampa/。

② 图源自:http://www.agroatlas.ru/en/content/pests/Hoplocampa_testudinea/。

③ 图源自:http://www7.inra.fr/hyppz/RAVAGEUR/6hoptes.htm。

30.2.2.13 梨叶疹螨(*Phytoptus pyri* Pagenstecher)

现场查验:体黄色,长0.16mm～0.2mm(见图30-8)。查验时注意仔细检查果蒂及果脐内侧等处和包装箱。

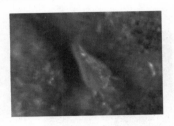

图30-7 梨锈瘿螨①

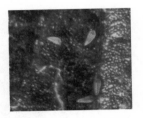

图30-8 梨叶疹螨②

处理:发现携带梨叶疹螨的,对该批梨实施除害处理;无法处理的,退货或销毁。

30.2.2.14 梨火疫病菌

参见5.2.2.1.17。

30.2.2.15 苹果黑星菌

参见5.2.2.6.30。

30.3 进境比利时水果风险管理措施

见表30-2。

表30-2 进境比利时水果风险管理措施

水果种类	查验重点	农残检测项目	风险管理措施
梨	果表(介壳虫、蚜虫、病症),果肉(实蝇、蛾)	参见美国梨	

---

① 图源自:http://ir. library. oregonstate. edu/xmlui/bitstream/handle/1957/15806/StationBulletin634. pdf? sequence=1。

② 图源自:http://www7. inra. fr/hyppz/RAVAGEUR/6phypyr. htm。

㉛ 进境希腊水果现场查验

31.1 植物检疫要求

目前希腊水果中,只有猕猴桃获得中方检疫准入,中希双方签署了《希腊猕猴桃输华植物检疫要求议定书》,根据议定书内容,中方制定了希腊输华猕猴桃植物检疫要求。希腊猕猴桃进境植物检疫要求具体如下:

1)法律法规依据、

《中华人民共和国进出境动植物检疫法》《中华人民共和国进出境动植物检疫法实施条例》《中华人民共和国国家质量监督检验检疫总局与希腊共和国农村发展与食品部签订的〈关于希腊猕猴桃输华植物检疫要求议定书〉》(2008 年 11 月 24 日草签)。

2)允许进境的商品名称

新鲜猕猴桃果实,学名:*Actinidia chinensis*,英文名:Kiwi fruit。

3)允许的产地

希腊皮埃里亚省(Pieria)。

4)批准的果园和包装厂

输华猕猴桃果园、包装厂、储存和冷处理设施须在希方注册登记,并由双方共同批准。名单可在国家质检总局网站上查询。

5)关注的检疫性有害生物名单

地中海实蝇(*Ceratitis capitata*)、无花果蜡蚧(*Ceroplastes rusci*)、葡萄花翅小卷蛾(*Lobesia botrana*)、芭蕉蚧(*Hemiberlesia lataniae*)。

6)装运前要求

a)果园管理

ⅰ)在希方的指导下,输华猕猴桃的果园和包装厂应采取有效的监测、预防和有害生物综合管理措施(IPM),以避免或降低中方关注的检疫性有害生物的发生和危害。

ⅱ)应中方要求,希方应向中方提供上述有害生物监测和综合管理措施项目的有关程序和结果。

b)包装厂管理。

ⅰ)输华猕猴桃包装前要经过选果,剔除有缺陷的果实。包装、储存、冷处理和装运过程,须在希方严格的检疫监管下进行,保证输华的猕猴桃不带有昆虫、螨类、枝、叶、土壤和烂果。

ⅱ)输往中国的猕猴桃与不向中国出口的猕猴桃应当分开单独包装和储存。

c)包装要求。

ⅰ)输华猕猴桃的每 1 个包装箱上应用英文标出产地、果园和包装厂的名称或注册号,并在每个载货托盘上标明"输往中华人民共和国"英文字样。

ⅱ）输华猕猴桃的包装应采用符合中国植物卫生要求的干净卫生、未使用过的包装材料。

d）冷处理要求

在出口前或运输途中，须在希方监管下对输华猕猴桃进行冷处理以杀灭地中海实蝇，冷处理的指标为果肉中心温度 1.1℃或以下持续 14d，或 1.7℃或以下持续 16d，或 2.1℃或以下持续 18d。

e）植物检疫证书要求

ⅰ）植物检疫证书附加声明栏中注明："The consignment has been strictly quarantine inspected and is considered to conform with the requirements described in the Protocol of Phytosanitary Requirements for the Export of Kiwi Fruit from Greece to China, and is free from the quarantine pests concerned by China."（该批货物已经严格检疫，符合《希腊猕猴桃输华植物检疫要求议定书》的要求，不带有中方关注的检疫性有害生物）。

ⅱ）运输途中集装箱冷处理的温度、处理时间、集装箱号码和封识号，必须在植物检疫证书处理栏内注明。

7）进境要求

a）有关证书核查

ⅰ）核查植物检疫证书是否符合本要求第 6 条第 5 项的规定。

ⅱ）核查进境猕猴桃是否附有国家质检总局颁发的《进境动植物检疫许可证》。

ⅲ）核查由船运公司下载的冷处理记录（运输途中冷处理方式），以及由希方检疫官员签字盖章的"果温探针校正记录"正本。

b）进境检验检疫

ⅰ）根据《检验检疫工作手册》植物检验检疫分册有关规定，对进境猕猴桃实施检验检疫。

ⅱ）经冷处理培训合格的检验检疫人员，对运输途中冷处理方式的冷处理结果进行核查：

（1）核查冷处理温度记录。任何 1 个果温探针温度记录均应符合证书注明处理温度技术指标，否则冷处理无效。冷处理的指标为果肉中心温度。

（2）果温探针安插的位置须符合附件 31－1 要求。

（3）对果温探针进行校正检查（方法见附件 31－2）。任何果温探针校正值不应超过 ±0.3℃。温度记录的校正检查应在对冷处理温度记录核查后，初步判定符合冷处理条件的情况下进行。

ⅲ）冷处理无效判定：

不符合第 7 条第 2 项第 2 点情况之一的，则判定为冷处理无效。

8）不符合要求的处理

a）冷处理结果无效的，不准入境。

b）经检验检疫发现包装不符合第 6 条第 3 项有关规定，则该批猕猴桃不准入境。

c）有来自未经指定的果园、包装厂的猕猴桃，不准入境。

d）发现地中海实蝇活虫，则该批猕猴桃作退货或销毁处理，中方将及时通知希方，并暂停希腊猕猴桃输华。

e）如发现第 5 条中关注的有害生物和其他检疫性有害生物，对该批猕猴桃作退货、销毁或检疫处理(仅限于能够进行有效除害处理的情况),并视截获情况暂停相关果园、包装厂猕猴桃输华。

9)其他检验要求

根据《中华人民共和国食品安全法》和《中华人民共和国进出口商品检验法》的有关规定,进境猕猴桃的安全卫生项目应符合我国相关安全卫生标准。

附件 31 - 1

果温探针安插的位置

包装好的果实须在希方检疫官员监管下装入运输集装箱,包装箱堆放应松散,确保托盘下和托盘周围有足够的气流空隙。

每个集装箱至少应安插 3 个果温温度探针,2 个箱体空间温度探针,具体位置为:

1 号探针(果内)安插在集装箱内货物首排顶层中央位置;

2 号探针(果内)安插在距集装箱门约 1.5m(40ft 集装箱)或 1m(20ft 集装箱)的中央,并在货物高度一半的位置;

3 号探针(果内)安插在距集装箱门约 1.5m(40ft 集装箱)或 1m(20ft 集装箱)的左侧,并在货物高度一半的位置;

2 个空间温度探针分别安插在集装箱的入风口和出风口处。

附件 31 - 2

果温探针校正检查方法

1)材料及工具

标准水银温度计、手持扩大镜、保温壶、洁净的碎冰块、蒸馏水。

2)果温度探针的校正方法

a)将碎冰块放入保温壶内,然后加入蒸馏水,水与冰混合的比例约为 1:1;

b)将标准温度计和温度探针同时插入冰水中,并不断搅拌冰水,同时用手持扩大镜观测标准温度计的刻度值,使冰水温度维持在 0℃,然后记录 3 支温度探针显示的温度读数,重复 3 次,取平均值。例如:

探针	第 1 次读数	第 2 次读数	第 3 次读数	校正
1 号	0.1	0.1	0.1	−0.1
2 号	−0.1	−0.1	−0.1	+0.1
3 号	0.0	0.0	0.0	0.0

31.2 进境希腊水果现场查验与处理

31.2.1 携带有害生物一览表

见表 31 - 1。

表 31-1　进境希腊水果携带有害生物一览表

水果种类	关注有害生物	为害部位	可能携带的其他有害生物
猕猴桃	地中海实蝇、葡萄花翅小卷蛾	果肉	—
	无花果蜡蚧、芭蕉蚧	果表	梨枝圆盾蚧、槟榔盾蚧、桑白盾蚧
	—	果表、果肉	根癌土壤杆菌

31.2.2　关注梨有害生物的现场查验方法与处理

31.2.2.1　地中海实蝇

参见 5.2.2.1.1。

31.2.2.2　葡萄花翅小卷蛾

参见 8.2.2.1.3。

31.2.2.3　无花果蜡蚧

参见 8.2.2.1.2。

31.2.2.4　芭蕉蚧(棕榈栉圆盾蚧)

参见 26.2.2.1.3。

31.3　进境希腊水果风险管理措施

见表 31-2。

表 31-2　进境希腊水果风险管理措施

水果种类	查验重点	农残检测项目	风险管理措施
猕猴桃	果表(介壳虫),果肉(实蝇、蛾)	参见智利猕猴桃	

32 进境摩洛哥水果现场查验

32.1 植物检疫要求

目前摩洛哥水果中,柑橘类(包括橙、橘、葡萄柚)获得中方检疫准入,中摩双方签署了摩洛哥柑橘输华植物检疫要求议定书,根据议定书内容,中方制定了摩洛哥柑橘进境植物检疫要求。摩洛哥柑橘进境植物检疫要求如下:

1) 水果名称

新鲜柑橘果实,包括橙(学名:*Citrus sinensis*,英文名:orange)、宽皮橘(学名:*Citrus reticulata*,英文名:mandarin)、克里曼丁橘(*Citrus clementina*,英文名:clementine)、葡萄柚(*Citrus maxima* 和 *Citrus paradisi*,英文名:grapefruit),以下简称柑橘。

2) 允许的产地

摩洛哥全境。须来自注册果园和包装厂(名单见国家质检总局网站)。

3) 允许入境口岸

无具体规定。

4) 有关证书内容要求

a) 植物检疫证书附加声明栏中注明:"The consignment is in compliance with requirements described in the Protocol of Phytosanitary Requirements for the Export of Citrus Fruit from Morocco to China signed in Rabat on March 26,2008 and is free from the quarantine pests of concerned to China."(该批货物符合 2008 年 3 月 26 日在拉巴特签署的《摩洛哥柑橘出口中国植物检疫要求议定书》的规定,不带中方关注的检疫性有害生物)。

b) 冷处理的温度、处理时间、集装箱号码和封识号码必须在植物检疫证书中注明。

c) 需提供由船运公司下载的冷处理记录(运输途中冷处理的),每个集装箱有 1 份由 MAMF 官方检疫官员签字盖章的"果温探针校正记录"正本附在随货的植物检疫证书上。

d) 如针对玫瑰短喙象进行溴甲烷熏蒸处理,处理的温度、剂量、时间必须在植物检疫证书处理栏中注明。

5) 包装要求

a) 输华柑橘包装材料应干净卫生、未使用过,符合中国有关植物检疫要求。

b) 输华柑橘的每个包装箱上应用英文标明货物名称、产区和产地、国家、果园和包装厂的名称或注册号、包装厂地址,每个发运货物的托盘上用中文标明"本产品输往中华人民共和国"。

6）关注的检疫性有害生物

橘芽螨（*Aceria sheldoni*）、丝毛粉虱（*Aleurothrixus floccosus*）、荷兰石竹卷蛾（*Cacoecimorpha pronubana*）、地中海实蝇（*Ceratitis capitata*）、无花果蜡蚧（*Ceroplastes rusci*）、石榴螟（*Ectomyelois ceratoniae*）、玫瑰短喙象（*Pantomorus cervinus*）、橘花巢蛾（*Prays citri*）、柑橘顽固病菌（*Spiroplasma citri*）、柑橘鳞皮病毒（*Citrus psorosis virus*）。

7）特殊要求

须在 MAMF 监管下，在运输途中对输华柑橘进行冷处理以杀灭地中海实蝇，指标为果实中心温度 1℃ 或以下持续 16d 以上。

任何果温探针校正值不应超过 ±0.3℃。

经冷处理培训合格的检验检疫人员，对以运输途中冷处理方式的冷处理结果进行核查。

8）不合格处理

a）冷处理结果无效的，不准入境。

b）经检验检疫发现包装不符合第 5 条规定，则该批柑橘不准入境。

c）有来自未经指定的果园、包装厂的柑橘，不准入境。

d）发现第 6 条中关注的有害生物和其他检疫性有害生物，对该批柑橘作退货、销毁或检疫处理（仅限有有效除害处理措施的情况），并视截获情况暂停相关果园、加工厂柑橘输华，甚至暂停摩洛哥柑橘输华。

e）其他不合格情况按一般工作程序要求处理。

9）依据

a）《中华人民共和国国家质量监督检验检疫总局与摩洛哥王国农业与海洋渔业部关于摩洛哥柑橘出口中国植物检疫要求议定书》（2008 年 3 月 26 日在拉巴特签署）。

b）《关于印发〈摩洛哥柑橘进境植物检疫要求〉的通知》（国质检动函〔2010〕207 号）。

32.2 进境摩洛哥水果现场查验与处理

32.2.1 携带有害生物一览表

见表 32－1。

表 32－1 进境摩洛哥水果携带有害生物一览表

水果种类	关注有害生物	为害部位	可能携带的其他有害生物
柑橘	地中海实蝇、玫瑰短喙象、橘花巢蛾、荷兰石竹卷蛾、石榴螟	果肉	黄猩猩果蝇、剜股芒蝇
	橘芽螨、丝毛粉虱、无花果蜡蚧	果表	红肾圆盾蚧、蚕豆蚜、棉蚜、常春藤圆蛊盾蚧、黑褐圆盾蚧、红褐圆盾蚧、芭蕉蚧、吹绵蚧、紫牡蛎盾蚧、长蛎盾蚧、马铃薯长管蚜、糠片盾蚧、黑片盾蚧、蔗根粉蚧、暗色粉蚧、橘蚜、卫矛矢尖盾蚧、橘芽瘿螨、侧多食跗线螨、二点叶螨、矛叶蓟

表 32 - 1(续)

水果种类	关注有害生物	为害部位	可能携带的其他有害生物
柑橘	柑橘顽固病螺原体、柑橘顽固病菌、柑橘鳞皮病毒	果表、果肉	柑橘裂皮类病毒、柑橘石果病菌、根癌土壤杆菌、丁香假单胞菌丁香致病变种、柑橘链格孢、绿黄假单胞菌、罗耳阿太菌（齐整小核菌有性态）、草莓交链孢霉、柑橘间座壳、富氏葡萄孢盘菌、柑橘痂囊腔菌、藤仓赤霉、芝麻茎点枯病菌、指状青霉、意大利青霉、柑橘生疫霉、短小茎点霉原变种、柑橘褐腐疫霉菌、烟草疫霉（茄绵疫病菌）、棕榈疫霉、核盘菌

32.2.2 关注柑橘有害生物的现场查验方法与处理

32.2.2.1 地中海实蝇

参见 5.2.2.1.1。

32.2.2.2 玫瑰短喙象

参见 5.2.2.1.7。

32.2.2.3 橘花巢蛾

参见 11.2.2.2.3。

32.2.2.4 荷兰石竹卷蛾

参见 5.2.2.1.3。

32.2.2.5 石榴螟

参见 9.2.2.1.6。

32.2.2.6 橘芽螨(柑橘瘤瘿螨)

参见 18.2.2.1.1。

32.2.2.7 丝毛粉虱(软毛粉虱)

参见 13.2.2.1.10。

32.2.2.8 无花果蜡蚧

参见 8.2.2.1.2。

32.2.2.9 柑橘顽固病螺原体

参见 5.2.2.5.23。

32.2.2.10 柑橘顽固病菌

参见 11.2.2.2.4。

32.2.2.11 柑橘鳞皮病毒

参见 15.2.2.1.14。

32.3　进境摩洛哥水果风险管理措施

见表 32 - 2。

表 32 - 2　进境摩洛哥水果风险管理措施

水果种类	查验重点	农残检测项目	风险管理措施
柑橘	果表（介壳虫、粉虱、螨、病症），果肉（实蝇、象甲、蛾）	参见泰国橘、橙、柚	

进境澳大利亚水果现场查验

33.1 植物检疫要求

澳大利亚柑橘、芒果、苹果、葡萄和樱桃获得输华检疫准入资格。双方对上述水果均签署了双边议定书。

33.1.1 进境澳大利亚柑橘植物检疫要求

1）水果名称

柑橘，具体种类包括：橙（*Citrus sinensis*），橘（*Citrus reticulata*），柠檬（*Citrus limon*），葡萄柚（*Citrus paradisi*），酸橙（*Citrus aurantifolia*、*Citrus latifolia*、*Citrus limonia*），橘柚（*Citrus tangelo*），甜葡萄柚（*Citrus grandis*、*Citrus paradisi*）。

2）允许产地

须来自注册果园及包装厂（名单见国家质检总局网站）。

3）允许入境口岸

无具体规定。

4）证书要求

a）植物检疫证书应注明该批货物符合议定书要求，不带有中方关注的检疫性有害生物。

b）有关检疫除害处理技术指标以及集装箱和封识号码必须在植物检疫证书的处理部分中注明。

c）DAFF 官员签字盖章的"果温探针校准记录"正本。

d）由船运公司下载的冷处理记录须符合要求。

e）采取出口前冷处理的柑橘，核查由 DAFF 官员和 AQSIQ 预检官员共同背书的冷处理记录和"果温探针校正记录"正本。

5）包装要求

a）包装材料应干净卫生、未使用过，符合中国有关植物检疫要求。

b）包装箱上应用英文标出产地、果园和包装厂的名称或相应的注册号。

c）每个托盘货物需用中文标明"输往中华人民共和国"。如果没有采用托盘，如航空货物，则每个柑橘包装箱上应用中文标明"输往中华人民共和国"。

6）关注的检疫性有害生物

地中海实蝇[*Ceratitis capitata*（Wiedemann）]、昆士兰实蝇[*Bactrocera tryoni*（Froggatt）]、澳北果实蝇[*Bactrocera aquilionis*（May）]、扎氏果实蝇[*Bactrocera jarvisi*（Tryon）]、黑肩果实蝇[*Bactrocera newhumeralis*（Hardy）]、岛实蝇（*Dirioxa pornia* Walker）、玫瑰短喙象（*Asynonychus cervinus* Boheman)、遮颜蛾(*Blastobasis* spp.)、加州短须螨[*Brevipalpus californicus*(Banks)]、隐斑螟(*Cryptoblabes adoceta* Turner)、苹果褐卷蛾[*Epiphyas postvittana*(Walker)]、黑丝盾蚧[*Ischnaspis longirostris*(Signoret)]、橙实卷蛾[*Isotenes miserana*(Walker)]、刺粉虱(*Aleurocanthus valenciae* Martin & Carver)、洋衫鳞粉蚧[*Nipaecoccus aurilanatus*(Maskell)]、大洋刺粉蚧[*Planococcus minor*(Maskell)]、冬生疫霉(*Phytophthora hibernalis* Carne)、丁香疫霉[*Phytophthora syringae*(Kleb.)Kleb.]、壳针孢菌(*Septoria citri* Pass)。

7) 特殊要求

a) 输华柑橘须针对实蝇采取冷处理措施,技术指标为果实中心温度 1℃或以下持续 16d,或 2.1℃或以下持续 21d。

b) 可以采取出口前冷处理或运输途中冷处理 2 种方式。

c) 出口前冷处理设施应经 DAFF 和 AQSIQ 共同批准。AQSIQ 将派检疫官员对出口前冷处理进行预检,并审核冷处理结果。

d) 运输途中冷处理的果温探针校正值不应超过±0.6℃。

e) 运输途中冷处理的柑橘在入境检验检疫时,经冷处理培训合格的检验检疫人员,对冷处理进行核查和进行冷处理有效性判定。

8) 不合格处理

a) 经检验检疫发现包装不符合第 5 条有关规定,该批柑橘不准入境。

b) 发现有来自未经 DAFF 注册的果园、包装厂或冷处理设施生产加工的柑橘,不准入境。

c) 冷处理结果无效的,不准入境。

d) 如发现检疫性有害生物,则该批柑橘作退货、销毁或检疫处理(仅限有有效除害处理的情况)。AQSIQ 将视情况暂停相关果园、包装厂对华出口柑橘的资格,甚至暂停整个项目。

e) 其他不合格情况按一般工作程序要求处理。

9) 依据

a)《中华人民共和国国家质量监督检验检疫总局和澳大利亚农渔林业部关于澳大利亚柑橘输华植物卫生条件的议定书》

b)《关于印发〈澳大利亚柑橘进境植物检疫要求〉的通知》(国质检动函〔2009〕490 号)。

33.1.2 进境澳大利亚芒果植物检疫要求

1) 水果名称

芒果果实(*Mangifera indica* L.),英文名:Mango。

2) 允许产地

须来自注册果园、包装厂和热处理设施(名单见国家质检总局网站)。

3) 允许入境口岸

无具体规定。

4) 植物检疫证书要求

a) 植物检疫证书附加声明中用英文注明该批货物符合议定书,不带有中方关注的检疫性有害生物。

b) 热处理的温度、处理时间、日期和处理设施名称必须在植物检疫证书的处理部分中注明。

c) 植物检疫证书应随附热处理记录复印件。

5) 包装要求

a) 包装材料应干净卫生、未使用过,符合中国有关植物检疫要求。

b) 包装箱上应用英文标出产地、果园和包装厂的名称或相应的注册号。

c) 每个托盘货物需用中文标明"输往中华人民共和国"。如果没有采用托盘,如航空货物,则每个芒果包装箱上应用中文标明"输往中华人民共和国"。

6) 关注的检疫性有害生物

番茄枝果实蝇[*Bactrocera aquilonis*(May)]、单带果实蝇[*Bactrocera frauenfeldi*(Schiner)]、澳洲果实蝇[*Bactrocera jarvisi*(Tryon)]、褐肩果实蝇[*Bactrocera neohumeralis*(Hardy)]、昆士兰果实蝇[*Bactrocera tryoni*(Froggatt)]、地中海实蝇(*Ceratitis capitata* Wiedemann)、芒果果核象甲[*Sternochetus mangiferae*(Fabricius)]、苹果褐卷蛾(*Epiphyas postvittana* Walker)、橙实卷蛾(*Isotenes miserana* Walker)、花翅小卷蛾(*Lobesia* sp.)、白轮盾蚧(*Aulacaspis* sp.)、隐斑螟(*Cryptoblabes adoceta* Turner)、粉斑螟(*Ephestia* sp.)、盾蚧[*Phenacaspis dilatata*(Green)]、盘长孢(*Coniella castaneicola*)、长小穴壳菌(*Dothiorella* 'long')、芒果小穴壳菌(*Dothiorella mangiferae*)、囊状匍柄霉[*Stemphylium vesicarium*(Wallr.)E. Simmons]、芒果细菌性黑斑病菌(*Xanthomonas campestris* pv. *mangiferaeindicae*)、*Cytosphaera mangiferae* Died.。

7) 特殊要求

a) 输华芒果应在 DAFF 或 DAFF 授权人员监管下采取针对实蝇的热处理措施,包括蒸热处理、高温高压热气处理或热水处理等方式。热处理设施应由 DAFF 注册,并经过中方专家实地考核认可。

b) 热处理指标为:果肉温度 47℃以上持续 15min,或 46℃以上持续 20min。

c) 热处理设施操作者应向 DAFF 提交详细的处理记录数据,这些数据复印件将随附植物检疫证书。

8) 不合格处理

a) 经检验检疫发现包装不符合第 5 条有关规定,该批芒果不准入境。

b) 发现有来自未经注册的果园、包装厂或热处理设施的芒果,不准入境。

c) 如发现芒果果核象甲,该批货物做除害处理、退货或销毁处理。AQSIQ 将立即暂停相关果园和包装厂的芒果对中国出口;如果多次发现芒果果核象甲,AQSIQ 将暂停整个项目,直到查明原因并采取有效的改进措施。

d) 如发现其他检疫性有害生物,则该批芒果作检疫处理(仅限有有效除害处理的情况)、退货或销毁。

e) 其他不合格情况按一般工作程序要求处理。

9) 依据

a)《中华人民共和国国家质量监督检验检疫总局与澳大利亚农渔林业部关于澳大利亚芒果果实输华植物卫生条件的议定书》(2004 年 10 月 27 日签署,2009 年 6 月 12 日修订)。

b)《关于印发〈澳大利亚芒果进境植物检疫要求〉的通知》(国质检动〔2007〕545 号)。

c)《关于印发〈澳大利亚芒果进境植物检疫要求〉的通知》(国质检动函〔2009〕489 号)。

33.1.3　进境澳大利亚苹果植物检疫要求

1）水果名称

苹果。

2）允许产地

澳大利亚塔斯马尼亚州,须来自注册果园和包装厂(名单见国家质检总局相关网站)。

3）允许入境口岸

无具体规定。

4）证书要求

无具体规定。

5）包装要求

苹果包装箱上应注明产地、果园或包装厂的信息,官方封箱标识。

6）关注的检疫性有害生物

昆士兰实蝇、地中海实蝇、苹果蠹蛾、苹淡褐卷蛾、苹果绵蚜、美澳型褐腐病菌、苹果树炭疽病菌、苹果枝溃疡病菌、梨火疫病菌。

7）特殊要求

无。

8）不合格处理

a）发现证书、产地代码与货物不符,或封箱标识损坏,做退货或销毁处理;

b）发现地中海实蝇、昆士兰实蝇、木瓜实蝇或梨火疫病做退货或销毁处理;

c）发现苹果蠹蛾、苹淡褐卷蛾、苹果绵蚜、美澳型褐腐病菌、苹果树炭疽病菌、苹果枝溃疡病菌作退货处理;

d）发现其他危险性有害生物或活体昆虫、螨类做检疫处理;

e）其他不合格情况按一般工作程序要求处理。

9）依据

《关于澳大利亚塔斯马尼亚州苹果输华植物检疫要求的议定书》。

33.1.4　进境澳大利亚鲜食葡萄植物检验检疫要求

1）法律法规依据

《中华人民共和国进出境动植物检疫法》《中华人民共和国进出境动植物检疫法实施条例》;

《中华人民共和国食品安全法》《中华人民共和国食品安全法实施条例》;

《进境水果检验检疫监督管理办法》(国家质检总局令 2005 年第 68 号)和《中华人民共和国国家质量监督检验检疫总局与澳大利亚农渔林业部关于澳大利亚鲜食葡萄输华植物检疫要求议定书》。

2）允许进境商品名称

新鲜葡萄果实(以下简称葡萄),学名:*Vitis vinifera* Linn,英文名:Table grape。

3）允许的产地

澳大利亚维多利亚州(Victoria)和新南威尔士州(New South Wales)。

4）批准的果园和冷处理设施

葡萄果园、包装厂(如有)、冷藏库及冷处理设施须经澳大利亚农渔林业部(DAFF)注册,并由中澳双方共同批准。名单可在国家质检总局（AQSIQ）网站上查询。

5）关注的检疫性有害生物名单

地中海实蝇（*Ceratitis capitata*），昆士兰实蝇（*Bactrocera tryoni*），褐肩果实蝇（*Bactrocera neohumeralis*），苹淡褐卷蛾（*Epiphyas postvittana*、*Haplothrips froggatti*、*Haplothrips victoriensis*），拟长尾粉蚧（*Pseudococcus longispinus*），葡萄根瘤蚜（*Daktulosphaira vitifoliae*），加州短须螨（*Brevipalpus californicus*），葡萄叶锈螨（*Calepitrimerus vitis*），葡萄苦腐病菌（*Greeneria uvicola*），葡萄藤猝倒病菌（*Eutypa lata*），阿根廷蚁（*Linepithema humile*），赤背寡蜘蛛（*Latrodectus hasselti*）。

6）装运前要求

a）果园管理

ⅰ）所有出口注册果园应实施良好农业操作规范（GAP），并执行有害生物综合防治（IPM），包括病虫害监测、化学或生物防治，以及农事操作等控制措施。

ⅱ）澳方在出口果园需对中方关注的如下检疫性有害生物进行监测，并采取控制措施。针对葡萄叶锈螨、加州短须螨、单管蓟马属（*H. froggatti* 和 *H. victoriensis*）、拟长尾粉蚧等5种有害生物，从葡萄发芽期至收获期，每2周1次进行果园监测。如在监测中发现有害生物或其相应症状，采用生物或药剂防治措施。

针对葡萄苦腐病菌，应确保果园没有发生。如监测发现此有害生物，该果园的葡萄本季节不得向中国出口。

针对葡萄藤猝倒病菌，应确保果园基本无疫。如在果实上发现此有害生物，该果园的葡萄本季节不得向中国出口。

针对葡萄根瘤蚜，须按照国际植物检疫措施标准第4号（ISPM No 4）以及《澳大利亚国家蚜虫管理计划》在 Sunraysia 地区的 Mildura 和 Robinvale 产区进行监测与管理，以保证上述地区为葡萄根瘤蚜的非疫区。对产自 Mildura 和 Robinvale 产区以外的葡萄，需采取田间系统控制措施，并在葡萄包装箱中使用二氧化硫保鲜膜。

针对苹淡褐卷蛾，须从葡萄发芽期至收获期，用视觉检查及诱捕器在注册果园进行监测，每2周检查1次。视觉检查时，每个种植区域的数量超出阈值时应采取生物或化学防治措施。注册果园的每个种植区域应至少放置1个诱捕器，从坐果期至收获期，如任何1个诱捕器中的成虫数量超出规定标准，该果园的葡萄本季节不得向中国出口。

针对地中海实蝇、昆士兰实蝇、褐肩果实蝇，必须按照双方商定的措施进行监测和实施冷处理。

ⅲ）所有注册果园必须保留有害生物的监测和防治记录，并应要求向中方提供。防治记录应包括生长季节使用所有化学药剂的名称、有效成分、使用日期及使用浓度等详细信息。

ⅳ）有害生物监测与防治应在技术人员指导下完成。该技术人员须通过澳方培训。

b）包装要求

ⅰ）输往中国葡萄的加工、包装、储藏和装运过程，须在澳方监管下进行。在包装过程中，葡萄须经剔除、挑检、分级等工序，以保证不带昆虫、螨类、烂果及枝、叶、根和土壤。要特别关注阿根廷蚁和赤背寡蜘蛛，防止这2种有害生物混入包装。

ⅱ）包装材料应干净卫生、未使用过，符合中国有关植物检疫要求。来自 Mildura 和 Robinvale 地区之外的葡萄，包装箱中应铺垫二氧化硫保鲜膜。

ⅲ）每 1 个包装箱上应用中文和英文标注水果种类、国家、产地（州、市或县），用英文标注果园或其注册号、包装厂及其注册号（如有）等信息。

ⅳ）包装箱上如有通气孔，应使用防虫纱网覆盖或每个托盘货物使用防虫网整体覆盖，以防害虫进入。每托货物应用中文标出"输往中华人民共和国"。

ⅴ）包装好的葡萄如需储藏应立即入库，并单独存放，避免受到有害生物的再次感染。在葡萄装入集装箱前，应检查集装箱是否具备良好的卫生条件。

c）冷处理要求

在澳方监管下，针对地中海实蝇、昆士兰实蝇、褐肩果实蝇，须对出口葡萄进行出口前或者运输途中冷处理。冷处理指标为：果实中心温度 1℃或以下，持续 16d 以上；或果实中心温度 2.1℃或以下，持续 21d 以上。

d）出口前检查

出口前检查分为澳方检查和中方预检。

ⅰ）澳方检查。澳方应对每批输往中国的葡萄进行检验检疫，合格的出具植物检疫证书。如发现中方关注的检疫性有害生物活体，整批货物不得出口，并视情况暂停果园、包装厂，直至查明原因，采取改进措施。

ⅱ）中方预检。中方可以派预检人员赴澳，按照《进口澳大利亚葡萄预检工作规范》对拟出口的葡萄实施预检。预检合格的，中澳双方检验检疫人员联合签发一份预检证书。在葡萄出口时，澳方须对每批葡萄出具一份植物检疫证书。

e）植物检疫证书要求

ⅰ）预检证书中应记录所检批次葡萄情况。

ⅱ）澳方签发的植物检疫证书附加声明栏中注明："This consignment of grapes complies with the Protocol of Phytosanitary Requirements for the Export of Table Grapes from Australia to China, and is free of any pests of quarantine concern to China."（该批葡萄符合《澳大利亚鲜食葡萄输华植物检疫要求议定书》，不带中方关注的检疫性有害生物）。

ⅲ）对于实施出口前冷处理的，应在植物检疫证书上注明冷处理的温度、持续时间及处理设施名称或编号、集装箱号码等。对于实施运输途中冷处理的，应在植物检疫证书上注明冷处理的温度、处理时间、集装箱号码及封识号码等。

7）进境要求

出入境检验检疫机构按照以下要求实施检验检疫。

a）有关证书核查

ⅰ）核查植物检疫证书是否符合本要求第 6 条第 5 项的规定。对于经预检的货物，应附预检证书复件和植物检疫证书。

ⅱ）核查进境葡萄是否附有国家质检总局颁发的《进境动植物检疫许可证》。

ⅲ）如在出口前实施冷处理的，报检时还需提供由中澳双方检验检疫官员共同背书的冷处理结果报告单和果温探针校正记录正本；如在运输途中实施冷处理的，报检时还需提供由船运公司下载的集装箱冷处理记录，以及由澳方检疫官员签字盖章的"果温探针校正记录"正本。

b）运输途中冷处理核查

ⅰ）经冷处理培训的检验检疫人员，对以运输途中冷处理方式的冷处理结果进行核查：

（1）核查冷处理温度记录。任何一个果温探针温度记录均应符合证书注明处理温度技术指标，否则冷处理无效。

（2）果温探针安插的位置须符合附件 33－1 要求。

（3）对果温探针进行校正检查(见附件 33－2)。任何果温探针校正值不应超过±0.3℃。温度记录的校正检查应在对冷处理温度记录核查后,初步判定符合冷处理条件的情况下进行。

ⅱ）冷处理无效判定：

不符合第 7 条第 2 项第 1 点情况之一的,则判定为冷处理无效。

c）检验检疫

ⅰ）对于在澳实施预检的货物,核查货证相符,经检验检疫合格后允许入境。

ⅱ）对于未在澳预检的货物,根据《检验检疫工作手册》植物检验检疫分册有关规定,对进口葡萄实施检验检疫。

8）不符合要求的处理

a）如有关证书不符合第 7 条第 1 项要求,不得接受报检。

b）如冷处理结果无效,则该批葡萄将被采取到岸冷处理(仍可在本集装箱内进行)、退货、销毁或转口等处理措施。

c）如发现包装不符合第 6 条第 2 项有关规定,则该批葡萄不准入境。

d）如发现有来自未经指定的果园、包装厂(如有)或冷处理设施生产的葡萄,则该批葡萄不准入境。

e）如发现第五条所列的检疫性有害生物活体,则该批货物作退货、转口、销毁或检疫除害处理。同时,中方将立即向澳方通报,视情况暂停从相关果园、包装厂(如有)进口,或者暂停进口澳大利亚葡萄。澳方应开展调查,查明原因并采取相应改进措施。中方将根据对改进措施的评估结果,决定是否取消已采取的暂停措施。

f）如发现中方关注的其他检疫性有害生物,则对该批葡萄作退货、转口、销毁或检疫处理,中方将及时向澳方通报,并视情况采取有关检验检疫措施。

g）如不符合我国食品安全国家标准,则按照《中华人民共和国食品卫生法》及其实施条例的有关规定处理。

9）回顾性审查

a）根据澳大利亚葡萄果园有害生物发生动态及检验检疫情况,质检总局将作进一步的风险评估,并与澳方协商,调整关注的检疫性有害生物名单及相关检疫措施。

b）为确保有关风险管理措施和操作要求的有效落实,中方将定期对《进口澳大利亚鲜食葡萄植物检验检疫要求》执行情况进行回顾性审查。根据审查结果,可对《进口澳大利亚鲜食葡萄植物检验检疫要求》进行修订。

附件 33－1

运输途中冷处理果温探针安插的位置

1 号探针安插在集装箱内货物首排顶层中央位置；

2 号探针安插在距集装箱门 1.5m(40ft 集装箱)或 1m(20ft 集装箱)的中央,并在货物高度一半的位置；

3 号探针安插在距集装箱门 1.5m/1m 的左侧,并在货物高度一半的位置；

2 个空间温度探针分别安插在集装箱的入风口和回风口处。

果温探针安插位置见附图 33－1

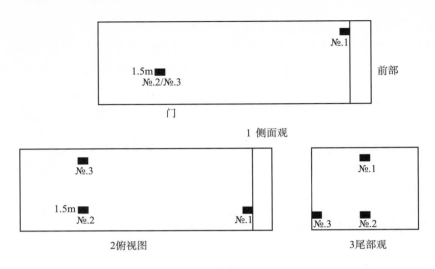

附图 33 - 1　果温探针安插位置示意图

附件 33 - 2

果温探针校正检查方法

1）材料及工具

标准水银温度计、手持扩大镜、保温壶、洁净的碎冰块、蒸馏水。

2）果温度探针的校正方法

a）将碎冰块放入保温壶内，然后加入蒸馏水，水与冰混合的比例约为 1∶1；

b）将标准温度计和温度探针同时插入冰水中，并不断搅拌冰水，同时用手持扩大镜观测标准温度计的刻度值，使冰水温度维持在 0℃，然后记录 3 支温度探针显示的温度读数，重复 3 次，取平均值。例如：

探　针	第 1 次读数	第 2 次读数	第 3 次读数	校正
1 号	0.1	0.1	0.1	−0.1
2 号	−0.1	−0.1	−0.1	+0.1
3 号	0.0	0.0	0.0	0.0

33.1.5　进境澳大利亚樱桃植物检验检疫要求

1）法律法规依据

《中华人民共和国进出境动植物检疫法》、《中华人民共和国进出境动植物检疫法实施条例》、《中华人民共和国食品安全法》、《中华人民共和国食品安全法实施条例》、《进境水果检验检疫监督管理办法》（国家质检总局令第 68 号）、《中华人民共和国国家质量监督检验检疫总局与澳大利亚农渔林业部关于澳大利亚鲜食樱桃输往中国植物检疫要求的议定书》。

2）允许进境商品名称

新鲜樱桃果实，学名：*Prunus avium*，英文名：Cherry。

3) 进口的产地

澳大利亚塔斯马尼亚州(Tasmania)。

4) 批准的果园、包装厂注册登记

澳输华樱桃果园、包装厂均须在澳大利亚农渔林业部(DAFF)注册,由 DAFF 批准并向中国国家质检总局(AQSIQ)提供,经 AQSIQ 认可后在质检总局网站上公布。

5) 关注的检疫性有害生物名单

昆士兰实蝇(*Bactrocera tryoni*)、地中海实蝇(*Ceratitis capitata*)、李瘤蚜(*Myzus cerasi*)、黑桃蚜(*Brachycaudus persicae*)、玫瑰短喙象(*Asynonychus cervinus*)、庭园象甲(*Phlyctinus callosus*)、拟长尾粉蚧(*Pseudococcus longispinus*)、苹淡褐卷蛾(*Epiphyas postvittana*)、米氏淡褐卷蛾(*Epiphyas xylodes*)、澳洲疫蓟马(*Thrips imaginis*)、疫兵花萤甲(*Chauliognathus lugubris*)、果生链核盘菌/美澳型核果褐腐病菌(*Monilinia fructicola*)、丁香疫霉(*Phytophthora syringae*)、核果树溃疡病菌(*Pseudomonas syringae* pv. *morsprunorum*)。

6) 果园管理

a) 所有出口注册果园应维持果园卫生,并执行有害生物综合防治(IPM),包括病虫害监测、化学或生物防治以及农事操作等。

b) 澳大利亚塔斯马尼亚州为昆士兰实蝇(*Bactrocera tryoni*)和地中海实蝇(*Ceratitis capitata*)的非疫区,因此,樱桃出口前不需要进行冷处理。

c) 针对其他关注的有害生物,澳方应在果园进行监测,并采取控制措施。

7) 包装要求

a) 樱桃加工、包装、储藏和装运过程,须在 DAFF 或 DAFF 授权人员检疫监管下进行。

b) 在加工过程中,樱桃须经水洗、剔除、挑拣、分级,以保证不带昆虫、螨类、烂果及枝、叶、根和土壤。

c) 樱桃包装材料应干净卫生、未使用过、符合中国有关植物检疫要求。包装箱如有通气孔,应使用防虫纱网覆盖以防害虫进入,或者将无纱网覆盖通气孔的包装箱放于托盘上,将整个托盘用防虫纱网覆盖。

d) 每个包装箱上应用中文和英文标注产品名称、国家、产地(州、市或县),用英文标注果园或其注册号、包装厂及其注册号等信息。每个托盘货物需用中文标出"输往中华人民共和国"。如没有采用托盘,如航空货物,则每个包装箱上用中文标出"输往中华人民共和国"。

8) 出口前检查

澳方应对每批输往中国的樱桃进行检验检疫,合格的签发植物检疫证书。如发现中方关注的检疫性有害生物活体,整批货物不得出口,并视情况暂停果园、包装厂,直至查明原因,采取改进措施。

9) 证书要求

澳方签发的植物检疫证书应注明集装箱号码,并填写以下附加声明:"This consignment of cherry complies with the Protocol of Phytosanitary Requirements for the Export of Fresh Cherry Fruit from Australia to China, and is free of any pests of quarantine concern to China"(该批樱桃符合《澳大利亚鲜食樱桃输往中国植物检疫要求的议定书》,不带中方关

注的检疫性有害生物)。

10)进境检验检疫

樱桃到达中国入境口岸时,应向口岸检验检疫机构(CIQ)报检。检验检疫人员对植物检疫证书、进境动植物检疫许可证等有关单证进行核查,并核查货证相符,经检验检疫合格后予以放行。

如发现来自未经批准的包装厂及果园,则该批樱桃不准入境;如发现检疫性有害生物,则该批货物作退货、转口、销毁或检疫除害处理;如不符合我国食品安全国家标准,则按照《中华人民共和国食品安全法》及其实施条例的有关规定处理。

11)回顾性审查

根据澳大利亚樱桃果园有害生物发生动态及检验检疫情况,质检总局将作进一步的风险评估,并与澳方协商,调整关注的检疫性有害生物名单及相关检疫措施。

33.2 进境澳大利亚水果现场查验与处理

33.2.1 携带有害生物一览表

见表33-1。

表33-1 进境澳大利亚水果携带有害生物一览表

水果种类	关注有害生物	为害部位	可能携带的其他有害生物
柑橘	番茄枝果实蝇、黄瓜果实蝇、橘小实蝇、单带果实蝇、侧条果实蝇、澳洲果实蝇、基尔基实蝇、褐肩果实蝇、番木瓜实蝇、昆士兰实蝇、地中海实蝇、玫瑰短喙象、橘花巢蛾、扎氏果实蝇、黑肩果实蝇、岛实蝇、遮颜蛾、隐斑螟、苹果褐卷蛾、实卷蛾	果肉	剜股芒蝇、荔枝异形小蛾、海岛实蝇、黄猩猩果蝇、苹淡褐卷蛾、腰果刺果夜蛾
	加州短须螨、黑丝盾蚧、刺粉虱、洋衫鳞粉蚧、大洋刺粉蚧	果表	红肾圆盾蚧、黄圆蚧、东方肾圆盾蚧、棉蚜、椰圆盾蚧、常春藤圆蛊盾蚧、芒果绿棉蚧、黑褐圆盾蚧、红褐圆盾蚧、菠萝洁粉蚧、橘腺刺粉蚧、苜蓿蓟马、芭蕉蚧、长棘炎盾蚧、吹绵蚧、紫牡蛎盾蚧、长蛎盾蚧、木槿曼粉蚧、马铃薯长管蚜、橘鳞粉蚧、糠片盾蚧、黑盔蚧、黄片盾蚧、黑片盾蚧、突叶并盾蚧、桑白盾蚧、蔗根粉蚧、康氏粉蚧、葡萄粉蚧、暗色粉蚧、刺盾蚧、橘蚜、橘矢尖盾蚧、矢尖盾蚧、橘芽瘿螨、刘氏短须螨、矛叶蓟

表 33－1(续)

水果种类	关注有害生物	为害部位	可能携带的其他有害生物
柑橘	柑橘溃疡病菌、木质部难养细菌、冬生疫霉、丁香疫霉、壳针孢菌	果表、果肉	柑橘速衰病毒、柑橘脉突-木瘤病毒、柑橘裂皮类病毒、发根土壤杆菌、丁香假单胞菌丁香致病变种、绿黄假单胞菌、野油菜黄单胞菌柑橘致病变种、草莓交链孢霉、黑曲霉、罗耳阿太菌(齐整小核菌有性态)、富氏葡萄孢盘菌、柑橘间座壳、富氏葡萄孢盘菌、芝麻茎点枯病菌、柑橘痂囊腔菌、地霉属、藤仑赤霉、赤霉属、围小丛壳、柑橘球座菌(柑果黑腐菌)、柑橘球腔菌(柑橘脂点病菌)、指状青霉、意大利青霉、柑橘生疫霉、柑橘褐腐疫霉菌、烟草疫霉(茄绵疫病菌)、核盘菌、棕榈疫霉、核盘菌、粗糙柑橘痂圆孢
	—	包装箱	苹果红蜘蛛、侧多食跗线螨、二点叶螨
芒果	番茄枝果实蝇、黄瓜果实蝇、瓜实蝇、橘小实蝇、单带果实蝇、澳洲果实蝇、基尔基实蝇、褐肩果实蝇、番木瓜实蝇、地中海实蝇、印度芒果果核象甲、单带果实蝇、昆士兰果实蝇、芒果果核象、苹果褐卷蛾、橙实卷蛾、花翅小卷蛾、隐斑螟、粉斑螟	果肉	剜股芒蝇、海岛实蝇、黄猩猩果蝇、棉铃实夜蛾
	螺旋粉虱、白轮盾蚧、盾蚧	果皮	红肾圆盾蚧、黄圆蚧、东方肾圆蚧、椰圆盾蚧、常春藤圆蛊盾蚧、芒果绿棉蚧、黑褐圆盾蚧、红褐圆盾蚧、菠萝洁粉蚧、腰果刺果夜蛾、橘腺刺粉蚧、芭蕉蚧、长棘炎盾蚧、槟榔盾蚧、吹绵蚧、黑丝盾蚧、紫牡蛎盾蚧、长蛎盾蚧、木槿曼粉蚧、橘鳞粉蚧、黑盔蚧、油茶蚧、糠片盾蚧、黄片盾蚧、突叶并盾蚧、桑白盾蚧、刺盾蚧、罂粟花蓟马、棕榈蓟马、侧多食跗线螨、
	芒果黑斑病菌、棉花黄萎病菌、盘长孢、长小穴壳菌、芒果小穴壳菌、囊状匍柄霉	果肉、果皮	发根土壤杆菌、丁香假单胞菌丁香致病变种、草莓交链孢霉、黑曲霉、黑曲霉、可可球色单隔孢、可可球色单隔孢、甘薯长喙壳、奇异长喙壳、尖锐刺盘孢(草莓黑斑病菌)、罗尔状草菌、芒果痂囊腔菌、尖镰孢、玉蜀黍赤霉、围小丛壳、可可毛色二孢、芝麻茎点枯病菌、芒果粉孢、芒果拟茎点霉、橡胶树疫霉、棕榈疫霉、膨胀匍柄霉

表 33－1(续)

水果种类	关注有害生物	为害部位	可能携带的其他有害生物
苹果	苹果绵蚜、榆蛎盾蚧	果皮	红肾圆盾蚧、黄圆蚧、棉蚜、常春藤圆盅盾蚧、黑褐圆盾蚧、红褐圆盾蚧、普氏圆盾蚧、梨枝圆盾蚧、菠萝洁粉蚧、苹淡褐卷蛾、苜蓿蓟马、槟栌盾蚧、吹绵蚧、油茶蚧、糠片盾蚧、黄片盾蚧、桑白盾蚧、桑白盾蚧、康氏粉蚧、拟长尾粉蚧、葡萄粉蚧、暗色粉蚧、笠齿盾蚧、梨圆盾蚧
	番茄枝果实蝇、橘小实蝇、地中海实蝇、苹果蠹蛾、玫瑰短喙象、昆士兰实蝇、苹淡褐卷蛾	果肉	梨小食心虫、桃蛀野螟、黄猩猩果蝇、庭园象甲
	苹果茎沟病毒、李属坏死环斑病毒、烟草环斑病毒、番茄环斑病毒、梨火疫病菌、美澳型核果褐腐病菌、苹果树炭疽病菌、栗疫霉黑水病菌、苹果黑星菌、苹果枝溃疡病	果皮、果肉	苹果褪绿叶斑病毒、苹果花叶病毒、烟草坏死病毒、发根土壤杆菌、洋葱伯克氏菌、梨火疫病菌、丁香假单胞菌丁香致病变种、草莓交链孢霉、苹果链格孢、黄曲霉、黑曲霉、罗耳阿太菌(齐整小核菌有性态)、茶藨子葡座腔菌、富氏葡萄孢盘菌、尖锐刺盘孢(草莓黑斑病菌)、尖镰孢、围小丛壳、果生链核盘菌、核果链核盘菌、仁果干癌丛赤壳菌、指状青霉、扩展青霉、意大利青霉、恶疫霉、隐地疫霉菌、掘氏疫霉、大雄疫霉、烟草疫霉(茄绵疫病菌)、白叉丝单囊壳、核盘菌、齐整小核菌、梨黑星病菌
	南方三棘果	包装箱	苹果红蜘蛛、二点叶螨、欧洲千里光
葡萄	榆蛎盾蚧、*Haplothrips froggatti* 和 *Haplothrips victoriensis*、拟长尾粉蚧、葡萄根瘤蚜、加州短须螨、葡萄叶绣螨	果皮	红肾圆盾蚧、黄圆蚧、东方肾圆盾蚧、棉蚜、椰圆盾蚧、常春藤圆盅盾蚧、黑褐圆盾蚧、黑褐圆盾蚧、梨枝圆盾蚧、橘腺刺粉蚧、苜蓿蓟马、芭蕉蚧、槟栌盾蚧、吹绵蚧、长蛎盾蚧、木槿曼粉蚧、马铃薯长管蚜、橘鳞粉蚧、黑盔蚧、油茶蚧、黄片盾蚧、突叶并盾蚧、桑白盾蚧、蔗根粉蚧、康氏粉蚧、拟长尾粉蚧、葡萄粉蚧、暗色粉蚧、梨圆盾蚧、刺盾蚧、罂粟花蓟马、葱蓟马、矛叶蓟
	昆士兰实蝇、地中海实蝇、褐肩果实蝇、苹淡褐卷蛾	果肉	桃蛀野螟、黄猩猩果蝇、腰果刺果夜蛾、虎蛾、庭园象甲

表 33 - 1(续)

水果种类	关注有害生物	为害部位	可能携带的其他有害生物
葡萄	南芥菜花叶病毒、藜草花叶病毒、草莓潜（隐）环斑病毒、烟草环斑病毒、番茄环斑病毒、番茄斑萎病毒、木质部难养细菌、葡萄生单轴霉、葡萄苦腐病菌、葡萄藤猝倒病菌	果皮、果肉	苜蓿花叶病毒、苹果褪绿叶斑病毒、蚕豆萎蔫病毒、黄瓜花叶病毒、葡萄扇叶病毒、葡萄斑点病毒、烟草坏死病毒、柑橘裂皮类病毒、刘氏短须螨、发根土壤杆菌、丁香假单胞菌丁香致病变种、绿黄假单胞菌、草莓交链孢霉、柑橘链格孢、黑曲霉、罗耳阿太菌（齐整小核菌有性态）、茶藨子葡萄座腔菌、富氏葡萄孢盘菌、尖锐刺盘孢（草莓黑斑病菌）、尖锐刺盘孢（草莓黑斑病菌）、痂囊腔菌、尖镰孢、围小丛壳、可可毛色二孢、果生链核盘菌、指状青霉、扩展青霉、意大利青霉、葡萄生拟茎点菌、隐地疫霉菌、葡萄生单轴霉
	散大蜗牛、南方三棘果、阿根廷蚁、赤背寡蜘蛛	包装箱	苹果红蜘蛛、侧多食跗线螨、二点叶螨、欧洲千里光
樱桃	—	果皮	吹绵蚧、梨圆盾蚧、苹果红蜘蛛、
	地中海实蝇	果肉	梨小食心虫
	南芥菜花叶病毒、李痘病毒、李属坏死环斑病毒、草莓潜（隐）环斑病毒、烟草环斑病毒、棉花黄萎病菌	果皮、果肉	樱桃卷叶病毒、樱桃坏死锈斑驳病毒、果生链核盘菌、核果链核盘菌、樱桃穿孔球腔菌、恶疫霉

33.2.2　关注有害生物的现场查验方法与处理

33.2.2.1　柑橘

33.2.2.1.1　番茄枝果实蝇［*Bactrocera aquilonis*(May)］

现场查验：体长 7.5mm～10mm，黄色，纤弱，背板不硬化(见图 33 - 1)。查验时注意剖果检查有无幼虫。

处理：发现携带番茄枝果实蝇的，对该批水果实施除害处理；无法处理的，退货或销毁。

33.2.2.1.2　黄瓜果实蝇(瓜实蝇)

参见 1.2.2.2.2。

33.2.2.1.3　橘小实蝇

参见 1.2.2.3.4。

33.2.2.1.4　单带果实蝇［*Bactrocera frauenfeldi*(Schiner)］

现场查验：雌成虫有 1 长套筒状产卵器，翅上条斑呈一忽然转折(见图 33 - 2)。查验时注意剖果检查有无幼虫。

图 33-1　番茄枝果实蝇①

图 33-2　单带果实蝇②

图 33-3　澳洲果实蝇③

处理：发现携带单带果实蝇的，对该批水果实施除害处理；无法处理的，退货或销毁。

33.2.2.1.5　侧条果实蝇（黄侧条实蝇）

参见 5.2.2.5.20。

33.2.2.1.6　扎氏果实蝇（澳洲果实蝇）［*Bactrocera jarvisi*（Tryon）］

现场查验：体长 8 mm～10 mm，橙色，纤弱，背板不硬化，两侧具黄色条纹，小盾片黄色（见图 33-3）。查验时注意剖果检查有无幼虫。

处理：发现携带澳洲果实蝇的，对该批水果实施除害处理；无法处理的，退货或销毁。

33.2.2.1.7　基尔基实蝇

参见 5.2.2.5.14。

33.2.2.1.8　岛实蝇（*Dirioxa pornia* Walker）

现场查验：体大部黄色。翅大部分为暗色条带，裸露或部分覆微毛。亚前缘带缺。小盾鬃 3 对（见图 33-4）。查验时注意剖果检查有无幼虫。

处理：发现携带岛实蝇的，对该批水果实施除害处理；无法处理的，退货或销毁。

33.2.2.1.9　黑肩果实蝇（褐肩果实蝇）［*Bactrocera neohumeralis*（Hardy）］

现场查验：体褐色，雌成虫有 1 长套筒状产卵器。小盾片边缘有 2 对刚毛（见图 33-5）。雄成虫腹部第 5 节有 1 深"V"形刻痕。查验时注意剖果检查有无幼虫。

图 33-4　岛实蝇④

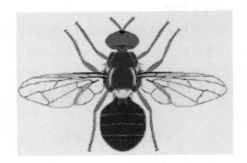

图 33-5　褐肩果实蝇⑤

① 图仿自：http://www.diptera.info/photogallery.php? photo_id＝8454。

② 图仿自：https://commons.wikimedia.org/wiki/File:Bactrocera_frauenfeldi_posterior_view.jpg。

③ 图仿自：https://commons.wikimedia.org/wiki/File:Bactrocera_jarvisi_dorsal.jpg。

④ 图源自：http://www.aqsiqsrrc.org.cn。

⑤ 图源自：http://www.ces.csiro.au/aicn/system/c_1275.htm。

处理:发现携带褐肩果实蝇的,对该批水果实施除害处理;无法处理的,退货或销毁。

33.2.2.1.10　番木瓜实蝇

参见3.2.2.2.2。

33.2.2.1.11　昆士兰实蝇

参见5.2.2.5.18。

33.2.2.1.12　地中海实蝇

参见5.2.2.1.1。

33.2.2.1.13　玫瑰短喙象

参见5.2.2.1.7。

33.2.2.1.14　橘花巢蛾

参见11.2.2.2.3。

33.2.2.1.15　遮颜蛾(*Blastobasis* spp.)

现场查验:遮颜蛾属是遮颜蛾科最大的一个属。该属蛾前、后翅狭长,翅缘有长缨毛。体色从白到棕,有暗色斑纹(见图33-6)。查验时注意剖果检查有无幼虫。

处理:发现携带遮颜蛾的,对该批水果实施除害处理;无法处理的,退货或销毁。

33.2.2.1.16　隐斑螟(*Cryptoblabes adoceta* Turner)

现场查验:翅展15mm,体暗棕色,前翅有白色条带(见图33-7)。查验时注意剖果检查有无幼虫。

图33-6　澳大利亚有分布的1种遮颜蛾　　　　图33-7　隐斑螟②
　　　　(*Blastobasis scotia*)①

处理:发现携带隐斑螟的,对该批水果实施除害处理;无法处理的,退货或销毁。

33.2.2.1.17　苹果褐卷蛾

参见11.2.2.1.2。

33.2.2.1.18　橙实卷蛾(*Isotenes miserana* Walker)

现场查验:翅展20 mm,体灰色,前翅有棕色或暗灰色斑纹。体色和斑纹变化较大(见图33-8)。幼虫背部棕色,腹部浅灰色,沿体侧有棕色条纹,每节有白毛(见图33-9)。查验时注意剖果检查有无幼虫。

---

① 图源自:http://www.lepbarcoding.org/australia/species.php? region=1&id=70845。

② 图源自:http://www.lepbarcoding.org/australia/species.php? region=1&id=79209。

图 33-8　橙实卷蛾成虫①

图 33-9　橙实卷蛾幼虫②

处理:发现携带实卷蛾的,对该批水果实施除害处理;无法处理的,退货或销毁。

33.2.2.1.19　黑丝盾蚧

参见 1.2.2.1.4。

33.2.2.1.20　洋衫鳞粉蚧[*Nipaecoccus aurilanatus*(Maskell)]

现场查验:体黑色,背部中央及体缘有白色蜡粉(见图 33-10)。查验时注意检查果实表面。

处理:发现携带洋衫鳞粉蚧的,对该批水果实施除害处理;无法处理的,退货或销毁。

33.2.2.1.21　大洋刺粉蚧(大洋臀纹粉蚧)

参见 7.2.2.1.5。

33.2.2.1.22　刺粉虱(*Aleurocanthus valenciae* Martin & Carver)

现场查验:成虫体橙黄色,薄敷白粉,翅紫黑色。若虫体黑色,体背上具刺毛,体周缘泌有明显的白蜡圈(见图 33-11)。查验时注意检查果实表面及包装箱。

图 33-10　洋衫鳞粉蚧③

图 33-11　刺粉虱若虫④

处理:发现携带刺粉虱的,对该批水果实施除害处理;无法处理的,退货或销毁。

33.2.2.1.23　加州短须螨

参见 18.2.2.1.13。

33.2.2.1.24　柑橘溃疡病菌

参见 4.2.2.3.7。

---

①　图源自:http://www1. ala. org. au/gallery2/v/Tortricidae/tortricinae/archipini-sensu-strictu/ISOTENES+miserana+Walker+1863+Church+Point+NSW+M. jpg. html。

②　图源自:http://lepidoptera. butterflyhouse. com. au/tort/miserana. html。

③　图源自:http://www. ipmimages. org/browse/detail. cfm? imgnum=5118079。

④　图源自:http://www. padil. gov. au/pests-and-diseases/pest/main/136070/3598。

33.2.2.1.25 木质部难养细菌

参见5.2.2.2.7。

33.2.2.1.26 冬生疫霉

参见18.2.2.1.12。

33.2.2.1.27 病害3种

包括壳针孢菌（*Septoria citri Pass*）、丁香疫霉病菌［*Phytophthora syringae*（Kleb.）Kleb.］、*Cytosphaera mangiferae* Died.

现场查验：查验时仔细检查水果有无变色、黑斑、褐斑、畸形、腐烂、痂疮等病害症状（见图33-12），有针对性地采样送检。

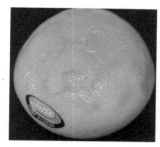

（a）（罗加凤 摄） （b）（焦彬彬 摄）

图33-12 丁香疫霉症状

处理：经检测发现携带上述病害的，对该批水果实施退货或销毁处理。

33.2.2.2 芒果

33.2.2.2.1 番茄枝果实蝇

参见33.2.2.1.1。

33.2.2.2.2 黄瓜果实蝇（瓜实蝇）

参见1.2.2.2.2。

33.2.2.2.3 橘小实蝇

参见1.2.2.3.4。

33.2.2.2.4 单带果实蝇

参见33.2.2.1.4。

33.2.2.2.5 澳洲果实蝇

参见33.2.2.1.6。

33.2.2.2.6 基尔基实蝇

参见5.2.2.5.14。

33.2.2.2.7 褐肩果实蝇

参见33.2.2.1.9。

33.2.2.2.8 番木瓜实蝇

参见3.2.2.2.2。

33.2.2.2.9 地中海实蝇

参见5.2.2.1.1。

33.2.2.2.10　印度芒果果核象甲

　　参见 1.2.2.3.8。

33.2.2.2.11　单带果实蝇

　　参见 33.2.2.1.4。

33.2.2.2.12　昆士兰果实蝇

　　参见 5.2.2.5.18。

33.2.2.2.13　芒果果核象甲

　　参见 1.2.2.3.8。

33.2.2.2.14　苹果褐卷蛾

　　参见 11.2.2.1.2。

33.2.2.2.15　橙实卷蛾

　　参见 33.2.2.1.18。

33.2.2.2.16　花翅小卷蛾（*Lobesia* sp.）

　　现场查验：体灰棕色，前翅有暗棕色到黑色斑纹（见图 33-13）。查验时注意剖果检查有无幼虫。

　　处理：发现携带花翅小卷蛾的，对该批水果实施除害处理；无法处理的，退货或销毁。

33.2.2.2.17　粉斑螟（*Ephestia* sp.）

　　现场查验：棕色，前翅有黑色条纹（见图 33-14）。查验时注意剖果检查有无幼虫。

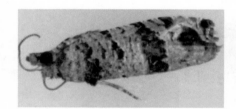  

图 33-13　花翅小卷蛾①　　　　图 33-14　粉斑螟②　　　　图 33-15　白轮盾蚧③

　　处理：发现携带粉斑螟的，对该批水果实施除害处理；无法处理的，退货或销毁。

33.2.2.2.18　螺旋粉虱

　　参见 1.2.2.3.1。

33.2.2.2.19　白轮盾蚧（*Aulacaspis* sp.）

　　参见 7.2.2.1.10。见图 33-15。

33.2.2.2.20　盾蚧［*Phenacaspis dilatata*（Green）］

　　现场查验：雌成虫介壳略扁平，宽卵形至近圆形，长约 2.0mm，宽约 1.8mm，白色不透明，表面具放射状隆起和环形的生长腺。雄虫介壳白色或黄白色，蜡质，长形，长约 1.0mm，两侧略平行。查验时注意检查果实表面。

---

　　①　图源自：http://lepidoptera. butterflyhouse. com. au/tort/tortricidae-moths. html。

　　②　图源自：https://www. flickr. com/photos/76798465@N00/3552122426&h＝455&w＝500&tbnid＝GL0LZtIo688rPM；&docid＝_ZWWBs2DZ-_A_M&hl＝zh-CN&ei＝CZ2_VfrlAsuk0AT_3JzoDQ&tbm＝isch&ved＝0CBsQMygAMABqFQoTCLqOrc-wjccCFUsSlAodfy4H3Q。

　　③　图源自：http://www. scielo. org. mx/scielo. php? pid＝S1027-152X2010000200002&script＝sci_arttext。

处理:发现携带盾蚧的,对该批水果实施除害处理;无法处理的,退货或销毁。

33.2.2.2.21　芒果黑斑病菌

参见 7.2.2.4.16。

33.2.2.2.22　棉花黄萎病菌

参见 5.2.2.4.25。

33.2.2.2.23　病害 4 种

包括盘长孢、长小穴壳菌、芒果小穴壳菌、囊状匐柄霉。

现场查验:查验时仔细检查水果有无变色、黑斑、褐斑、畸形、腐烂、痂疮等病害症状,有针对性采样送检。

处理:经检测发现携带上述病害的,对该批水果实施退货或销毁处理。

33.2.2.3　苹果

33.2.2.3.1　苹果绵蚜

参见 5.2.2.4.3。发现的做退货处理。

33.2.2.3.2　榆蛎盾蚧

参见 5.2.2.2.15。

33.2.2.3.3　番茄枝果实蝇

参见 33.2.2.1.1。

33.2.2.3.4　橘小实蝇

参见 1.2.2.3.4。

33.2.2.3.5　地中海实蝇

参见 5.2.2.1.1。

33.2.2.3.6　昆士兰实蝇

参见 5.2.2.5.18。

33.2.2.3.7　玫瑰短喙象

参见 5.2.2.1.7。

33.2.2.3.8　苹果蠹蛾

参见 5.2.2.1.5。

33.2.2.3.9　苹淡褐卷蛾

参见 11.2.2.1.2。发现该虫的,做退货处理。

33.2.2.3.10　病毒(李属坏死环斑病毒、烟草环斑病毒、番茄环斑病毒、苹果茎沟病毒)

参见 5.2.2.1.18、5.2.2.1.19、5.2.2.1.20、7.2.2.17.3。

33.2.2.3.11　梨火疫病菌

参见 5.2.2.1.17。

33.2.2.3.12　美澳型核果褐腐菌

参见 5.2.2.1.12。发现的做退货处理。

33.2.2.3.13　苹果树炭疽病菌

参见 5.2.2.1.14。发现的做退货处理。

33.2.2.3.14 栗疫霉黑水病菌

参见 28.2.2.1.11。

33.2.2.3.15 苹果黑星菌

参见 5.2.2.6.31。

33.2.2.3.16 苹果枝溃疡病菌（*Cylindrosporium mali*）

现场查验：感病初期产生红褐色圆形小斑点，逐渐扩大后变成梭形疤。天气潮湿时，病菌产生成堆的粉白色霉状分生孢子座。在病部常伴有腐生的红粉菌、黑腐菌的黑色小点状子实体。查验时注意有针对性采样送检。

处理：经检测发现携带苹果枝溃疡病菌的，该批苹果做退货处理。

33.2.2.3.17 南方三棘果

参见 5.2.2.2.21。

33.2.2.4 葡萄

33.2.2.4.1 榆蛎盾蚧

参见 5.2.2.2.15

33.2.2.4.2 单管蓟马属（*Haplothrips froggatti* Hood）

现场查验：体黑褐色，翅 2 对，边缘具长缨毛，前翅无色，仅近基部较暗（见图 33 - 16），常聚集为害（见图 33 - 17）。查验时仔细检查果实表面和包装。

图 33 - 16 单管蓟马（*H·froggatti*）成虫①　　图 33 - 17 单管蓟马（*H·froggatti*）聚集为害叶片②

处理：发现携带单管蓟马属的，该批葡萄做除害处理；无法处理的，退货或销毁处理。

33.2.2.4.3 单管蓟马属（*Haplothrips victoriensis* Bagnall.）

参见 33.2.2.4.2。

33.2.2.4.4 拟长尾粉蚧

参见 11.2.2.1.4。

33.2.2.4.5 葡萄根瘤蚜［*Daktulosphaira vitifoliae*（Fitch）］

现场查验：无翅孤雌蚜体长 1.1mm。活体鲜黄至污黄色。体表有鳞纹，背面每节有一横行深色瘤状突起。足粗短，胫节短于股节，不善活动。无腹管（见图 33 - 18）。有翅孤雌蚜触角

---

① 图源自：http://anic.ento.csiro.au/thrips/identifying_thrips/Phlaeothripidae.htm。

② 图源自：http://www.pestnet.org/SummariesofMessages/Pests/PestsEntities/Insects/Thrips/Haplothripsfroggatti,Plaguethrips,Australia.aspx。

3节,第3节有2个纵长环状感觉圈。前翅翅痣大,只有3斜脉,后翅缺斜脉(见图33-19)。查验时注意检查葡萄表面有无蚜虫,葡萄叶有无虫瘿。

图 33-18　葡萄根瘤蚜无翅孤雌蚜①　　　　图 33-19　葡萄根瘤蚜有翅孤雌蚜②

处理:发现携带葡萄根瘤蚜的,该批葡萄做除害处理;无法处理的,退货或销毁处理。

33.2.2.4.6　加州短须螨

参见18.2.2.1.13。

33.2.2.4.7　葡萄叶锈螨[*Calepitrimerus vitis*(Nalepa)]

现场查验:体长形,长0.2mm,白色至浅黄色,近头部有2对足(见图33-20)。危害葡萄后造成叶面锈病状。

处理:发现携带葡萄叶锈螨的,该批葡萄做除害处理;无法处理的,退货或销毁处理。

33.2.2.4.8　昆士兰实蝇

参见5.2.2.5.18。

33.2.2.4.9　地中海实蝇

参见5.2.2.1.1。

33.2.2.4.10　褐肩果实蝇

参见33.2.2.1.9。

33.2.2.4.11　苹淡褐卷蛾

参见11.2.2.1.2。

33.2.2.4.12　病毒(南芥菜花叶病毒、藜草花叶病毒、草莓潜(隐)环斑病毒、烟草环斑病毒、番茄环斑病毒、番茄斑萎病毒)

现场查验:查验时仔细检查水果有无病毒感染症状,有针对性采样送检。

处理:经检测发现携带上述病害的,对该批葡萄实施退货或销毁处理。

33.2.2.4.13　木质部难养细菌

参见5.2.2.2.7。

---

①　图源自:https://www.flickr.com/photos/fei_company/7843594254&h=769&w=1024&tbnid=mN58-xyK77UWGM;&docid=qQrf2QwiYYYadM&hl=zh-CN&ei=wa-_Va7sL8vS0AT5iY-YAw&tbm=isch&ved=0CB8QMygEMARqFQoTCO7Q2rzJccCFUsplAod-cQDMw。

②　图源自:https://zh.wikipedia.org/wiki/%25E6%25A0%25B9%25E7%2598%25A4%25E8%259A%259C%25E7%25B8%25BD%25E7%25A7%2591&h=350&w=300&tbnid=HZCJBmSnF1vmaM;&docid=FuIHTDk3BNgtQM&hl=zh-CN&ei=wa-_Va7sL8vS0AT5iY-YAw&tbm=isch&ved=0CCAQMygFMAVqFQoTCO7Q2rzJccCFUsplAod-cQDMw。

33.2.2.4.14　真菌病害 3 种

包括葡萄生单轴霉[*Plasmopara viticola*(Berk. et Curtis)]、葡萄苦腐病菌(*Greeneria uvicola* Punithalingam)、葡萄藤猝倒病菌[*Eutypa lata*(Pers.)Tul. etC. Tul]。

现场查验:查验时仔细检查水果有无真菌病菌感染症状,有针对性采样送检。

处理:经检测发现携带上述病害的,对该批葡萄实施退货或销毁处理。

33.2.2.4.15　散大蜗牛

参见 5.2.2.2.22。

33.2.2.4.16　南方三棘果

参见 5.2.2.2.21。

33.2.2.4.17　阿根廷蚁[*Linepithema humile*(Mayr)]

现场查验:体长 2.2mm～2.6mm,浅棕至深棕色,柔软(见图 33-21)。

处理:发现携带阿根廷蚁的,对该批葡萄实施除害处理;无法处理的,退货或销毁。

33.2.2.4.18　赤背寡蜘蛛(*Latrodectus hasselti* Thorell)

现场查验:体长在 2mm～8mm,黑色,背部有个红色印记(见图 33-22)。攻击性极强,被咬中 5min 后伤口开始发热发痛,如无血清治疗,半小时内死亡。查验时注意检查包装箱,如发现疑似赤背寡蜘蛛,不可用手直接抓取,防止被攻击。

图 33-20　葡萄叶锈螨① 　　　图 33-21　阿根廷蚁② 　　　图 33-22　赤背寡蜘蛛③

处理:发现携带赤背寡蜘蛛的,对该批葡萄实施除害处理;无法处理的,退货或销毁。

33.2.2.5　樱桃

33.2.2.5.1　地中海实蝇

参见 5.2.2.1.1。

33.2.2.5.2　病毒(南芥菜花叶病毒、李痘病毒、李属坏死环斑病毒、草莓潜隐环斑病毒、烟草环斑病毒)

现场查验:查验时仔细检查水果有无病毒感染症状,有针对性采样送检。

处理:经检测发现携带上述病害的,对该批樱桃实施退货或销毁处理。

33.2.2.5.3　棉花黄萎病菌

参见 5.2.2.4.25。

33.3　进境澳大利亚水果风险管理措施

见表 33-2。

---

① 　图源自:http://www.agf.gov.bc.ca/cropprot/grapeipm/leafrust_mite.htm。

② 　图源自:http://tolweb.org/Linepithema/22286。

③ 　图源自:http://www.afpmb.org/content/venomous-animals-l#Latrodectushasselti。

表 33 - 2　进境澳大利亚水果风险管理措施

水果种类	查验重点	农残检测项目	风险管理措施
柑橘	果表(介壳虫、粉虱、螨、病症),果肉(实蝇、象甲、蛾)	参见泰国橘、橙、柚	
芒果	果表(介壳虫、粉虱、病症),果肉(实蝇、象甲、蛾)	参见菲律宾芒果	
苹果	果表(介壳虫、蚜虫、病症),果肉(实蝇、象甲、蛾)、包装(杂草)	参见美国苹果	
葡萄	果表(介壳虫、蓟马、蚜虫、螨、病症),果肉(实蝇、蛾)、包装(杂草、蜗牛、蚂蚁、蜘蛛)	参见美国葡萄	
樱桃	果表(病症),果肉(实蝇)	参见美国樱桃	

34 进境塔吉克斯坦水果现场查验

34.1 植物检疫要求

目前塔吉克斯坦水果中,只有樱桃获得中方检疫准入,中塔双方签署了《塔吉克斯坦鲜食樱桃输华植物检疫要求议定书》,根据议定书内容,中方制定了塔吉克斯坦输华鲜食樱桃植物检疫要求。进境塔吉克斯坦樱桃植物检疫要求具体如下:

1)法律法规依据

《中华人民共和国进出境动植物检疫法》《中华人民共和国进出境动植物检疫法实施条例》《中华人民共和国食品安全法》《中华人民共和国食品安全法实施条例》《进境水果检验检疫监督管理办法》(国家质检总局令 2005 年第 68 号令)、《关于塔吉克斯坦鲜食樱桃输往中国植物检疫要求议定书》。

2)允许进境的商品名称

鲜食樱桃,学名:*Prunus avium*,英文名:Fresh Cherry。

3)允许的产地

塔吉克斯坦全境。

4)批准的果园和包装厂

在出口季节前,出口樱桃果园、包装厂等设施均须在塔吉克斯坦农业部注册,并提供给国家质检总局。第 1 年出口季节前,由双方共同对注册果园、包装厂等进行审查。获得批准的果园和包装厂名单可在质检总局网站上查询。

5)关注的检疫性有害生物

葡萄花翅小卷蛾(*Lobesia botrana*)、樱桃绕实蝇(*Rhagoletis cerasi*)、大丽花轮枝孢(*Verticillium dahliae*)、南芥菜花叶病毒(*Arabis mosaic virus*)、李痘病毒(*Plum pox virus*)、烟草环斑病毒(*Tobacco ringspot virus*)。

6)出口前要求

a)果园管理

ⅰ)所有出口注册果园应维持果园卫生,对有害生物进行有效监测和防治。出口果园有害生物监测与防治应在技术人员指导下完成。

ⅱ)所有出口果园须保留有害生物监测和防治记录,并向中方提供。防治记录应包括樱桃生长季节使用的所有化学药剂名称、有效成分、使用日期及使用浓度等信息。

b)特定有害生物控制措施

ⅰ)针对葡萄花翅小卷蛾(*Lobesia botrana*)和樱桃绕实蝇(*Rhagoletis cerasi*),在出口或进口过程中应进行检疫除害处理,检疫除害处理方法应得到中方的认可。

ⅱ)针对葡萄花翅小卷蛾(*Lobesia botrana*)和樱桃绕实蝇(*Rhagoletis cerasi*),在樱桃生长季节进行有效监测。从贸易第 2 年开始,双方连续 3 年进行联合监测。

ⅲ）如连续 3 年监测、连续 4 年预检及进境检疫均未发现上述 2 种害虫,将取消检疫除害处理。

c）加工包装

ⅰ）樱桃加工、包装、储藏和装运过程,须在塔方或塔方授权人员监管下进行。

ⅱ）在加工、包装过程中,樱桃须经挑选、分拣以保证不带有昆虫、螨类、烂果、畸形果及枝、叶、根和土壤。

ⅲ）樱桃包装材料应干净卫生、未使用过,符合中国有关植物检疫和卫生安全要求。

ⅳ）包装好的樱桃应采取必要的保鲜措施并单独存放,避免受到有害生物的再次感染。

ⅴ）每个包装箱上应用中文和英文标注产品名称、国家、产地(果园、包装厂或编号),并标出"输往中华人民共和国"字样。

d）出口前检验检疫。

ⅰ）塔方或塔方授权人员应按 2% 的比例对每批输往中国的樱桃进行抽样检查。如 2 年内没有发生植物检疫问题,抽样比例可降为 1%,但最少检查 600 个果实。

ⅱ）如发现中方关注的检疫性有害生物,该批货物不得出口中国,并视情况采取暂停果园、包装厂措施。塔方应对出现问题的原因进行调查,并采取改进措施,保留相关调查记录。

e）植物检疫证书要求。

ⅰ）经检验检疫合格的,塔方应出具植物检疫证书。如在出口前进行检疫除害处理,应在植物检疫证书上注明处理方法和技术指标。

ⅱ）塔方应在贸易进行前向中方提供植物检疫证书样本,以便中方备案核查。

7）预检

在贸易开始的前 4 年,中方将派检疫官员与塔方或塔方授权官员对当年出口中国的樱桃实施预检。依据进口检验检疫情况,中方将决定在随后的出口季节是否需要继续派检疫官赴塔预检。

8）进境检验检疫

出入境检验检疫机构按照以下要求实施检验检疫。

a）有关证书核查。

ⅰ）核查进口樱桃是否附有国家质检总局颁发的《进境动植物检疫许可证》。

ⅱ）核查植物检疫证书是否符合要求第 6 条第 5 项规定。

b）进境检验检疫。

ⅰ）根据《检验检疫工作手册》植物检验检疫分册有关规定,对进口樱桃实施检验检疫。

ⅱ）如出口前针对樱桃绕实蝇和葡萄花翅小卷蛾实施检疫除害处理的,由经检疫处理培训合格的检验检疫人员进行核查,判定相关处理是否有效。

ⅲ）对出口前未针对樱桃绕实蝇和葡萄花翅小卷蛾实施检疫除害处理的,根据相关要求进行检疫除害处理。

9）不符合要求的处理

a）如有关证书不符合第 8 条第 1 项要求,不得接受报检。

b）如发现来自未经批准的果园及包装厂的樱桃,则该批货物不准入境。

c）如在出口前已进行检疫处理,但判定处理无效,则将对该批货物实施检疫处理。

d）如发现包装不符合第 6 条第 3 项有关规定,则该批货物不准入境。

e）如发现中方关注的检疫性有害生物,则对该批货物作退运、销毁或检疫除害处理。同时,中方将立即向塔方通报,并视情况采取有关检验检疫措施。

f) 如不符合我国食品安全国家标准,则按照《中华人民共和国食品安全法》及其实施条例的有关规定处理。

10) 回顾性审查

a) 如果塔吉克斯坦鲜食樱桃上有害生物发生变化,质检总局将作进一步风险评估,并与塔方协商,调整相关检疫措施。

b) 为确保有关风险管理措施和操作要求的有效落实,质检总局将定期对《进口塔吉克斯坦鲜食樱桃植物检验检疫要求》执行情况进行回顾性审查。根据审查结果,可对《进口塔吉克斯坦樱桃植物检验检疫要求》进行修订。

34.2 进境塔吉克斯坦水果现场查验与处理

34.2.1 携带有害生物一览表

见表 34-1。

表 34-1 进境塔吉克斯坦水果携带有害生物一览表

水果种类	关注有害生物	为害部位	可能携带的其他有害生物
樱桃	樱桃绕实蝇、葡萄花翅小卷蛾	果肉	—
	南芥菜花叶病毒、李痘病毒、烟草环斑病毒、大丽花轮枝孢	果表、果肉	—

34.2.2 关注樱桃有害生物的现场查验方法与处理

34.2.2.1 葡萄花翅小卷蛾

参见 8.2.2.1.3。

34.2.2.2 樱桃绕实蝇[*Rhagoletis cerasi*(L.)]

现场查验:雄成虫体长 2.9mm～4mm,雌成虫长 3.8mm～5.3mm,深棕色,近黑。翅透明,有 4 条暗纹。头大部黄色,前半部黑色。腿节黑色。眼绿色。中胸背板上有 2 条纵黄色纹(见图 34-1)。查验时注意剖果检查有无实蝇幼虫。

处理:发现携带樱桃绕实蝇的,对该批葡萄实施除害处理;无法处理的,退货或销毁。

图 34-1 樱桃绕实蝇[1]

34.2.2.3 大丽花轮枝孢

参见 5.2.2.4.25。

34.2.2.4 南芥菜花叶病毒

参见 11.2.2.2.5。

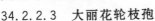

① 图源自:http://www.biolib.cz/en/image/id127658/。

34.2.2.5　李痘病毒

参见 6.2.2.4.9。

34.2.2.6　烟草环斑病毒

参见 5.2.2.1.19。

34.3　进境塔吉克斯坦水果风险管理措施

见表 34 - 2。

表 34 - 2　进境塔吉克斯坦水果风险管理措施

水果种类	查验重点	农残检测项目	风险管理措施
樱桃	果表(病症),果肉(实蝇)	参见美国樱桃	

35 进境荷兰水果现场查验

35.1　植物检疫要求

目前荷兰水果中,只有梨获得中方检疫准入,中荷双方签署了《荷兰鲜梨输华植物检疫要求议定书》,根据议定书内容,中方制定了荷兰输华鲜梨植物检疫要求。进境荷兰鲜梨植物检疫要求具体如下:

1)法律法规依据

《中华人民共和国进出境动植物检疫法》《中华人民共和国进出境动植物检疫法实施条例》《中华人民共和国食品安全法》《中华人民共和国食品安全法实施条例》《进境水果检验检疫监督管理办法》(国家质检总局令2005年第68号)、《中华人民共和国国家质量监督检验检疫总局与荷兰王国经济部关于荷兰鲜梨输华植物检疫要求的议定书》。

2)允许进境商品名称

新鲜梨,学名:*Pyrus communis*,英文名:Pear。

3)允许的产地

荷兰全境。

4)批准的果园、包装厂和冷藏库

出口果园、包装厂和冷藏库均须在荷兰经济部(以下简称 EA)注册,由中荷双方共同批准。荷方应在每年出口季节前将注册名单提供中方。该名单可在国家质检总局(以下简称 AQSIQ)网站上查询。

5)关注的检疫性有害生物名单

果黄卷蛾(*Archips podana*)、玫瑰黄卷蛾(*Archips rosana*)、苹果蠹蛾(*Cydia pomonella*)、超小卷蛾属(*Pammene argyrana* 和 *Pammene rhediella*)、玫瑰苹果蚜(*Dysaphis plantaginea*)、梨西圆尾蚜(*Dysaphis pyri*)、苹果绵蚜(*Eriosoma lanigerum*)、灰圆盾蚧(*Diaspidiotus pyri*)、桃白圆盾蚧(*Epidiaspis leperii*)、榆蛎盾蚧(*Lepidosaphes ulmi*)、梨叶蜂(*Hoplocampa brevis*)、李虎象(*Rhynchites cupreus* L.)、梨蓟马(*Taeniothrips inconsequens*)、牛眼果腐病菌/苹果树炭疽病菌(*Neofabraea malicorticis*)、牛眼果腐病菌/多年生溃疡病菌(*Neofabraea perennans*)、丁香疫霉(*Phytophthora syringae*)、苹果黑星病菌(*Venturia inaequalis*)、梨火疫病菌(*Erwinia amylovora*)。

6)装运前要求

a)果园管理

ⅰ)所有输华果园必须经过 Global GAP 认证。

ⅱ)所有输华果园必须进行有害生物监测和管理,保留相应记录并按要求向中方提供。果园监测和防治记录应包括生长季节使用的化学药剂名称、有效成分、使用剂量、施用时间。

ⅲ）EA 将向果农提供 AQSIQ 关注的有害生物信息，并保证出口果园有害生物监测与综合管理在 EA 授权的农业顾问或服务公司的监督下完成。

ⅳ）应在整个生长季节进行果园监测，每 2 周 1 次。针对不同有害生物，重点检查叶、茎、花、果实。一旦监测到中方关注的有害生物，立即采取综合防治。

ⅴ）降低检疫性有害生物风险的监测方法及合适的管理措施包括：

（1）梨火疫病菌（*Erwinia amylovora*）。

按照 IPPC 相关国际标准建立非疫区或非疫生产点。

EA 在输华梨果园对梨火疫病的监测调查每年至少进行 3 次，即分别在开花后的 30d～40d、新芽萌发后和收获之前进行。

一旦监测到梨火疫病的发生，EA 将暂停该非疫生产点本季节的出口资格，并立即通知 AQSIQ。EA 将及时向中方提供每年的监测调查报告。

（2）苹果蠹蛾（*Cydia pomonella*）。

按照 IPPC 相关国际标准建立非疫区或非疫生产点。

输华梨园苹果蠹蛾诱捕器密度为 1 个/公顷，每个非疫生产点最少放置 3 个诱捕器，每 2 周检查 1 次，从春季盛花期直到果实收获后结束，所有注册果园均应进行监测。一旦监测到苹果蠹蛾，EA 将暂停该非疫生产点本季节的出口资格，并立即通知 AQSIQ。EA 将及时向中方提供每年的监测调查报告。

如果荷兰无法建立非疫区或非疫生产点，将根据国际标准采取适当的等效替代措施，包括：

① 苹果蠹蛾干扰交配；

② 合理施用经过注册的杀虫剂；

③ 采取经过 AQSIQ 认可的气温调节（CATT）处理措施。

（3）丁香疫霉（*Phytophthora syringae*）。

按照 IPPC 相关国际标准建立非疫生产点，并采取严格的管理措施。

在整个生长季节对所有输华果园进行监测，一旦监测到丁香疫霉，EA 将暂停该非疫生产点本季节的出口资格，并立即通知 AQSIQ。EA 将及时向中方提供每年的监测调查报告。

如果荷兰无法建立非疫区或非疫生产点，将根据国际标准采取合适的等效替代措施，包括：

① 开展针对性喷药预防（杀菌剂须经过注册），尤其是在降雨后；

② 采收距地表 50cm（成人膝盖高度）以上果实；

③ 采收后进行有针对性的药剂处理（杀菌剂须经过注册）；

④ 出口前官方检验检疫时将抽样比例提高到 3％。

（4）牛眼果腐病菌（*Neofabraea malicorticis*）、*N. perennans* 和苹果黑星病菌（*Venturia inaequalis*）。

所有输华果园应没有上述 3 种真菌病害发生，并在生长期间进行果园监测。一旦监测到任 1 种病原菌，EA 将暂停该果园本季节的出口资格，并立即通知 AQSIQ。EA 将及时向中方提供每年的监测调查报告。

b）包装厂管理

ⅰ）EA 将对输华鲜梨的包装、存储和运输进行检疫监管。

ⅱ）包装前，包装厂将进行挑选、分级和加工，以保证输华梨不携带昆虫、螨等有害生物，或烂果、畸形果、枝叶或其他植物残体等。包装后待出口的产品，应单独存放以防止有害生物再次感染。

c）包装要求

ⅰ）包装材料应干净卫生、未使用过，符合中国有关植物检疫要求。

ⅱ）每个包装箱上应用英文标注水果名称、产地（省、市或乡村）、果园或其注册号、包装厂及其识别号、出口商等信息。每个托盘包装上需用英文或中文标注"输往中华人民共和国"。

包装箱标识如下：

THE PACKING MARK

> Fruit species：*Pyrus communis*
> Producing Areas（province，city or country），
> Orchard registration number
>   Packing house and its registration number
>   Cold storage and its registration number
> Name of exporter

d）出口前检验检疫

EA 应按照出口果实总箱数的 2% 进行抽样（如果为丁香疫霉的非疫区或非疫生产点，须提高至 3%），每批次最小取样量不得少于 1200 个果实，并对样品进行全部检查。同时，至少取 40 个检验检疫过程中发现的可疑果，进行剖果检查，以确保输华梨不携带中国关注的检疫性有害生物。

e）植物检疫证书要求

经检疫合格的，EA 将签发植物检疫证书，并在附加声明中注明："该批梨符合《荷兰鲜梨输华植物检疫要求的议定书》，不带中方关注的检疫性有害生物。"同时，还应在植物检疫证书上注明该批货物的产区、包装厂和冷藏信息。

7）进境检验检疫

荷兰鲜梨应从指定口岸进境。出入境检验检疫机构按照以下要求实施检验检疫。

a）有关证书和标识核查。

ⅰ）核查进口鲜梨是否附有质检总局颁发的《进境动植物检疫许可证》。

ⅱ）核查植物检疫证书是否符合相关规定。如不符合，不得接受报检。

ⅲ）核查包装箱上的标识是否符合相关规定，如内容不符，或发现来自未经注册的果园、包装厂或冷藏库，该批鲜梨不准入境。

b）进境检验检疫。

ⅰ）根据《检验检疫工作手册》植物检验检疫分册有关规定，对进口鲜梨实施检验检疫。

ⅱ）如检出梨火疫病菌，该批货物作退货或销毁处理。AQSIQ 将立即通知 EA，取消相关果园的非疫生产点地位，并暂停本季节出口。

ⅲ）如检出苹果蠹蛾，该批货物只有进行熏蒸处理后才能入境。AQSIQ 将立即通知 EA，取消相关果园的非疫生产点地位，并暂停本年度的出口。

ⅳ）如检出丁香疫霉，该批货物作退货或销毁处理。AQSIQ 将立即通知 EA，取消相关果园本年度的出口资格。

ⅴ）如发现中方关注的其他检疫性有害生物，该批货物将根据中华人民共和国进出境动植物检疫法有关条款采取检疫处理、退货或销毁等措施。

ⅵ）如不符合我国食品安全国家标准，则按照《中华人民共和国食品安全法》及其实施条例的有关规定处理。

8）回顾性审查

a）AQSIQ 将根据疫情动态或口岸截获记录开展进一步风险评估，并与 EA 协商，以适时调整检疫性有害生物名单或相应检疫措施。

b）为确保管理措施及操作要求得到有效实施，根据有关程序和规定，双方可对议定书的执行情况进行全面的审核和评估。

35.2　进境荷兰水果现场查验与处理

35.2.1　携带有害生物一览表

表 35 - 1　荷兰进境水果携带有害生物一览表

水果种类	关注有害生物	为害部位	可能携带的其他有害生物
梨	果黄卷蛾、玫瑰黄卷蛾、苹果蠹蛾、超小卷蛾属某种、梨叶蜂、李虎象、梨蓟马	果肉	棉褐带卷蛾、桃条麦蛾、蔷薇黄卷蛾、旋纹潜蛾、冬尺蠖蛾、苹褐卷蛾
	灰圆盾蚧、桃白圆盾蚧、榆蛎盾蚧、玫瑰苹果蚜、梨西圆尾蚜、苹果绵蚜	果表	黑褐圆盾蚧、异色瓢虫、油茶蚧、拟长尾粉蚧、暗色粉蚧、梨埃瘿螨、梨叶肿瘿螨、苹果红蜘蛛、侧多食跗线螨
	牛眼果腐病菌/（苹果树炭疽病菌）、牛眼果腐病菌/（多年生溃疡病菌）、丁香疫霉、苹果黑星病菌、梨火疫病菌	果表、果肉	苹果褪绿叶斑病毒、洋李矮缩病毒、烟草坏死病毒、根癌土壤杆菌、大黄欧文氏菌、边缘假单胞菌边缘致病变种、丁香假单胞菌栖菜豆致病变种、罗耳阿太菌（齐整小核菌有性态）、果生链核盘菌、梨白斑病毒、仁果干癌丛赤壳菌、恶疫霉、隐蔽叉丝单囊壳、白叉丝单囊壳、梨黑星病菌

35.2.2　关注梨有害生物的现场查验方法与处理

35.2.2.1　果黄卷蛾

参见 12.2.2.1.5。

35.2.2.2　玫瑰黄卷蛾［*Archips rosana*（L.）］

现场查验：翅展 15mm～24mm，雌蛾比雄蛾大。头、胸棕色，腹部棕灰色。前翅端截形，有 3 个暗色斜斑。后翅棕灰色，边缘和翅尖橙色（见图 35 - 1）。

处理：发现携带玫瑰黄卷蛾的，对该批梨实施除害处理；无法处理的，退货或销毁。

35.2.2.3　苹果蠹蛾

参见 5.2.2.1.5。

35.2.2.4　超小卷蛾［*Pammene argyrana*（Hübner）］

现场查验：翅展 10mm～13mm，前翅宽，背中央有一近方形斑。雄蛾后翅具深色边缘。

处理：发现携带超小卷蛾（*Pammene argyrana*）的，对该批梨实施除害处理；无法处理的，退货或销毁。

35.2.2.5 玫瑰苹果蚜

参见5.2.2.6.12。

35.2.2.6 梨西圆尾蚜

参见30.2.2.1.8。

35.2.2.7 苹果绵蚜

参见5.2.2.4.3。

35.2.2.8 灰圆盾蚧[*Diaspidiotus pyri*(L.)]

现场查验:雌成虫梨形,浅或深黄色,介壳深棕色,近圆形,直径1.8mm～2.1mm,中度凸起。

处理:发现携带灰圆盾蚧的,对该批梨实施除害处理;无法处理的,退货或销毁。

35.2.2.9 桃白圆盾蚧

参见5.2.2.4.2。

35.2.2.10 榆蛎盾蚧

参见5.2.2.2.15。

35.2.2.11 梨叶蜂

参见30.2.2.1.10。

35.2.2.12 李虎象(*Rhynchites cupreus* L.)

现场查验:成虫体长3.5mm～5.0mm,铜色到暗铜色,具强烈金属光泽。背侧有灰棕色区(见图35-3)。

图35-1 玫瑰黄卷蛾①   图35-2 超小卷蛾②   图35-3 李虎象③

处理:发现携带李虎象的,对该批梨实施除害处理;无法处理的,退货或销毁。

35.2.2.13 梨蓟马

参见5.2.2.3.13。

35.2.2.14 牛眼果腐病菌(苹果树炭疽病菌)

参见5.2.2.1.13。

35.2.2.15 丁香疫霉

参见33.2.2.1.33。

35.2.2.16 苹果黑星病菌

参见5.2.2.6.31。

---

① 图源自:http://www2.nrm.se/en/svenska_fjarilar/a/archips_rosana.html。

② 图源自:http://www.lepidoptera.eu/show.php? ID=3117。

③ 图源自:https://www.kaefer-der-welt.de/rhynchites__cupreus.htm。

35.2.2.17　梨火疫病菌

参见 5.2.2.1.17。

35.3　进境荷兰水果风险管理措施

见表 35－2。

表 35－2　进境荷兰水果风险管理措施

水果种类	查验重点	农残检测项目	风险管理措施
梨	果表(病症),果肉(实蝇)	参见美国梨	

附录

进境水果检验检疫监督管理办法

第一条　为了防止进境水果传带检疫性有害生物和有毒有害物质,保护我国农业生产、生态安全和人体健康,根据《中华人民共和国进出境动植物检疫法》及其实施条例、《中华人民共和国进出口商品检验法》及其实施条例和《中华人民共和国食品卫生法》及其他有关法律法规的规定,制定本办法。

第二条　本办法适用于我国进境新鲜水果(以下简称水果)的检验检疫和监督管理。

第三条　国家质量监督检验检疫总局(以下简称国家质检总局)统一管理全国进境水果检验检疫监督管理工作。

国家质检总局设在各地的出入境检验检疫机构(以下简称检验检疫机构)负责所辖地区进境水果检验检疫监督管理工作。

第四条　禁止携带、邮寄水果进境,法律法规另有规定的除外。

第五条　在签订进境水果贸易合同或协议前,应当按照有关规定向国家质检总局申请办理进境水果检疫审批手续,并取得《中华人民共和国进境动植物检疫许可证》(以下简称《检疫许可证》)。

第六条　《检疫许可证》(正本)、输出国或地区官方检验检疫部门出具的植物检疫证书(以下简称植物检疫证书)(正本),应当在报检时由货主或其代理人向检验检疫机构提供。

第七条　植物检疫证书应当符合以下要求:

(一)植物检疫证书的内容与格式应当符合国际植物检疫措施标准 ISPM 第 12 号《植物检疫证书准则》的要求;

(二)用集装箱运输进境的,植物检疫证书上应注明集装箱号码;

(三)已与我国签订协定(含协议、议定书、备忘录等,下同)的,还应符合相关协定中有关植物检疫证书的要求。

第八条　检验检疫机构根据以下规定对进境水果实施检验检疫:

(一)中国有关检验检疫的法律法规、标准及相关规定;

(二)中国政府与输出国或地区政府签订的双边协定;

(三)国家质检总局与输出国或地区检验检疫部门签订的议定书;

(四)《检疫许可证》列明的有关要求。

第九条　进境水果应当符合以下检验检疫要求:

(一)不得混装或夹带植物检疫证书上未列明的其他水果;

(二)包装箱上须用中文或英文注明水果名称、产地、包装厂名称或代码;

(三)不带有中国禁止进境的检疫性有害生物、土壤及枝、叶等植物残体;

(四)有毒有害物质检出量不得超过中国相关安全卫生标准的规定;

（五）输出国或地区与中国签订有协定或议定书的，还须符合协定或议定书的有关要求。

第十条　检验检疫机构依照相关工作程序和标准对进境水果实施现场检验检疫：

（一）核查货证是否相符；

（二）按第七条和第十条的要求核对植物检疫证书和包装箱上的相关信息及官方检疫标志；

（三）检查水果是否带虫体、病征、枝叶、土壤和病虫为害状；现场检疫发现可疑疫情的，应送实验室检疫鉴定；

（四）根据有关规定和标准抽取样品送实验室检测。

第十一条　检验检疫机构应当按照相关工作程序和标准实施实验室检验检疫。

对在现场或实验室检疫中发现的虫体、病菌、杂草等有害生物进行鉴定，对现场抽取的样品进行有毒有害物质检测，并出具检验检疫结果单。

第十二条　根据检验检疫结果，检验检疫机构对进境水果分别作以下处理：

（一）经检验检疫合格的，签发入境货物检验检疫证明，准予放行；

（二）发现检疫性有害生物或其他有检疫意义的有害生物，须实施除害处理，签发检验检疫处理通知书；经除害处理合格的，准予放行；

（三）不符合本办法第十条所列要求之一的、货证不符的或经检验检疫不合格又无有效除害处理方法的，签发检验检疫处理通知书，在检验检疫机构的监督下作退货或销毁处理。

需对外索赔的，签发相关检验检疫证书。

第十三条　进境水果有下列情形之一的，国家质检总局将视情况暂停该种水果进口或暂停从相关水果产区、果园、包装厂进口：

（一）进境水果果园、加工厂地区或周边地区爆发严重植物疫情的；

（二）经检验检疫发现中方关注的进境检疫性有害生物的；

（三）经检验检疫发现有毒有害物质含量超过中国相关安全卫生标准规定的；

（四）不符合中国有关检验检疫法律法规、双边协定或相关国际标准的。

前款规定的暂停进口的水果需恢复进口的，应当经国家质检总局依照有关规定进行确认。

第十四条　经香港、澳门特别行政区（以下简称港澳地区）中转进境的水果，应当以集装箱运输，按照原箱、原包装和原植物检疫证书（简称"三原"）进境。进境前，应当经国家质检总局认可的港澳地区检验机构对是否属允许进境的水果种类及"三原"进行确认。经确认合格的，经国家质检总局认可的港澳地区检验机构对集装箱加施封识，出具相应的确认证明文件，并注明所加封识号、原证书号、原封识号，同时将确认证明文件及时传送给入境口岸检验检疫机构。对于一批含多个集装箱的，可附有一份植物检疫证书，但应当同时由国家质检总局认可的港澳地区检验机构进行确认。

货主或其代理人报检时应当提交上述港澳地区检验机构出具的确认证明文件（正本），提交的证明文件与港澳检验机构传送的确认信息不符的，不予受理报检。

第十五条　国家质检总局根据工作需要，并商输出国家或地区政府检验检疫机构同意，可以派检验检疫人员到产地进行预检、监装或调查产地疫情和化学品使用情况。

第十六条　未完成检验检疫的进境水果，应当存放在检验检疫机构指定的场所，不得擅自移动、销售、使用。

进境水果存放场所由所在地检验检疫机构依法实施监督管理，并应符合以下条件：

（一）有足够的独立存放空间；

（二）具备保质、保鲜的必要设施；

（三）符合检疫、防疫要求；

（四）具备除害处理条件。

第十七条 因科研、赠送、展览等特殊用途需要进口国家禁止进境水果的，货主或其代理人须事先向国家质检总局或国家质检总局授权的检验检疫机构申请办理特许检疫审批手续；进境时，应向入境口岸检验检疫机构报检，并接受检疫。

对于展览用水果，在展览期间，应当接受检验检疫机构的监督管理，未经检验检疫机构许可，不得擅自调离、销售、使用；展览结束后，应当在检验检疫机构的监督下作退回或销毁处理。

第十八条 违反本办法规定的，检验检疫机构依照《中华人民共和国进出境动植物检疫法》及其实施条例、《中华人民共和国进出口商品检验法》、《中华人民共和国食品卫生法》及相关法律法规的规定予以处罚。

第十九条 本办法由国家质检总局负责解释。

第二十条 本办法自 2005 年 7 月 5 日起施行。原国家出入境检验检疫局 1999 年12 月9 日发布的《进境水果检疫管理办法》同时废止。

参 考 文 献

［1］陈乃中,沈佐锐.水果果实害虫[M].北京:中国农业科学技术出版社,2002.

［2］吴佳教,梁帆,梁广勤.实蝇类重要害虫鉴定图册[M].广州:广东科技出版社,2009.

［3］梁广勤.中国进出境水果关注的有害生物[M].北京:中国农业出版社,2009.

［4］王守聪,钟天润.全国植物检疫性有害生物手册[M].北京:中国农业出版社,2006.

［5］吴佳教,黄蓬英.入境台湾水果口岸关注的有害生物[M].北京:北京科学技术出版社,2014.

［6］陈乃中.中国进境植物检疫性有害生物(昆虫卷)[M].北京:中国农业出版社,2009.

［7］严进,吴品珊.中国进境植物检疫性有害生物——菌物卷[M].北京:中国农业出版社,2014.

［8］李明福,相宁,朱水芳.中国进境植物检疫性有害生物——病毒卷[M].北京:中国农业出版社,2014.

［9］中国国家有害生物检疫信息系统.http://www.aqsiqsrrc.org.cn.